MED

Mathematik Klasse 5/6

Schnittpunkt Serviceblätter

Kopiervorlagen

Bernd-Jürgen Frey
Heidemarie Frey
Clemens Wittl

Ernst Klett Verlag
Stuttgart · Leipzig

Schnittpunkt Serviceblätter – die Kopiervorlagen für Ihren modernen Mathematikunterricht

Die Bildungsstandards der KMK

Die Bildungsstandards der Kultusministerkonferenz für den mittleren Schulabschluss beschreiben erwartete Lernergebnisse, die sich auf fachliche und fachübergreifenden Basisqualifikationen beziehen und anschlussfähiges Lernen ermöglichen.
Die in den Standards aufgeführten inhaltsbezogenen Kompetenzen werden entsprechend der mathematischen Inhalte in die fünf Leitideen *Zahl, Raum und Form, Messen, Funktionaler Zusammenhang* und *Daten und Zufall* differenziert. Die allgemeinen Kompetenzen, die erst in der Auseinandersetzung mit mathematischen Inhalten nachhaltig erworben werden können, umfassen mathematisches Argumentieren, Kommunizieren und Modellieren, das Lösen mathematischer Probleme und die korrekte Verwendung mathematischer Darstellungen und symbolischer, formaler und technischer Elemente der Mathematik.

Die Schnittpunkt Serviceblätter

Die Schnittpunkt Serviceblätter bieten Ihnen Übungsmaterial zu den verschiedenen Kompetenzbereichen der Bildungsstandards: Gegliedert nach den inhaltsbezogenen Leitideen werden unterschiedliche Arbeitsblätter angeboten. Diese im Unterricht erprobten Kopiervorlagen sind methodisch vielfältig: Sie finden hier differenzierende Übungen, Spiele, Knobeleien, Bastelanleitungen und viele Aufgaben zur Förderung der allgemeinen Kompetenzen des Begründens und Argumentierens. Die Serviceblätter sind selbsterklärend und können ohne größere Erläuterungen an die Schülerinnen und Schüler verteilt werden.

Zum Aufbau des Buches

Sie finden in den **Schnittpunkt Serviceblättern** neben den Arbeitsblättern zu den inhaltsbezogenen Kompetenzen (Seiten 13 bis 130) auch eine Sammlung von Kopiervorlagen, die die Entwicklung der allgemeinen mathematischen Kompetenzen ermöglichen. Der vorliegende Band beinhaltet Übungen zu Präsentationstechniken, zum Umgang mit dem Mind-Map und mit einem Merkheft und zum Führen eines Lerntagebuches (Seiten 1 bis 12).

Außerdem befinden sich am Ende des Buches 30 themen- und kompetenzübergreifende Kopiervorlagen, die das vermittelte Basiswissen wach halten (Seiten 131 bis 160). Die Fitnesstests und Kopfrechenblätter bieten Aufgaben zu unterschiedlichen Themengebieten des Mathematikunterrichts und können immer wieder in den Unterricht integriert werden, um die bereits erlernten Inhalte und Fähigkeiten zu wiederholen und zu festigen. So wird den in den Bildungsstandards geforderten Ansprüchen nach vernetzendem und nachhaltigem Lernen entsprochen. Sowohl die schriftlich zu bearbeitenden Fitnesstests als auch die Kopfrechenblätter eignen sich besonders gut als Hausaufgabe. Sie nehmen je nach Kenntnisstand und Arbeitsverhalten der Schülerinnen und Schüler zwischen 10 und 20 Minuten Zeit in Anspruch. Die unten abgedruckten Tabellen ermöglichen einen Überblick über die inhaltlichen Voraussetzungen, die zum Bearbeiten des entsprechenden Arbeitsblattes notwendig sind.

Lösungen

Die notwendigen Lösungen aller Arbeitsblätter, die keine Selbstkontrolle (etwa durch ein Lösungswort oder eine Partnerkontrolle) enthalten, finden sich gesammelt am Ende des Buches.

Methoden der Serviceblätter

Einige der Serviceblätter basieren auf besonderen Methoden oder thematisieren besondere Inhalte. Das Symbol in der oberen rechten Ecke des entsprechenden Serviceblattes gibt einen Hinweis auf die Art des Serviceblattes.

Präsentationstechniken
Arbeitsblätter zur Einführung und Übung von Präsentationen im Mathematikunterricht.
vgl. Seite 1 bis 3

Lerntagebuch und Merkheft
Anweisungen und Übungen zum sinnvollen Einsatz eines Lerntagebuches und eines Merkheftes.
vgl. Seite 4 bis 6, 10 bis 12

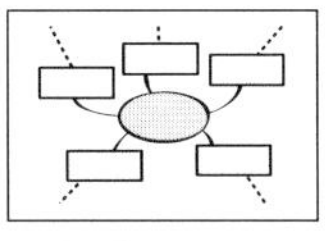

Mindmap
Einführung in die Arbeit mit einem Mindmap.
vgl. Seite 7 bis 9

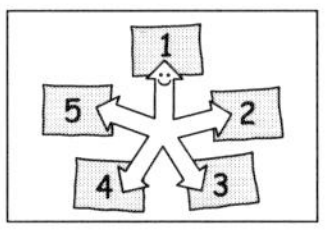

Lernzirkel
Ausführliche Informationen zum angebotenen Lernzirkel. vgl. Seite 86

Spiel
Verschiedene Spiele zur Übung der inhaltsbezogenen mathematischen Kompetenzen der fünf Leitideen.
vgl. Seite 29, 30, 41, 97, 102, 107

Bastelanleitung
Kopiervorlagen zum Herstellen mathematischer Körper und sonstigen mathematischen Übungsmaterials.
vgl. Seite 25, 62, 73, 75, 76, 80 bis 82, 96, 99, 103

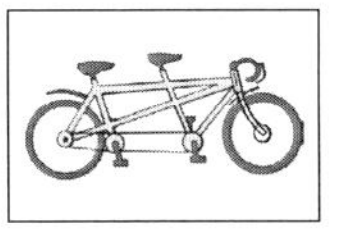

Tandembogen
Tandembögen erwarten von den Lernenden eine hohe Selbsttätigkeit und fördert damit sowohl das für den modernen Mathematikunterricht geforderte selbstständige Lernen als auch die Entwicklung der kommunikativen Fähigkeiten und der Kooperationsbereitschaft. Ein Tandembogen wird in Partnerarbeit bearbeitet. Er wird so in der Mitte gefaltet und zwischen zwei Lernende gestellt, dass jeder seine Aufgaben („Aufgaben des Partners A") und gleichzeitig die Lösungen der Aufgaben des Anderen („Lösungen des Partners B") vor sich hat. Die Schülerinnen und Schüler bearbeiten abwechselnd die Aufgaben und geben sich gegenseitig direkt ein Feedback über die Richtigkeit der Lösung. Bei Unsicherheiten oder Fehlern im Hinblick auf die genannten Lösungen treten die Lernenden häufig spontan in eine gewinnbringende Diskussion. Tandembögen können sowohl als erste Absicherung und Anwendung des neu Gelernten als auch zur Auffrischung von früheren Inhalten eingesetzt werden. In Übungsstunden bieten diese Serviceblätter die Möglichkeit, die Lernenden schnell wieder an die in dieser Stunde zu übenden Inhalte heranzuführen und durch erste Erfolgserlebnisse die Übungsbereitschaft zu erhöhen.
vgl. Seite 14, 28, 35, 38, 44, 48, 53, 58, 65, 69, 104

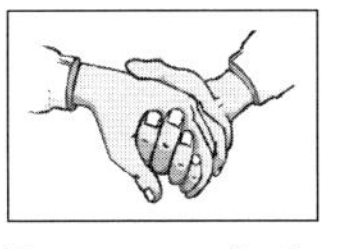

Partnerarbeitsblatt
Ein Partnerarbeitsblatt ist eine doppelt vorhandene Kopiervorlage mit unterschiedlichen Aufgaben. Jedes Partnerarbeitsblatt 1 kann nur in Korrespondenz mit dem zweiten Blatt sinnvoll bearbeitet werden. Dabei geben die Aufgaben des ersten Blattes Hinweise zu den Lösungen und Aufgaben des zweiten und umgekehrt. Durch das Partnerarbeitsblatt wird die Selbsttätigkeit der Lernenden gefördert und die Kontrolle durch den Partner ermöglicht eine intensive individuelle Auseinandersetzung auf Schülerebene.
Die Ergebniskontrolle ist im Unterschied zum Tandembogen erst nach der Bearbeitung des gesamten Blattes sinnvoll, da die Aufgabenstellung des Partnerarbeitsblattes 1 die Lösung des Partnerarbeitsblattes 2 beinhaltet. Nach der Lösung bilden die beiden Arbeitsblätter die Grundlage der Ergebniskontrolle. Dabei werden Fehler oder Unklarheiten selbstständig diskutiert und überarbeitet.
vgl. Seite 17/18, 49/50, 66/67

Mathe-Domino

Die Kopiervorlage der Domino-Schlange beinhaltet meist nur wenige Dominosteine und ist von einer Schülerin oder einem Schüler in Einzelarbeit zu lösen. Die oder der Lernende schneidet die auf der Vorlage unsortiert angeordneten Dominosteine aus und legt aus ihnen eine Dominoschlange mit einem Anfangs- und Endstein.
vgl. Seite 26, 40, 46, 52, 68, 77, 108

Die Kopfrechenblätter

Viele Rechenregeln, Grundverfahren oder Wissenselemente lassen sich mithilfe von Kopfrechenaufgaben wachhalten. Bereits Gelerntes bleibt damit länger verfügbar und kann als Grundlage für weiterführende Lernziele dienen. Durch die Kopfrechenblätter werden die Beweglichkeit des Denkens, das Zahlverständnis und die Abstraktionsfähigkeit geschult. Die Aufgaben sind dem in den Bildungsstandards genannten Anforderungsbereich I: Reproduzieren zuzuordnen.

Nr.	Themenschwerpunkt/inhaltliche Voraussetzungen
1	Grundrechenarten (nat. Zahlen)
2	Grundrechenarten (nat. Zahlen), römische Zahlzeichen, Potenzen
3	Überschlag, Klammern, Potenzen
4	Grundrechenarten (nat. Zahlen), Rechenregeln und -gesetze
5	Rechengesetze
6	Längenmaße/-einheiten
7	Vierecke, Längen- und Flächenmaße
8	Längen-, Flächen- und Volumenmaße, Lagebeziehungen
9	Bruchschreibweise, Bruchteile von Größen
10	Brüche erweitern und kürzen
11	Addition von Brüchen
12	Addition und Multiplikation von Brüchen, Bruchteile von Größen, Ordnen von Brüchen
13	Subtraktion und Multiplikation von Brüchen, Bruchteile von Größen
14	Bruchteile von Größen, alle Bruchrechenarten
15	Dezimalbruchrechnung

vgl. Seite 131 bis 145

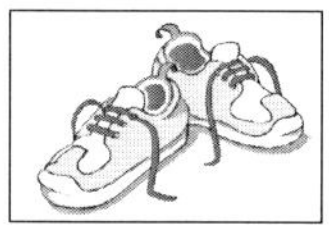

Die Fitnesstests

In verschiedenen Rubriken wird das Basiswissen unterschiedlicher inhaltlicher Bereiche wiederholt und gefestigt: Rechentechnik, Wissen, Gesetze, geometrische Grundkonstruktionen, Raumvorstellung, Begründen, Grundwissen Geometrie, Zeigen und Begründen.
Dabei werden auf einem Serviceblatt Kompetenzen und Inhalte verschiedener innermathematischer Bereiche angesprochen. Die Rubrik „Knack-die-Nuss-Ecke" beinhaltet komplexere Fragestellungen und Zusammenhänge und bietet somit Übungen zum Anforderungsbereich II: Zusammenhänge herstellen.

Nr.	Themenschwerpunkt/inhaltliche Voraussetzungen
1	Potenzen, Klammerregeln
2	römische Zahlzeichen, Klammerregeln, Schaubilder
3	geometrische Grundbegriffe, Lagebeziehungen
4	Größen, besondere Vierecke
5	besondere Vierecke
6	Rechenregeln, Quader
7	Würfel, Rechenregeln/-gesetze, Längen- und Flächenmaße
8	Umfang, Fläche, Volumen
9	Grundrechenarten (nat. Zahlen), Winkel
10	Grundrechenarten (Brüche), besondere Vierecke, Volumen
11	alle Bruchrechenarten, Winkel
12	alle Bruchrechenarten, Oberfläche des Würfels
13	alle Bruchrechenarten
14	alle Bruchrechenarten, Winkel
15	Dezimalbruchrechnen, Terme

vgl. Seite 146 bis 160

		Serviceblatt	Lösungen
Allgemeine mathematische Kompetenzen			
Präsentationstechniken	Nicos erstes Plakat	1	
	Toms Präsentation oder: Wie man es besser nicht macht!	2	
	Präsentieren wie ein Profi	3	161
Arbeiten mit Merkheften	Pia und Sarah – Merkhefte im Vergleich	4	
	Achtung Merktext: Darauf kommt es an!	5	
	So soll mein Merktext aussehen	6	
Arbeiten mit dem Mind-Map	Arbeiten mit dem Mind-Map – Dreiecke	7	
	Erstellen eines Mind-Maps	8	161
	Ein Thema – zwei Mind-Maps	9	161
Führen eines Lerntagebuches	Mein Lerntagebuch – Lehrerinformation	10	
	Mein Lerntagebuch – Wofür ich es brauche!	11	
	Mein Lerntagebuch – Eine Arbeitshilfe	12	
Leitidee Zahl – natürliche Zahlen			
Natürliche Zahlen	Zahlen auf dem Zahlenstrahl	13	162
	Tandembogen – Große Zahlen	14	
	Zahlenbaukasten – Große Zahlen	15	162
	Zweier-Trimono	16	162
Addieren und Subtrahieren	Rund um das Überschlagen – Partnerarbeitsblatt 1	17	162
	Rund um das Überschlagen – Partnerarbeitsblatt 2	18	162
	Rechennetze I	19	163
	Rechennetze II	20	163
	Rund um das Addieren und Subtrahieren	21	163
	Klammerregeln	22	
	Zahlenbaukasten – Addition und Subtraktion	23	163
	Ziffernbaukasten	24	164
Multiplizieren und Dividieren	Nepersche Rechenstäbe	25	164
	Potenzen-Domino	26	164
	Potenzen und Produkte	27	164
	Tandembogen – Rechenausdrücke	28	
Teilbarkeit	Zahlenspiel für 3 bis 5 Spieler (1)	29	
	Zahlenspiel für 3 bis 5 Spieler (2)	30	
	Teilbarkeit durch 3 und 9	31	164
Leitidee Zahl – Brüche und Dezimalbrüche			
Bruchbegriff – erweitern, kürzen und vergleichen	Übungen zur Bruchschreibweise	32	164
	Gemischte Zahlen	33	165
	Bruchteile von Größen	34	165
	Tandembogen – Bruchteile von Größen	35	
	Übungen zur gemischten Schreibweise bei Größen	36	165
	Übungen zum Erweitern	37	165
	Tandembogen – Erweitern	38	

		Serviceblatt	Lösungen
Brüche – Grundrechenarten	Zauberquadrate	39	165
	Additions- und Subtraktionsdomino	40	166
	3 zusammen ergeben 2	41	166
	Vervielfachen von Brüchen	42	166
	Teilen von Brüchen	43	166
	Tandembogen – Vervielfachen und Teilen von Brüchen	44	
	Multiplikationsreihen	45	166
	Divisionsdomino	46	167
Dezimalbruchbegriff – vergleichen und ordnen	Beim Sportfest – Die Dezimalschreibweise	47	167
	Tandembogen – Vergleichen	48	
	Brüche und Dezimalbrüche – Partnerarbeitsblatt 1	49	
	Brüche und Dezimalbrüche – Partnerarbeitsblatt 2	50	
	Anteile in der Prozentschreibweise	51	167
Dezimalbrüche – Grundrechenarten	Additions- und Subtraktionsdomino	52	168
	Tandembogen – Addition und Subtraktion	53	
	Multiplikation mit Zehnerpotenzen	54	168
	Division durch Zehnerpotenzen	55	168
	Vervielfachen von Dezimalbrüchen	56	168
	Multiplikation von Dezimalbrüchen	57	168
	Tandembogen – Division	58	
Leitidee Raum und Form			
Grundbegriffe	Gerade, Halbgerade und Strecke I	59	169
	Gerade, Halbgerade und Strecke II	60	169
	Wie viele Strecken?	61	170
	Bauanleitung für ein Nagelbrett	62	
	Senkrechte und Parallele: Übungen mit dem Nagelbrett	63	170
	Senkrechte und Parallele: Eine Zeichenübung	64	
	Tandembogen –Geometriediktat	65	
	Lagebeschreibung – Partnerarbeitsblatt 1	66	
	Lagebeschreibung – Partnerarbeitsblatt 2	67	
Flächen und Symmetrie	Viereck-Domino	68	170
	Tandembogen – Besondere Vierecke	69	
	In der Pause	70	170
	Wo steckt der Fehler? – Achsensymmetrische Figuren	71	171
	Vierecke, Symmetrie und Koordinaten	72	171
	Masken – Achsensymmetrische Figuren	73	172
	Fünf Freunde stellen sich vor	74	172

		Serviceblatt	Lösungen
Körper	Ein aufblasbarer Würfel	75	
	Einen offenen Würfel falten	76	
	Würfel-Domino	77	172
	Quadernetze	78	172
	Das Quaderspiel	79	173
	Ein Prisma bauen und zeichnen I	80	173
	Ein Prisma bauen und zeichnen II	81	173
	Die schnelle Pyramide	82	173
	Baupläne und Schrägbilder von Würfelkörpern	83	173
	Die geviertelte Pyramide	84	173
	Aus Drei mach' Einen!	85	174
Leitidee Messen			
Sachrechnen – Größen	Lernzirkel – Lehrerinformation	86	
	Lernzirkel Größen – Laufzettel	87	
	Rechnen mit Geld	88	174
	Zeitangaben	89	174
	Gewichtsangaben	90	174
	Längenangaben	91	174
	Warum gibt es verschiedene Maßeinheiten?	92	174
	Größenangaben mit Komma	93	175
	Schätzen und Messen	94	175
	Der Euro	95	175
Winkel	Winkelgrößen	96	175
	Volltreffer – Wer trifft ins Schwarze?	97	
	Haus an der Sonne	98	176
	Die Winkelscheibe – Ein Spiel für zwei	99	
	Winkel berechnen	100	176
	Der Winkeldetektiv	101	
	Winkelmemory	102	
	Ein Messgerät für Steigungswinkel	103	
Flächeninhalt und Rauminhalt	Tandembogen – Flächeneinheiten	104	
	Der Kaninchenkäfig – Übungen zu Umfang und Flächeninhalt	105	176
	Kleine Bäume und große Menschen	106	177
	Flächen-Trimono	107	177
	Einheiten-Domino	108	177
	Der Quader – Aufgaben zum Überlegen und Begründen	109	177
Leitidee funktionaler Zusammenhang			
Terme, Variable und einfache Gleichungen	Rechtecke aus Draht	110	177
	Noch mehr Rechtecke	111	178
	Zahlenrätsel und Terme	112	178
	Rauten und mehr	113	179
	Rund um den Würfel	114	179
	Verschnürungen	115	179

		Serviceblatt	Lösungen
Zuordnungen	Temperaturunterschiede in Fantasiedorf	116	179
	Schraubenpreise – Graphen interpretieren	117	180
	Verständnisaufgaben	118	180
	Das Schneckenrennen – Lehrerinformation	119	180
	Das Schneckenrennen (1)	120	180
	Das Schneckenrennen (2)	121	180
	Das Schneckenrennen (3)	122	180
	Das Schneckenrennen (4)	123	180
	Das Schneckenrennen (5)	124	180
Leitidee Daten und Zufall			
Daten	Vorlage für eine Schülerbefragung	125	180
	Schülerumfrage – Was fällt euch beim Lernen leicht?	126	
	Zahlen in Bildern (1)	127	180
	Zahlen in Bildern (2)	128	181
	Im Tierreich – Diagramme	129	181
	Das Glücksrad	130	181
Übergreifendes Übungsmaterial			
Kopfrechenblätter	Kopfrechenblatt 1 bis 15	131–145	182–185
Fitnesstests	Fitnesstest 1 bis 15	146–160	185–190

Nicos erstes Plakat

Um sich neu Gelerntes besser einprägen zu können, gestaltet jede Schülerin und jeder Schüler ein Plakat. Jedes Plakat führt die wichtigsten Punkte zu einem Thema kurz und übersichtlich auf

Nico hat das Thema „Strichlisten und Diagramme" gewählt.
Hier siehst du sein Plakat:

Strichlisten + Diagramme helfen, wenn man Zahlen schnell vergleichen möchte

! IMMER ERST ÜBERLEGEN, WELCHES DIAGRAMM AM BESTEN PASST

SÄULENDIAGRAMM
Beispiel: Höhe von Bergen

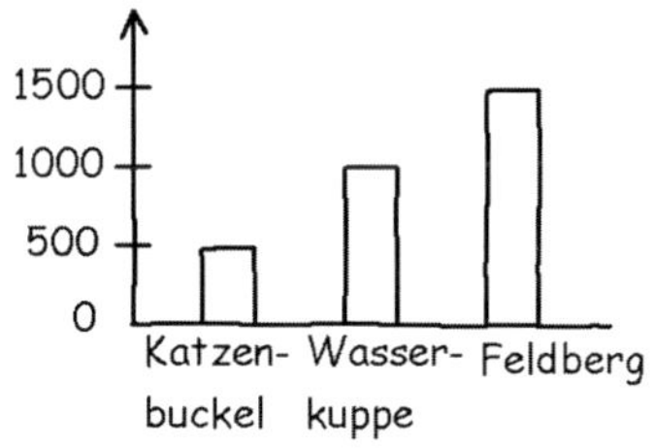

BALKENDIAGRAMM

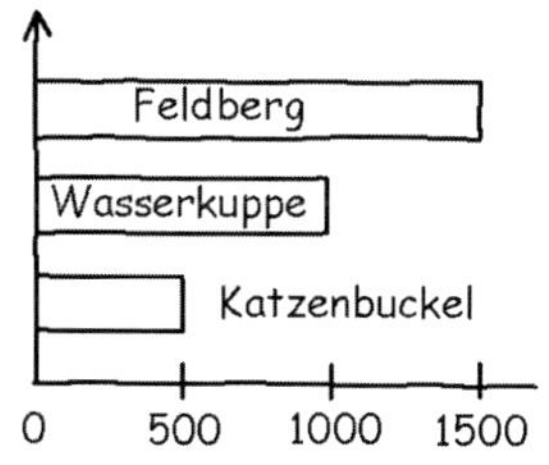

STRICHLISTE
Beispiel: Klassensprecherwahl

Bernd	卌 卌 ||	12
Susanne	||	2
Jana	卌 卌 |||	13
Jonas	||||	4

Jede Stimme bekommt einen Strich.
Jeden fünften Strich macht man quer.
Man kann die genaue Anzahl ablesen.

Balkendiagramm und Säulendiagramm sind fast gleich.
Man vertauscht die Achsen.
Man kann nur ungefähre Werte ablesen.

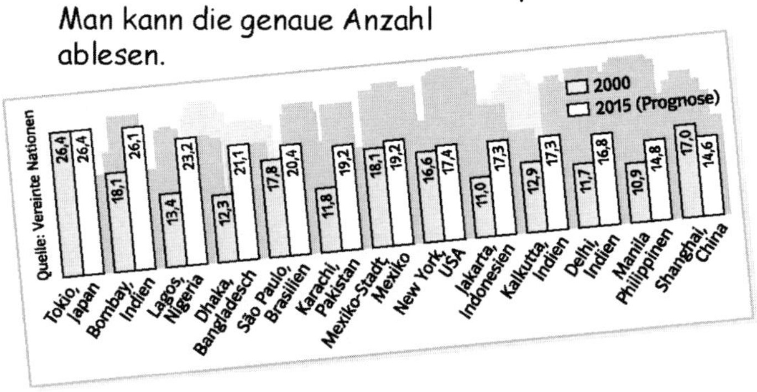

BILDDIAGRAMM
Beispiel: Verkehr

Jedes Symbol steht für 5 Fahrzeuge

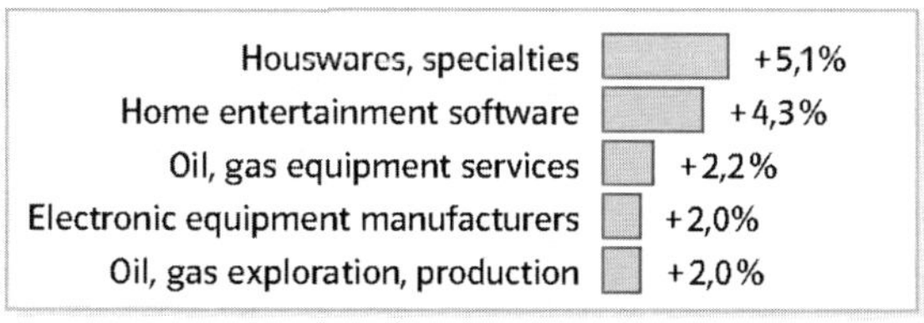

Man muss immer sagen, für welche Anzahl ein Symbol steht, weil das nur 2 oder aber 100 sein kann. Deswegen kann man manchmal auch halbe Symbole malen, damit es genauer wird. Meistens kann man nur ungefähre Zahlen ablesen.

Bildet zunächst kleine Gruppen. Betrachtet gemeinsam Nicos Plakat.

1 Notiert, was euch an Nicos Plakat gut gefällt.

2 Einiges kann man bestimmt besser machen. Welche Tipps würdet ihr Nico geben?
Besprecht eure Ergebnisse in der Klasse.

3 Gestaltet eigene Plakate zu verschiedenen Themen. Sicher kann euch eure Lehrerin oder euer Lehrer bei der Auswahl der Themen helfen. Überlegt, was auf eurem Plakat auf jeden Fall stehen sollte und wie ihr diese Inhalte kurz und übersichtlich darstellen könnt.

4 Hängt die Plakate auf und besprecht sie gemeinsam in der gleichen Weise, wie Nicos Plakat.

Gruppenarbeit

Toms Präsentation oder: Wie man es besser nicht macht!

Tom soll seiner Klasse in der nächsten Mathematikstunde seine Ergebnisse zum Thema: „Das Wachstum der Menschheit“ vorstellen. Er darf den Tageslichtprojektor benutzen und bereitet deshalb zu Hause eine Folie vor. Er wählt einen orangefarbenen Stift, weil Orange seine Lieblingsfarbe ist. Zunächst gibt er sich Mühe ordentlich zu schreiben und zeichnet sogar ein Diagramm. Als Mark anruft, um sich mit ihm zum Basketball spielen zu verabreden, beschließt er, dass die Folie noch warten kann. Als Tom abends nach Hause kommt, schreibt er so viel wie möglich auf die Folie, denn er befürchtet Einzelheiten zu vergessen. Die wichtigsten Stichworte kreuzt er sich an. Beim Durchlesen entdeckt er einige Rechtschreibfehler. Da sein Stift wasserfest ist, übermalt er sie dick. Dann rollt er die Folie zusammen und steckt sie in seine Schultasche.

Sicher konntest du an einigen Stellen kaum glauben, wie Tom sich verhält. Aber aus Fehlern kann man schließlich lernen.

1 Schau dir den Text und die Bildergeschichte genau an.

2 Erstelle dann mit deinem Nachbarn eine Liste „Worauf man beim Erstellen und Präsentieren einer Folie achten muss“.

3 Vergleicht eure Listen in der Klasse.

4 Ergänze deine Liste mit den Aussagen, die du vergessen hast.

Präsentieren wie ein Profi

Die Vorbereitung ist die halbe Miete

Um dein Thema gut vorzutragen, musst du dir zuerst verdeutlichen, was daran für die anderen wichtig ist. Versuche, Dinge einfach zu erklären und teile dein Thema in kleinere ____________________ ein. Überlege dir, ob es spannende __________________ gibt, die deine Zuhörer auch interessieren. Bei der Vorbereitung zuhause hilft es, den Vortrag vor dem Spiegel oder auch unter der Dusche laut zu proben. Du merkst dann besser, wo du stockst, wo du dich verhaspelst oder wo dir die Worte _____________. Vielleicht stehen deine Familie oder deine Freunde als Publikum zur Verfügung. Sicher hast du schon bemerkt, dass einige Moderatoren im Fernsehen ____________ in der Hand halten. Auf ihnen stehen in großen Buchstaben die wichtigsten Stichworte des Vortrags. Sie dienen als Erinnerungshilfe.

Wenn du dann tatsächlich alleine vor einer Gruppe stehst, kann es sein, dass du dich unsicher fühlst – die Profis sagen dazu „______________“. Es verschwindet, sobald du loszulegst. Übe deswegen die ______ Sätze, mit denen du beginnen möchtest, bis du sie im Schlaf aufsagen kannst.
Vielleicht hast du schon beobachtet, wie manche ihre Informationen so schnell weitergeben, als wollten sie den ____________________________ aufstellen. Du möchtest aber bestimmt, dass deine Zuhörer verstehen, was du ihnen erklärst. Deshalb gilt, auch wenn es schwer fällt:

- _________________ reden. Dein Publikum hört vieles zum ersten Mal.
- Nach einzelnen Abschnitten ______________________ machen („leise bis 5 zählen“).
- Wichtige Zusammenhänge darf man ________________.

Und ab jetzt hilft nur eines: Um ein Präsentationsprofi zu werden, muss man ________ und sich ________ bei anderen Profis abschauen.

Die Tafel, eine Orientierungshilfe für die Zuhörer

In der Schule kannst du bei deinem Vortrag die Tafel benutzen, um die wichtigsten ____________________ für deine Zuhörer zu notieren. Überlege dir auch hier genau, was so wichtig ist, dass man es wirklich schriftlich festhalten muss. Wenn du dir diese Mühe machst, sollte die Tafel natürlich sauber sein. Am einfachsten ist es dann, die kurzen Sätze oder Skizzen schon ________ Beginn des Vortrages anzuschreiben. Sollte dies nicht möglich sein, musst du vor oder nachdem du ein Unterthema vorgestellt hast, eine knappe ____________________________ anschreiben.
Es gilt immer: Entweder reden oder ____________, denn was du der Tafel erzählst, hört niemand. Das Schreiben an der Tafel gibt dir Zeit zwischendurch tief __________________.
Auch zum Schreiben an der Tafel gehört Übung. Übe also – wenn möglich – schon vorher, gerade und groß genug an der Tafel zu schreiben. Und noch ein Tipp: Skizzen kann man schon zu Hause auf ______________________ zeichnen. Sie lassen sich dann schnell mit Klebestreifen anheften.

Setze die Wörter in den Lückentext ein.
Die Buchstaben ergeben in der richtigen Reihenfolge ein Lösungswort.

(N) drei	(F) durchzuatmen	(R) Einzelheiten	(Ä) fehlen	(S) Informationen
(S) Kärtchen	(T) kurze Pausen	(E) Lampenfieber	(A) Langsam	(T) Schnellsprechweltrekord
(O) schreiben	(I) Tapetenbögen	(N) Tricks	(O) üben	
(P) Unterthemen	(P) vor	(I) wiederholen	(R) Zusammenfassung	

978-3-12-740457-9 Schnittpunkt Serviceblätter 5/6

Ernst Klett Verlag GmbH, Stuttgart 2007

Pia und Sarah – Merkhefte im Vergleich

Merkhefte sind ein persönliches Nachschlagwerk. Sie helfen dir, dich über bereits behandelte Themen aus dem Unterricht schnell und gut zu informieren.
Hier siehst du Einträge aus den Merkheften von Pia und Sarah.

Sarahs Heft:

Addieren

Den Rechenausdruck 13+8 bezeichnet man als Summe, sein Ergebnis 21 als Wert der Summe. Die Zahlen 13 und 8 heißen Summanden.

Man benutzt die Stellenwerttafel.

T	H	Z	E
5	6	7	3
+	8	5	6
1	1		
6	5	2	1

Anmerkung: T steht für Tausender, H für Hunderter, Z für Zehner, E für Einer
Man rechnet 6+3 ist 9 und schreibt das unten hin. Man rechnet 5+7 gleich 12. Man schreibt die 2 unten hin. Man rechnet dann 1+8+6 gleich 15 und schreibt die 5 hin. Man rechnet 5+1 gleich 6 und schreibt 6 hin.
Man zählt die Zahlen in den Spalten zusammen. Dabei beginnt man von rechts zu addieren. Man schreibt den Übertrag in unten in die Spalte die links daneben ist.

MERKE:
Die Einer müssen immer unter den Einern stehen, die Zehner unter den Zehnern, usw.
Nullen nicht vergessen hinzuschreiben.
Den Übertrag nicht vergessen.
Der Übertrag sind die Zehner bei der Addition (die kleinen „Einsen" in der Stellenwerttafel).

Beispiele:

	8	5	6	7
+	2	3	0	5
1			1	
1	0	8	7	2

		8	7	
+	4	0	6	3
		1		
	4	9	3	3

	1	0	2	4
+	7	9	9	0
	1	1		
	9	0	1	4

Pias Heft:

ADDIEREN

13 + 8 Die Zahlen 13 und 8 nennt man Summanden, der ganze Ausdruck heißt **Summe**.

Schriftliches Addieren:
Man schreibt die Zahlen untereinander.
Man fängt rechts an und zählt immer die Zahlen einer Spalte zusammen.
Ist die Zahl größer als 9, wird die Zehnerzahl in die nächste Spalte geschrieben.

Vergleiche die Einträge in den Merkheften von Pia und Sarah.
Was haben die beiden gut und was haben sie weniger gut gemacht? Begründe deine Meinung und überlege dabei immer, dass Pia und Sarah in diesem Heft nachschlagen wollen, wenn sie Dinge vergessen haben.

978-3-12-740457-9 Schnittpunkt Serviceblätter 5/6

Ernst Klett Verlag GmbH, Stuttgart 2007

Achtung Merktext: Darauf kommt es an!

Hier findest du Aussagen, die bei der Besprechung von Merkheften genannt wurden. Gib an, ob du den Aussagen zustimmst oder nicht und notiere eine kurze Begründung.

Aussagen	meine Meinung
Man muss einfach alles aufschreiben, dann kann man auch alles nachlesen.	
Ich finde Beispiele gut. Die erklären mehr als wenn man viel schreibt.	
Ich finde es unübersichtlich, sich an die Beispiele etwas zur Erklärung dran zu schreiben. Das sieht unordentlich aus.	
Wenn man nur das Wichtigste aufschreibt, muss man auch nicht extra unterstreichen oder etwas hervorheben.	
Eigentlich kann ja der Lehrer oder ein Schüler einfach seinen Merktext an die Tafel schreiben und alle anderen schreiben das ab.	
Ich brauche kein Merkheft. Ich kann ja auch im Buch oder im Heft nachschauen.	
Jeder muss selbst entscheiden, was in seinem Merkheft steht, schließlich lernt ja jeder auf seine Art.	

Besprecht eure Ergebnisse nun mit der ganzen Klasse.
Sammelt gemeinsam, was auf jeden Fall in jedem Merkheft stehen sollte und was man abhängig vom Thema noch ergänzen kann.

Das gehört ins Merkheft:	Bei schwierigen Themen kann mir folgendes eine Hilfe sein:

So soll mein Merktext aussehen

Material: Schere, Klebstoff, bunte Stifte

Auf dieser Seite siehst du unterschiedliche Einträge aus Merkheften. Schneide die Teile aus, die für dein Merkheft wichtig sind. Ordne die Teile vor dir auf dem Tisch und klebe sie erst dann in dein Heft, wenn du mit der Anordnung zufrieden bist. Du solltest die Teile natürlich durch persönliche Anmerkungen und Markierungen ergänzen.
Vergleicht eure Texte in der Gruppe und gebt euch gegenseitig Tipps.

SUBTRAHIEREN

Subtrahieren

MERKE

}

⇒

!

Subtrahieren

Subtrahieren

Differenz

Subtrahend

Der Ausdruck 23 − 8 heißt **Differenz.**
Die Zahl 23, also die Zahl, von der man etwas abzieht, heißt **Minuend.**
Die Zahl 8, also die Zahl, die abgezogen wird, heißt **Subtrahend.**

Minuend

TIPP

So geht's

Der Ausdruck 23 − 8 heißt Differenz.
Die Zahl 23 heißt Minuend. Die Zahl 8 heißt Subtrahend.

Regel

23 - 8

!

BEISPIEL

Schriftliches Subtrahieren
Schreibe wie in einer Stellenwerttafel.
Beginne rechts und ergänze die fehlende Zahl.
Schreibe einen entstehenden Übertrag in die linke benachbarte Spalte.

BEISPIEL

Schriftliches Subtrahieren
Schreibe die Zahlen wie in einer Stellenwerttafel untereinander: Einer unter Einer, Zehner unter Zehner, …
Beginne von rechts. Ergänze die Einerzahl des Subtrahenden bis zur Einerzahl des Minuenden.
Ist beim Minuenden ein Übertrag nötig, schreibe ihn in die linke benachbarte Spalte.
Verfahre ebenso bei den Zehnern, Hundertern, …

T	H	Z	E
7	3	6	4
−	4	3	8
1		1	
6	9	2	6

Ergänzen in der Einerspalte:
4 ist kleiner als 8. Ergänze also 8 bis 14.
Also ist 6 das Ergebnis der Einerspalte.
„1" kommt als Übertrag in die Zehnerspalte.

	5	9	5	6
−	1	6	8	3
−		2	1	7
−		8	5	9
	1	2	2	
	3	1	9	7

Werden mehrere Zahlen subtrahiert, addiert man erst die Einer aller Subtrahenden und ergänzt dann bis zum Einer des Minuenden. Man schreibt den Übertrag in die nächste Spalte und geht für die Zehner, Hunderter, … genauso vor.

Übertrag und Nullen nicht vergessen!

Der **Min**uend wird ver**min**dert.
Der Subt**ra**hend wird **ab**gezogen.

978-3-12-740457-9 Schnittpunkt Serviceblätter 5/6

Ernst Klett Verlag GmbH, Stuttgart 2007

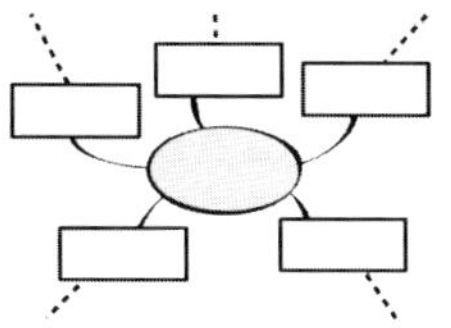

Arbeiten mit dem Mind-Map – Dreiecke

Ein Mind-Map hilft euch Begriffe, die zusammen gehören, bildlich auf einem Blatt darzustellen. Bildet Gruppen zu zweit oder zu dritt.

1 a) Notiert zehn Wörter, die euch zum Thema **Hund** einfallen.

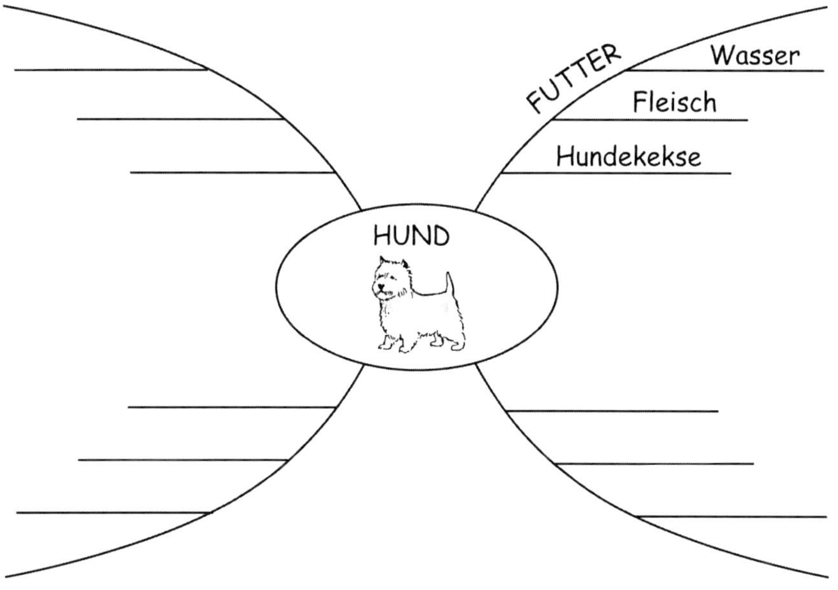

b) Sortiert die Begriffe zum Thema **Hund** in Wortgruppen. Diese Wortgruppen – wie zum Beispiel das Wort **Futter** – werden an die Äste des Mind-Maps geschrieben. Alle Wörter, die dieser Gruppe zugeordnet sind, werden an den zugehörigen Ast geschrieben. So hat der Ast **Futter** die Zweige **Fleisch**, **Hundeleckerlies**, und **Wasser**. Tragt eure Wörter in das obige Mind-Map ein. Wenn euch Äste und Zweige fehlen, ergänzt diese.

c) Schreibt eure zehn Wörter auf einen Zettel und tauscht diesen mit einer anderen Schülergruppe. Tragt auch die neuen Wörter in das Mind-Map ein. Vergleicht euer Mind-Map mit dem der anderen Gruppe.

2 Auch mathematische Inhalte lassen sich in einem Mind-Map übersichtlich darstellen.

a) Jeder von euch sammelt zehn Begriffe, die ihr oder ihm zum Thema **Dreieck** einfallen.

b) Sortiert auch hier die Begriffe zum Thema **Dreieck** an die zugehörigen Äste. Manche Wörter passen an mehrere Äste.

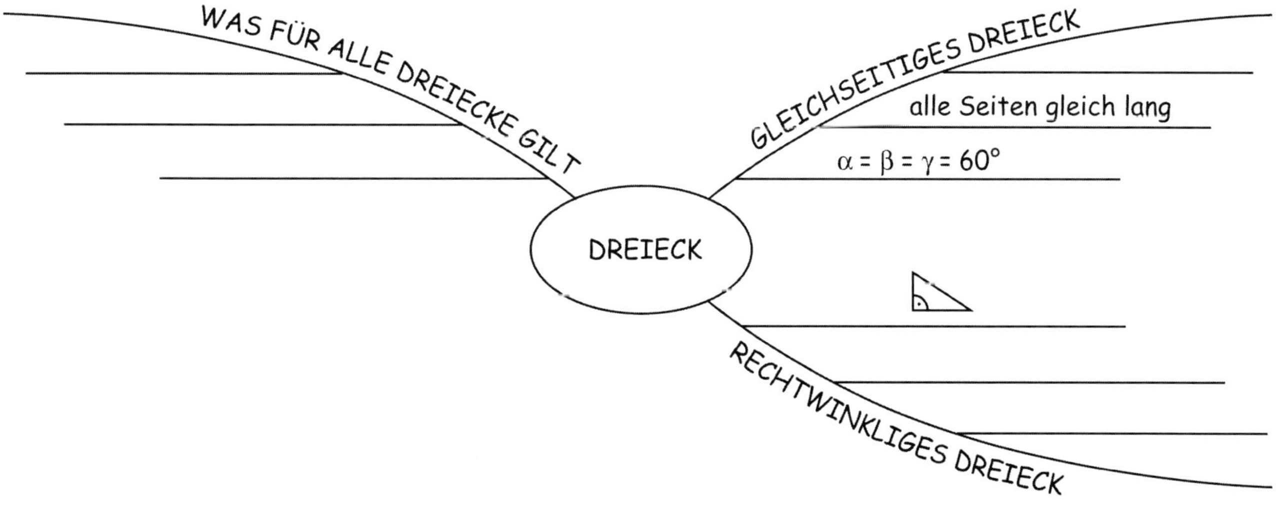

c) Sicher reicht euch der Platz auf diesem Papier nicht aus. Übertragt euer Mind-Map auf ein Blatt von einem Zeichenblock. Fügt weitere Oberbegriffe hizu. Ergänzt die Hauptäste mit Nebenästen und beschriftet sie mit Schlüsselwörtern oder mit der passenden Formel. Statt Wörter könnt ihr auch Bilder oder Symbole an den Ästen notieren. Am Ende habt ihr ein Poster, auf dem alles Wichtige zum Thema Dreieck zusammengefasst ist.

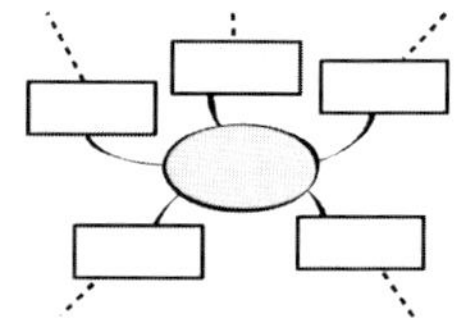

Erstellen eines Mind-Maps

1. Nimm ein unliniertes **DIN-A4-Blatt**. Beabsichtigst du, ein sehr umfangreiches Mind-Map zu erstellen, so solltest du ein Blatt deines Zeichenblocks oder Plakatpapier nehmen. Für den optimalen Überblick legst du das Papier quer.
Beschrifte das Blatt immer so, dass der Text ohne Drehen gut lesbar ist.

Thema deutlich hervorheben

2. Das **Thema** deines Mind-Maps schreibst du in die Mitte des Blattes. Du solltest das Thema deutlich hervorheben, z. B. durch die Größe der Schrift, Rahmen oder durch den Einsatz von Farbe. Vielleicht kannst du ja auch eine passende Zeichnung anfertigen.

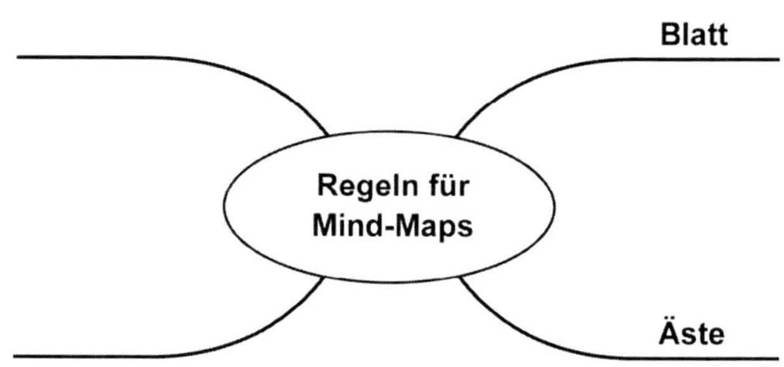

Thema mit Hauptästen

3. An das Thema fügst du nun die **Hauptäste** an. Sie sind die dicksten Äste deines Mind-Maps. Auf ihnen stehen wichtige Unterpunkte zu dem Hauptthema. Versuche für jeden Hauptast möglichst einen einzigen Schlüsselbegriff zu finden. Für unser Mind-Map rechts könnte ein erster Hauptast mit dem Begriff Blatt versehen werden.
Für alle weiteren Schlüsselbegriffe legst du jetzt nach und nach eigene Hauptäste an.
Möchtest du mit deinen Ästen eine bestimmte Reihenfolge hervorheben, so ist es günstig, mit dem ersten Ast oben rechts zu beginnen und dann im Uhrzeigersinn fortzufahren.

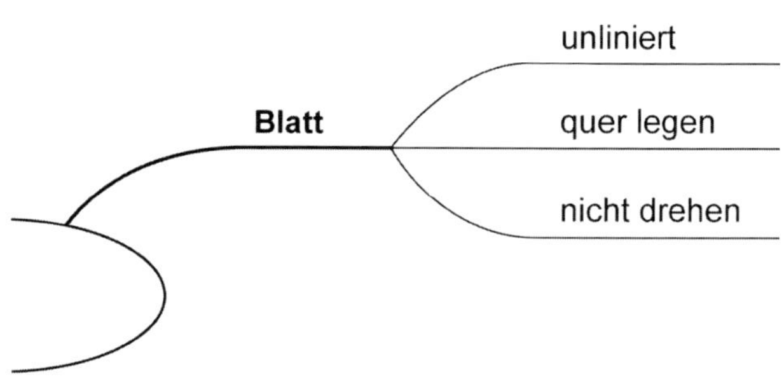

Hauptast mit Zweigen

4. An die Hauptäste kannst du nun **Zweige** anfügen. Diese zeichnest du deutlich dünner als die Äste. Auf sie schreibst du Unterbegriffe, die zu dem jeweiligen Hauptast gehören.
Selbstverständlich kann sich jeder Zweig noch in feinere Unterzweige aufteilen. Dabei gilt: Je feiner der Zweig, desto spezieller die dazugehörende Information.
Achte immer darauf, dass zwischen Ästen und Zweigen keine Lücke entstehen darf.

5. Wähle für alle Äste und Zweige **Druckschrift**. Beschrifte Äste und Zweige unterschiedlich fett.

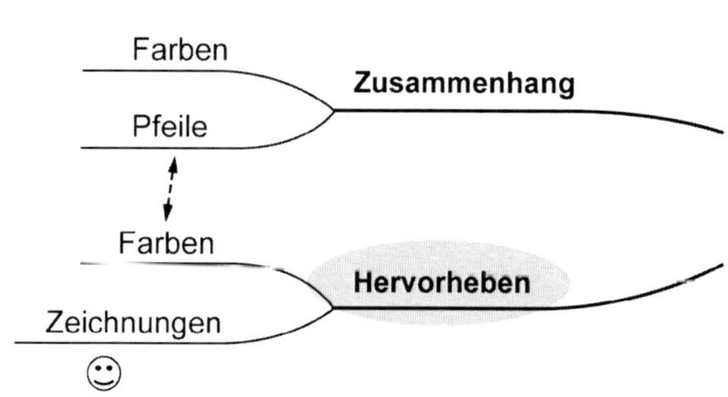

Verfeinerung durch Farben und Zeichnungen

6. Durch **Farben**, **Pfeile** und **Zeichnungen** kannst du dein Mind-Map besonders einprägsam gestalten. Durch Schraffieren mit Farbe kannst du zeigen, dass verschiedene Dinge zusammengehören oder besonders wichtig sind.
Pfeile helfen dir Verbindungen aufzuzeigen.
Zeichnungen veranschaulichen abstrakte Begriffe.

Aufgabe:
Fasse die genannten Regeln in einem Mind-Map zusammen.

† Einzelarbeit

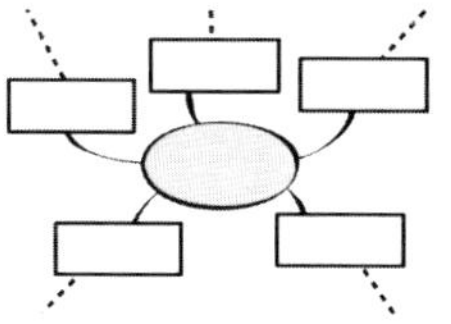

Ein Thema – zwei Mind-Maps

Jan und Ulrich haben jeweils ein Mind-Map zu ihrem Hobby Radsport entworfen. Beide wollen ihr Mind-Map für eine Präsentation im Unterricht einsetzen. Die Ergebnisse sind sehr unterschiedlich ausgefallen.

1 Welche der Regeln für Mind-Maps (Arbeitsblatt „Erstellen eines Mind-Maps") haben die beiden beachtet? Welche nicht?

2 Wer von beiden hat deiner Meinung nach das bessere Mind-Map erstellt? Warum?

3 Fasse die beiden Mind-Maps zu einem zusammen und korrigiere dabei die gemachten Fehler.

Jans Mind-Map

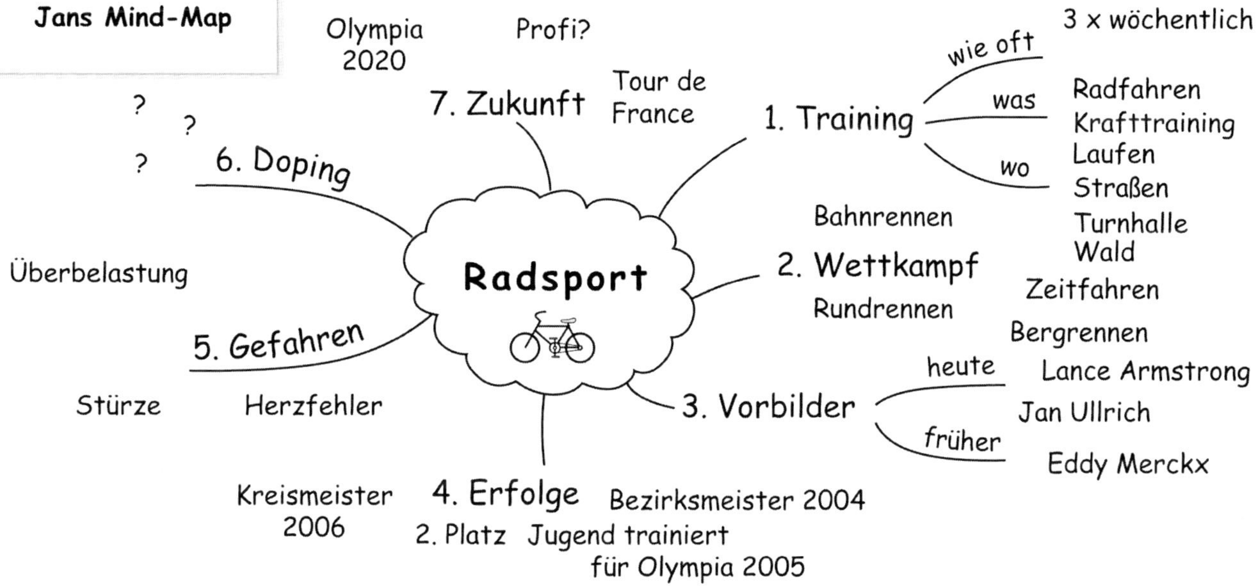

Ulrichs Mind-Map

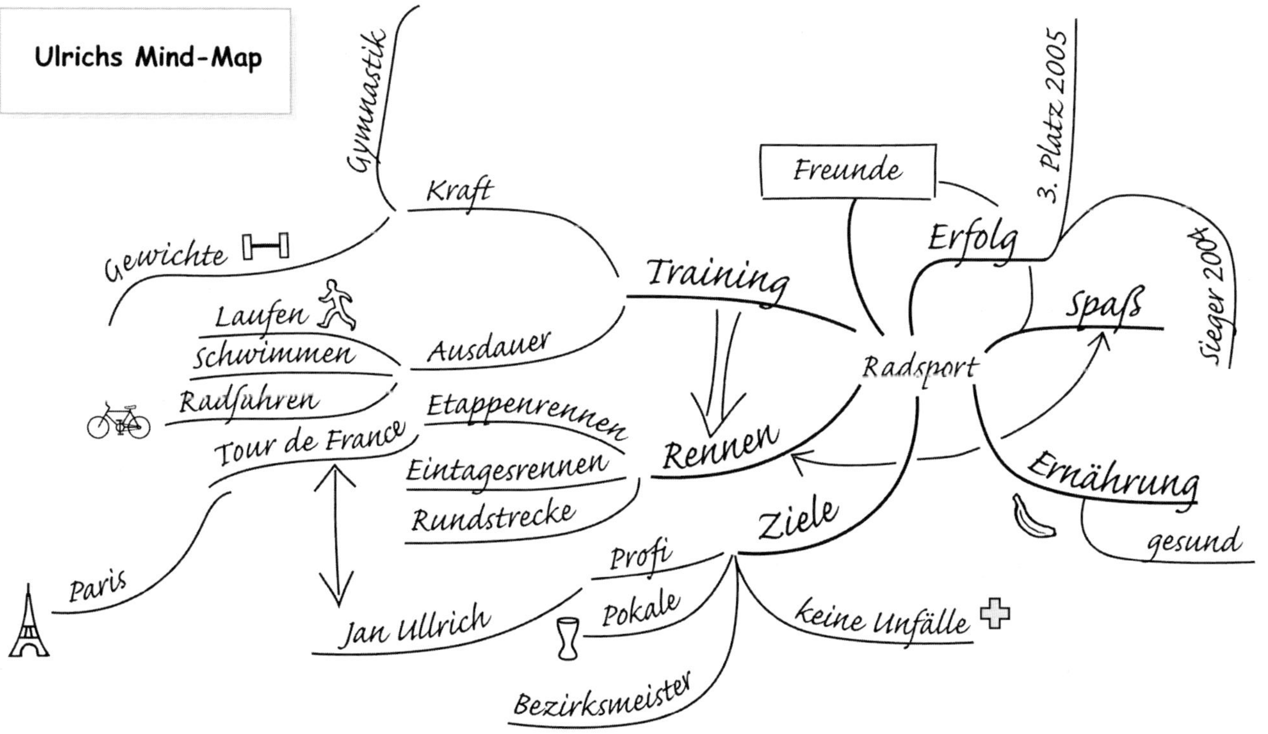

Mein Lerntagebuch – Lehrerinformation

Lernen ist ein zutiefst individueller Prozess, der von außen nur sehr bedingt steuerbar ist. Aus diesem Grund muss jeder sein Wissen und sein Verständnis selbst generieren. Das bedeutet, dass auch im Mathematikunterricht ein selbstständiges, eigenverantwortliches Arbeiten ermöglicht werden muss.
Ein solches selbstreguliertes Lernen stellt sich aber nicht per se ein. Es bedarf der Unterstützung durch die Lehrperson und durch eine generell lernprozessanregende Umgebung. Ein erster entscheidender Schritt im Aufbau von Selbstregulationsfähigkeit ist, den Lernenden das „Sich-Fragen“ nahe zu bringen. Dieses führt dann dazu, dass die Lernenden sich ihres Lernprozesses und ihres Lernerfolges bewusst werden und dadurch versuchen, ihn entsprechend zu regulieren. Es geht dabei nicht nur um die Großformen eigenverantwortlichen Lernens, wie Unterrichtsprojekte, Lernzirkel oder Freiarbeit. Es kommt vielmehr darauf an, den Schülerinnen und Schülern im alltäglichen Mathematikunterricht viele Möglichkeiten zum Entdecken eigener Lernwege zu bieten. Bereits Veränderungen im Kleinen können sich als wirkungsvoll erweisen.

Ein methodisches Hilfsmittel dafür ist das Führen eines Lerntagebuchs. Durch das Verschriftlichen reflektieren die Lernenden ihren Lernweg; gleichzeitig erhält der Lehrer eine direkte Rückmeldung über diesen.

Das Führen eines Lerntagebuchs kann im Sinne der folgenden Serviceblätter wie folgt vonstatten gehen:

Das Deckblatt wird von den Schülerinnen und Schülern selbst gestaltet. Als zweites Blatt des Tagebuches folgen grundsätzliche Erläuterungen über das Führen eines Lerntagebuchs und darüber, welchen Nutzen es hat (vgl. ► Serviceblatt „Mein Lerntagebuch – Wofür ich es brauche!“, Seite 11). Die Ausführungen sollten mit den Lernenden vorab besprochen und später sollte immer wieder darauf verwiesen werden.

Weitere Blätter sind dann Arbeitspläne für Kleinprojekte, Wochenarbeitspläne und eigene Beiträge (wie z. B. Zeitungsausschnitte, Zeichnungen) der Schüler. Während oder nach der Arbeit an einem Kleinprojekt, mit einem Wochenarbeitsplan oder nach einer Unterrichtseinheit, sollten die Schülerinnen und Schüler ihren Lernprozess reflektieren. Die Erfahrung hat gezeigt, dass es jüngeren Schülerinnen und Schülern noch schwer fällt, ihre Gedanken niederzuschreiben. Eine Hilfe und ein Anreiz dazu kann das ► Serviceblatt „Mein Lerntagebuch – eine Arbeitshilfe“, Seite 12 bieten. Die vier darin enthaltenen Fragen können die Schülerinnen und Schüler in ihrem Reflexionsprozess unterstützen. In der Anfangsphase wird das Blatt noch gemeinsam ausgefüllt.
Einige Hinweise zum Serviceblatt, Seite 12:
Die Angabe zur Zeit bezieht sich auf einen Zeitrahmen. Dadurch kann man feststellen, ob eine geschlossene Beobachtungszeit eingehalten wurde. Die weißen Kästchen sollen die Schülerinnen und Schüler animieren, ihr Empfinden zu den jeweiligen Fragen auch zeichnerisch auszudrücken (z. B. durch Smileys o. Ä.).
Die vier Fragen können durch Zusatzfragen, die von den Schülerinnen und Schülern möglichst selbst formuliert werden, ergänzt und in einem selbst erstellten persönlichen Blatt notiert werden.
Mögliche Zusatzfragen könnten sein:

- Welche fachlichen Bezüge kann ich in diesem Thema erkennen?
- Worin liegt die in der Aufgabe gestellte Schwierigkeit?
- Wie schätze ich die Schwierigkeit der Aufgaben ein?
- Kann ich Teile einer Aufgabe lösen?
- Welche Personen kann ich um Unterstützung bitten?
- Welche besonderen Lernerfahrungen habe ich gemacht?

Da der Lernprozess nicht nur ein fachlich- und inhaltsbezogener, sondern auch ein sozialer Prozess sein sollte, ist der vierte Fragenkomplex dafür gedacht, dass die Schülerinnen und Schüler sich über diesen Bereich Fragen stellen und entsprechend beantworten.
Mögliche Fragen könnten sein:

- Warum habe ich die Aufgaben selbst erarbeitet?
- Habe ich Schwierigkeiten mit anderen zusammenzuarbeiten?
- Habe ich konzentriert gearbeitet?
- Waren die Rollen und die Aufgaben in der Gruppenarbeit klar verteilt?
- Arbeite ich genügend mit?
- Welche Schwierigkeiten habe ich beim anfertigen meiner Hausaufgaben?

Literatur:

- Ulm, Volker: Mathematikunterricht in der Sekundarstufe für individuelle Lernwege öffnen, Kallmeyer, Seelze/Velber 2004.
- Herzig, Bardo: Selbstgeführtes Lernen, Landesinstitut für Schule, Soest 2005.
- Praxis der Mathematik, Heft Februar 2005.

Mein Lerntagebuch – Wofür ich es brauche!

Wenn du das meinst, dann lies erst einmal weiter.

Die Idee:
Jeder von euch führt ein eigenes „Tagebuch“ über den Mathematikunterricht mit folgenden Aspekten:

Persönliche Anmerkungen
- Was du nicht verstehst.
- Was du verstehst.
- Was du bei unserem Thema dazu gelernt hast.
- Was dir zu unserem Thema erwähnenswert erscheint.

Sammle (und kommentiere) Zeitungsausschnitte und andere Unterlagen zu unserem aktuellen Thema.

Stelle herausfordernde **Fragen**, knüpfe **Verbindungen** zwischen unserem Unterrichtsthema und deinen eigenen Lebenserfahrungen.

Stelle zum Unterrichtsthema **eigene Fragen**.

Dein Tagebuch kann auch **Probleme**, die du mit dem Unterrichtsstil und dem Lernen allgemein hast, enthalten.

Dein Tagebuch gibt auch **Zusammenfassungen von Gesprächen und Überlegungen** im Unterricht wieder. Ideen anderer Personen sollen als solche gekennzeichnet sein.

Dein Tagebuch gibt eine **Arbeitsrückschau**. Besonders schön wären schriftliche Zusammenfassungen einer Thematik bzw. eigener Überlegungen.

Mein Lerntagebuch

Das Führen eines Tagebuches bedeutet natürlich Mühe. Es kann dir aber helfen,
- den roten Faden im Unterricht und bei deiner selbstständigen Arbeit nicht zu verlieren,
- deinen Lernfortschritt besser zu kontrollieren,
- besser zu lernen und
- größeren Erfolg zu haben.

Also: Los geht's!

Mein Lerntagebuch – eine Arbeitshilfe

Klasse: _____ Schuljahr: ____________

Zeit: ________________________________

Was habe ich gelernt?

Wo habe ich noch Schwächen?

Welche besonderen Leistungen habe ich erbracht?

Was liegt mir besonders auf dem Herzen?

Zahlen auf dem Zahlenstrahl

1 Welche Zahlen sind markiert? Trage sie in die Kästchen ein.

a)

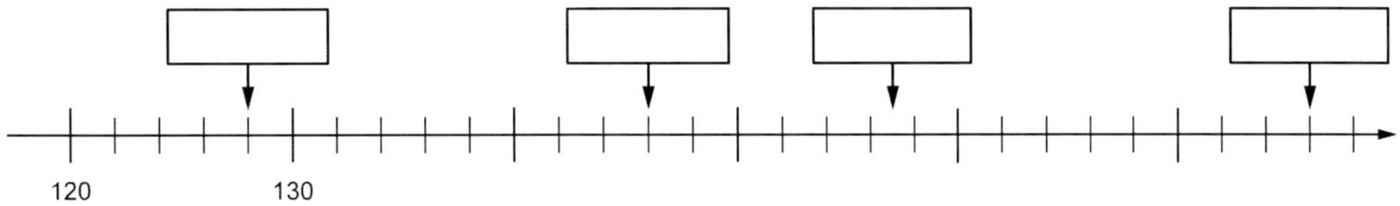

b)

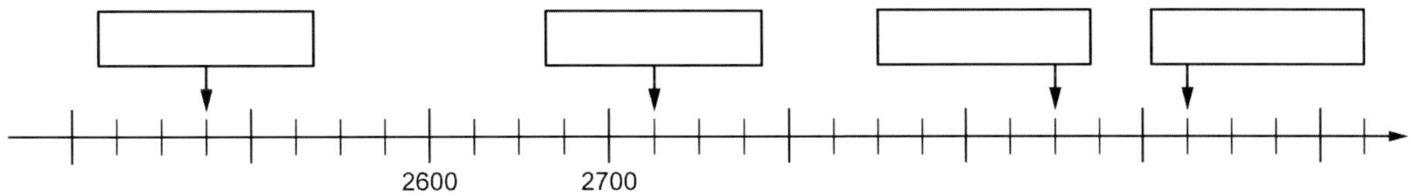

2 Markiere die Zahlen am Zahlenstrahl. Wähle für jede Teilaufgabe einen geeigneten Zahlenstrahl aus. Trage den entsprechenden Buchstaben der Teilaufgabe in die Kästchen ein.

a) 40; 45; 75; 80; 105; 130
b) 48; 62; 74; 92; 106; 128
c) 55; 58; 63; 82; 96

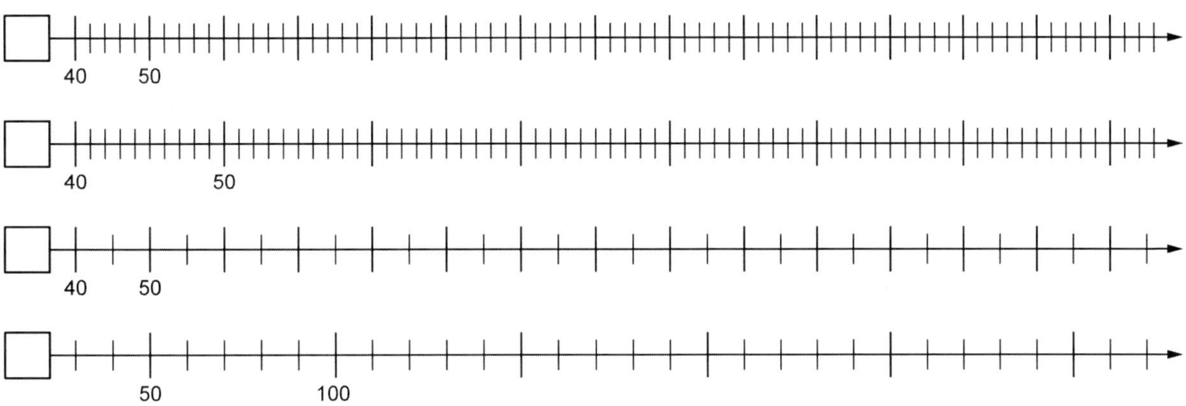

3 Vervollständige den Ausschnitt des Zahlenstrahls so, dass du die angegebenen Zahlen markieren kannst.

a) 2575; 2650; 2800; 3050

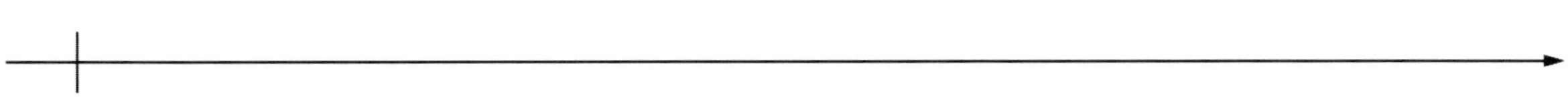

b) 222; 234; 240, 256

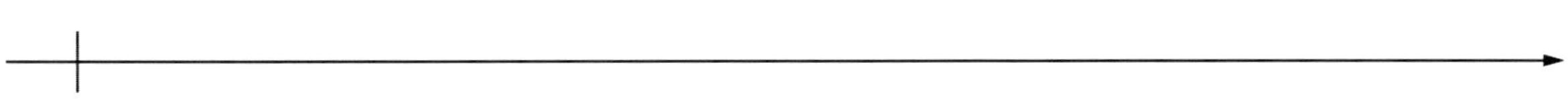

c) 750; 900; 1250; 1500

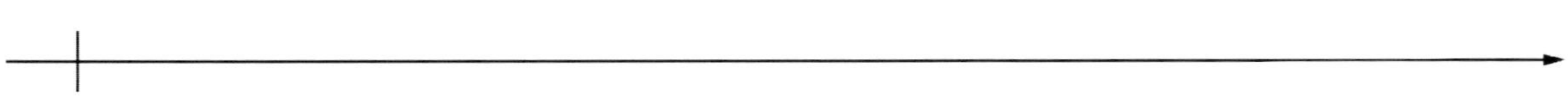

978-3-12-740457-9 Schnittpunkt Serviceblätter 5/6
Ernst Klett Verlag GmbH, Stuttgart 2007

Tandembogen Große Zahlen

Hier knicken

Aufgaben für Partner B

1 Lies die Zahl laut vor.
a) 2 068 710
b) 300 000 020 000
c) 41 000 000 510

2 Wie viele Nullen hat die Zahl?
a) 30 Millionen
b) 100 Milliarden
c) 4 Billionen

3 Wie heißt der Vorgänger?
a) 2 Millionen
b) 300 Milliarden
c) 2 001 000

4 Wie heißt der Nachfolger?
a) 5 327 299
b) 39 899 999
c) 799 999 999

Lösungen für Partner A

1 a) 4 Millionen 86 Tausend 510
b) 900 Milliarden 50 Tausend
c) 25 Milliarden 370

2 a) 8 b) 10 c) 13

3 a) 2 Millionen 999 Tausend 999
b) 29 Milliarden 999 Millionen 999 Tausend 999
c) 4 Millionen 1 Tausend 999

4 a) 71 Millionen 293 Tausend 500
b) 8 Millionen 990 Tausend
c) 2 Milliarden

Hier knicken

Tandembogen Große Zahlen

Aufgaben für Partner A

1 Lies die Zahl laut vor.
a) 4 086 510
b) 900 000 050 000
c) 25 000 000 370

2 Wie viele Nullen hat die Zahl?
a) 300 Millionen
b) 10 Milliarden
c) 40 Billionen

3 Wie heißt der Vorgänger?
a) 3 Millionen
b) 30 Milliarden
c) 4 002 000

4 Wie heißt der Nachfolger?
a) 71 293 499
b) 8 989 999
c) 1 999 999 999

Lösungen für Partner B

1 a) 2 Millionen 68 Tausend 710
b) 300 Milliarden 20 Tausend
c) 41 Milliarden 510

2 a) 7 b) 11 c) 12

3 a) 1 Million 999 Tausend 999
b) 299 Milliarden 999 Millionen 999 Tausend 999
c) 2 Millionen 999

4 a) 5 Millionen 327 Tausend 300
b) 39 Millionen 900 Tausend
c) 800 Millionen

Zahlenbaukasten – Große Zahlen

Material: Schere, Klebstoff

Schneide die Zahlenkarten aus. Lege sie so aneinander, dass

a) eine möglichst große Zahl entsteht. ________________

b) eine möglichst kleine Zahl entsteht. ________________

c) eine möglichst große ungerade Zahl entsteht. ________________

d) eine möglichst kleine siebenstellige Zahl entsteht. ________________

e) eine möglichst große achtstellige Zahl entsteht. ________________

f) eine möglichst kleine Zahl mit fünf Kärtchen entsteht. ________________

g) eine Zahl entsteht, die möglichst nahe an 10 Millionen liegt. ________________

Trage die Lösungen ein und klebe die Aufgaben mit den Antworten in dein Heft.

0	5	9
17	52	104

Zweier-Trimino

Material: Schere, Klebstoff

Der Clown jongliert mit großen Dreiecken, die aus kleineren Dreiecken zusammengesetzt sind. Ein Dreieck ist auseinandergefallen. Schneide die Teile aus und setze sie richtig zusammen. Es passt immer eine Zahl aus dem Zehnersystem zu einer aus dem Zweiersystem. Die grauen Felder markieren den Rand des Dreiecks. Klebe die enstandene Figur dann in dein Heft.

Rund um das Überschlagen – Partnerarbeitsblatt 1

Klaus und Klara rechnen Additionsaufgaben. Sie führen beide zuvor einen Überschlag durch, gehen dabei jedoch unterschiedlich vor.

1 Du rundest nach der Regel von Klaus. Deine Partnerin oder dein Partner rundet wie Klara
Löse die Aufgaben.

Aufgabe	wie Klaus gerundet	genaues Ergebnis
453 + 255	500 + 200 =	
3607 + 2672		
9785 + 8875		
4993 + 2899		

Runden auf eine Stelle:
16205 ≈ 20000
2467 ≈ 2000

Hier hast du Platz für die schriftlichen Rechnungen:

2 Vergleiche deine Ergebnisse mit denen deiner Partnerin oder deines Partners. Notiert eure Feststellungen.

3 Untersuche nun die Subtraktion. Wähle mit deiner Partnerin oder deinem Partner geeignete Zahlen aus.

Aufgabe	wie Klaus gerundet	genaues Ergebnis

Ergebnis: ______

Partnerarbeit

978-3-12-740457-9 Schnittpunkt Serviceblätter 5/6

Rund um das Überschlagen – Partnerarbeitsblatt 2

Klaus und Klara rechnen Additionsaufgaben. Sie führen beide zuvor einen Überschlag durch, gehen dabei jedoch unterschiedlich vor.

1 Du rundest nach der Regel von Klara. Deine Partnerin oder dein Partner rundet wie Klaus. Löse die Aufgaben.

Aufgabe	wie Klara gerundet	genaues Ergebnis
453 + 255	500 + 300 =	
3607 + 2672		
9785 + 8875		
4993 + 2899		

Runden auf eine Stelle:
16205 ≈ 20000
2467 ≈ 2000

Hier hast du Platz für die schriftlichen Rechnungen:

2 Vergleiche deine Ergebnisse mit denen deiner Partnerin oder deines Partners. Notiert eure Feststellungen.

____

3 Untersuche nun die Subtraktion. Wähle mit deiner Partnerin oder deinem Partner geeignete Zahlen aus.

Aufgabe	wie Klara gerundet	genaues Ergebnis

Ergebnis: ______________________________

978-3-12-740457-9 Schnittpunkt Serviceblätter 5/6

Ernst Klett Verlag GmbH, Stuttgart 2007

Rechennetze I

Berechne die fehlenden Zahlen.

75	→ + 60 →	☐	→ + 65 →	☐
↓ + 39		↓ + 25		↓ + 7
☐	→ + 46 →	☐	→ + 47 →	☐
↓ + 86		↓ + 52		↓ + 193
☐	→ + 12 →	☐	→ + 188 →	( )

Setze verschiedene Zahlen so ein, dass der darauffolgende Summand jeweils größer ist als der vorhergehende.

1	→ + ☐ →	☐	→ + ☐ →	☐
↓ + ☐		↓ + ☐		↓ + ☐
☐	→ + ☐ →	☐	→ + ☐ →	☐
↓ + ☐		↓ + ☐		↓ + ☐
☐	→ + ☐ →	☐	→ + ☐ →	100

Hier kannst du de n Ergebnis kontrollieren.

56	→ + 17 →	☐	→ + 83 →	☐
↓ + 47		↓ + 54		↓ + 28
☐	→ ☐ →	☐	→ ☐ →	☐
↓ + 65		↓ + 87		↓ + 116
☐	→ ☐ →	☐	→ ☐ →	300

Setze die Zahlen 1; 1; 2; 3; 4; 5; 5; 6; 7; 8; 9 und 10 als Summanden ein.

1	→ + ☐ →	☐	→ + ☐ →	☐
↓ + ☐		↓ + ☐		↓ + ☐
☐	→ + ☐ →	☐	→ + ☐ →	☐
↓ + ☐		↓ + ☐		↓ + ☐
☐	→ + ☐ →	☐	→ + ☐ →	20

978-3-12-740457-9 Schnittpunkt Serviceblätter 5/6

Ernst Klett Verlag GmbH, Stuttgart 2007

Rechennetze II

Berechne die fehlenden Zahlen.

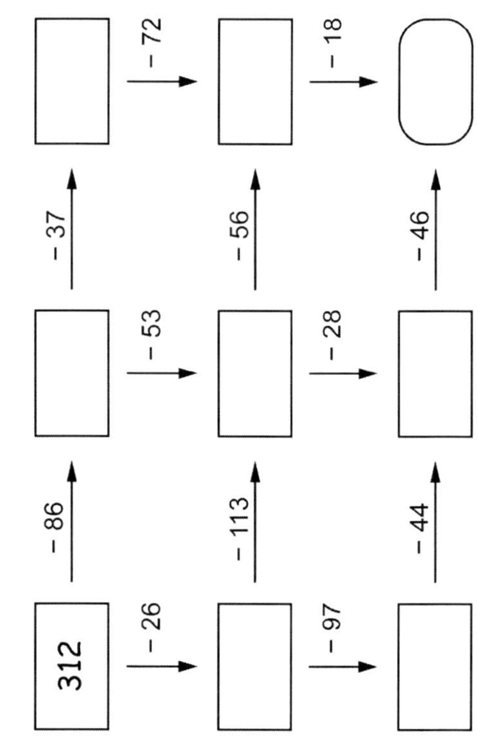

Addieren und Subtrahieren.

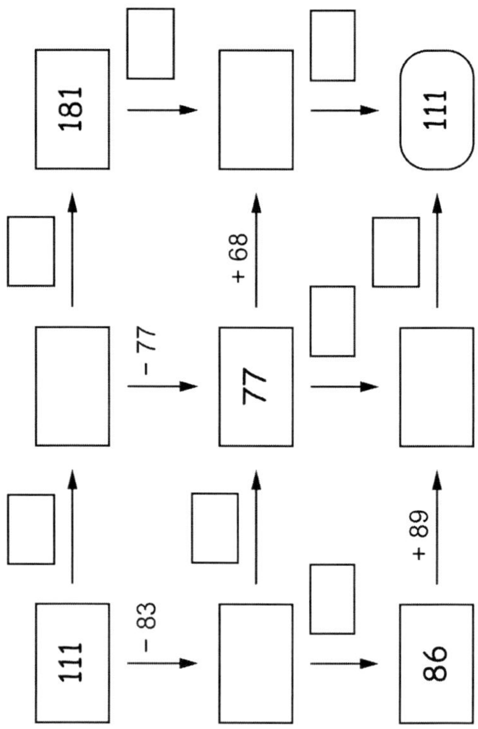

Hier kannst du deine Ergebnisse kontrollieren.

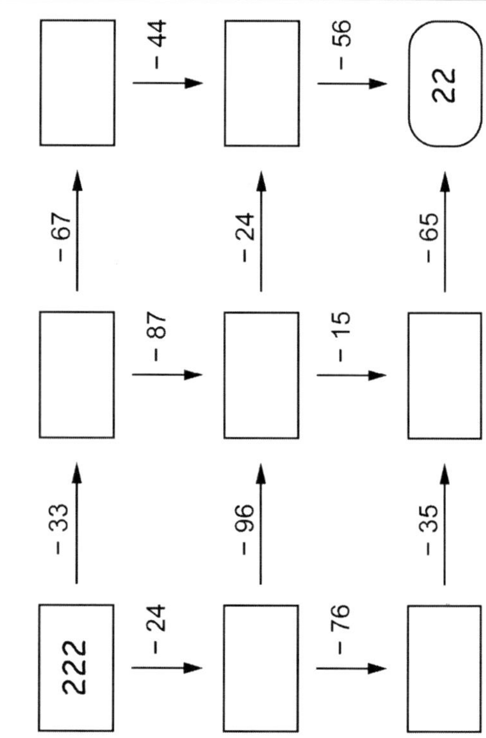

Setze verschiedene Zahlen so ein, dass du zur Zielzahl 1 gelangst. Entscheide selbst, ob du subtrahierst oder addierst.

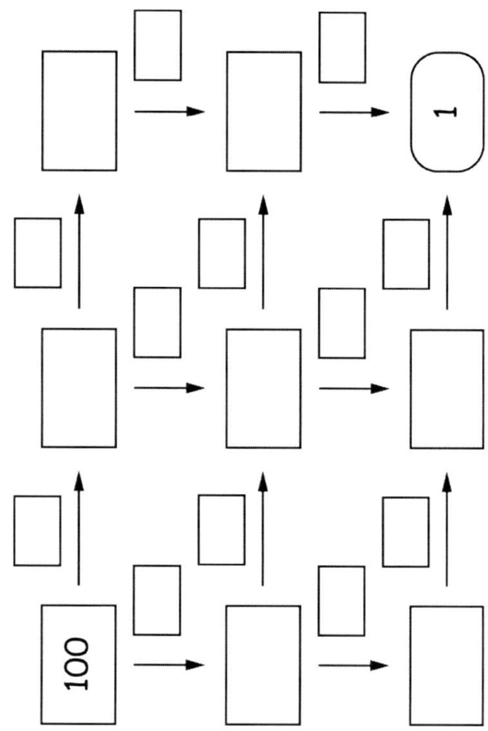

Rund um das Addieren und Subtrahieren

1 Addiere zu 900 Milliarden den Nachfolger und den Vorgänger dieser Zahl. Kannst du das Ergebnis im Kopf ausrechnen? Schreibe das Ergebnis auch in Worten.

____

____

2 Subtrahiere von sechs Milliarden eine Milliarde sowie den Nachfolger und den Vorgänger von einer Milliarde. Kannst du das im Kopf ausrechnen? Schreibe das Ergebnis auch in Worten.

____

____

3 Beschreibe den Fehler und rechne richtig.

  36 000 – 21 677 + 4712
= 36 000 – 26 389
= 9611

Richtige Rechnung:
  36 000 – 21 677 + 4712

= ______________

= ______________

Fehlerbeschreibung:

____

____

____

____

____

4 Überschlage die Rechnung. Ordne dann das richtige Ergebnis zu, ohne die Aufgabe genau zu berechnen.

927 063 – (198 613 + 72 099) •	• 800 549
927 063 – 198 613 + 72 099 •	• 656 351
468 036 + 572 094 •	• 1 053 577
251 093 + 258 998 + 150 694 + 153 963 •	• 814 748
927 063 + 198 613 – 72 099 •	• 1 040 130

5 Setze eine Klammer so,

a) dass ein möglichst großes Ergebnis entsteht. 952894 – 234456 – 178612 + 168657 = ______________

b) dass ein möglichst kleines Ergebnis entsteht. 952894 – 234456 – 178612 + 168657 = ______________

Klammerregeln

1 Setze eine Klammer so, dass das Ergebnis stimmt.

a) 450 – 100 – 50 = 400

b) 600 – 300 + 200 – 100 = 0

c) 600 – 300 + 200 – 100 = 200

In der folgenden Aufgabe musst du zwei Klammern setzen.

d) 1000 – 400 – 200 – 150 = 950

e) 1000 – 400 – 200 + 150 = 250

Rechenregeln
1. innere Klammer
2. äußere Klammer
3. von links nach rechts

2 Berechne die Terme schrittweise.

a) 800 – 300 – 100 – 50

b) 800 – (300 – 100) – 50

c) 800 – 300 – (100 – 50)

d) 800 – (300 – (100 – 50))

3 Setze eine Klammer so, dass das Ergebnis

a) möglichst klein wird.

6000 – 500 – 200 + 100 = ______________

b) möglichst groß wird.

6000 – 500 – 200 + 100 = ______________

Kannst du zwei Klammern so setzen, dass das Ergebnis noch kleiner wird als in Teilaufgabe a)? Begründe.

6000 – 500 – 200 + 100 = ______________

Stimmt's?
(300 + 200); (1000 – 400); (200 + 150)
(300 + 200 – 100); (200 + 100); (500 – 200)
((400 – 200) – 150); nein; (100 – 50);
550; 5800; 450; 550; 5200; 350;

978-3-12-740457-9 Schnittpunkt Serviceblätter 5/6

Ernst Klett Verlag GmbH, Stuttgart 2007

Zahlenbaukasten – Addition und Subtraktion

Material: Schere

Schneide die Karten aus.
a) Erstelle möglichst viele verschiedene lösbare Aufgaben und berechne sie.
Schreibe sie in dein Heft.

Beispiel: 36 – (25 – 12) + 9 = 32

b) Wie heißt der Rechenausdruck mit dem größten Wert?
c) Welche Aufgabe hat ein Ergebnis möglichst nahe bei Null?

25	9
36	12

(	)	+	+	–	–

978-3-12-740457-9 Schnittpunkt Serviceblätter 5/6

Ernst Klett Verlag GmbH, Stuttgart 2007

Ziffernbaukasten

Material: Schere

Schneide die Karten aus. Bilde die größten und kleinsten Summen- und Differenzwerte.
Schreibe die Lösungen in dein Heft.

a) Verwende alle Ziffern und ein Pluszeichen.

Beispiel: 5478 + 123 609 = 129 087.
Das ist weder die größte noch die kleinste Summe.

b) Verwende alle Ziffern und zwei Pluszeichen.
c) Verwende alle Ziffern und ein Plus- und ein Minuszeichen.
d) Finde selbst weitere Möglichkeiten.

1		2		3		4	
5		6		7		8	
9		0		+	+	–	–

Nepersche Rechenstäbe

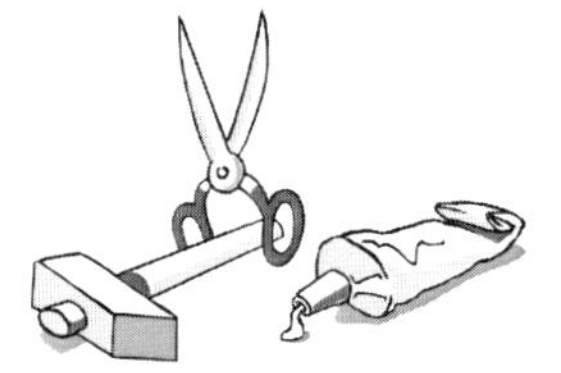

Material: Schere, Klebstoff, Pappe

Der Schotte John Napier (1550 – 1617) erfand eine Rechenmaschine zum Multiplizieren. Sie bestand aus Rechenstäben, auf denen man das Einmaleins ablesen konnte. Die Zehner und Einer waren durch einen Schrägstrich getrennt. Du kannst die Rechenmaschine ganz leicht selbst basteln.
So funktioniert's:
Schneide den unten abgebildeten Block der Rechenstäbe zuerst nur entlang der äußeren dicken Linie aus. Klebe alles auf dickere Pappe und schneide danach die einzelnen Stäbe entlang der dicken inneren Linien aus. So erhältst du neun stabile „Zahlenstäbe“ für den 1. Faktor und einen „Faktorstab“ für den 2. Faktor.

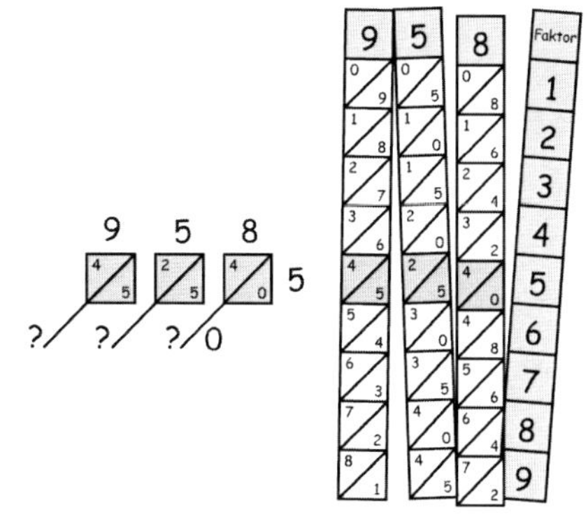

Nun wird gerechnet.
Stellt euch gegenseitig Aufgaben und löst sie.

1	2	3	4	5	6	7	8	9	Faktor
0/1	0/2	0/3	0/4	0/5	0/6	0/7	0/8	0/9	1
0/2	0/4	0/6	0/8	1/0	1/2	1/4	1/6	1/8	2
0/3	0/6	0/9	1/2	1/5	1/8	2/1	2/4	2/7	3
0/4	0/8	1/2	1/6	2/0	2/4	2/8	3/2	3/6	4
0/5	1/0	1/5	2/0	2/5	3/0	3/5	4/0	4/5	5
0/6	1/2	1/8	2/4	3/0	3/6	4/2	4/8	5/4	6
0/7	1/4	2/1	2/8	3/5	4/2	4/9	5/6	6/3	7
0/8	1/6	2/4	3/2	4/0	4/8	5/6	6/4	7/2	8
0/9	1/8	2/7	3/6	4/5	5/4	6/3	7/2	8/1	9

978-3-12-740457-9 Schnittpunkt Serviceblätter 5/6

Ernst Klett Verlag GmbH, Stuttgart 2007

Potenzen-Domino

Material: Schere

Spielbeschreibung: Schneide die Dominosteine entlang der dickeren Linien aus.
Lege die Teile dann so aneinander, dass die beiden Teile, die aneinander stoßen, zusammen passen.
So erhältst du eine schöne Dominoschlange mit einem Anfangs- und einem Endpunkt.

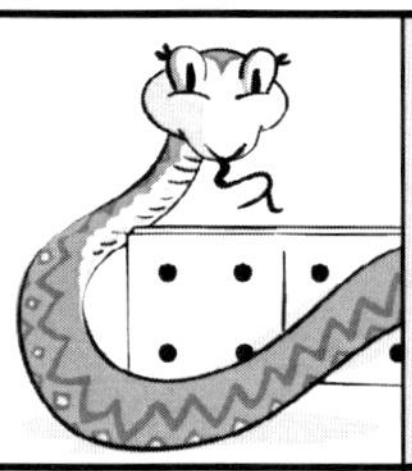	$8 \cdot 8 \cdot 8 \cdot 8$	$4 \cdot 8$	$3 \cdot 5$
4	$4^{\square} = 64$	8^2	$2 \cdot 5$
27	2^7	$5 + 5 + 5$	3^3
8^4	5^2	10	$2^{\square} = 16$
$5 \cdot 5$	$8 + 8 + 8 + 8$	17	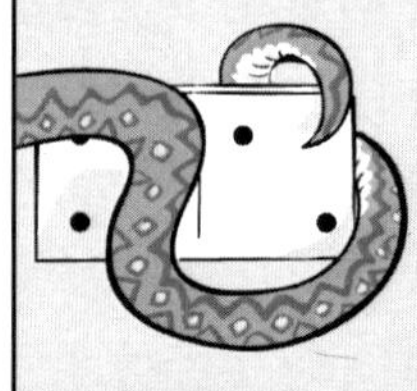
128	64	3	$3^2 + 2^3$

978-3-12-740457-9 Schnittpunkt Serviceblätter 5/6

Ernst Klett Verlag GmbH, Stuttgart 2007

Potenzen und Produkte

1 Ändert sich das Ergebnis, wenn man beim Potenzieren die Hochzahl mit der Grundzahl vertauscht? Untersuche an Zahlenbeispielen.

____

____

2 Beschreibe den Fehler und rechne richtig.

$680 - 180 \cdot 2 = 500 \cdot 2$
$= 1000$

richtige Rechnung:

$680 - 180 \cdot 2 =$ ____________________

$=$ ____________________

Fehlerbeschreibung:

____

____

____

Füge zu der falschen Rechnung etwas so hinzu, dass sie richtig wird:

____

3 Überschlage die Rechnung. Ordne dann ohne zu rechnen das richtige Ergebnis zu.

$358 \cdot 46$ ◆	◆ 290 069
$397 \cdot 49$ ◆	◆ 332 442
$4818 \cdot 69$ ◆	◆ 218 751
$689 \cdot 421$ ◆	◆ 16 468
$39 \cdot 5609$ ◆	◆ 19 453

4 Untersuche an Zahlenbeispielen.
Wie ändert sich der Wert eines Produkts, wenn man

a) einen Faktor verdoppelt?

____

____

b) beide Faktoren verdoppelt?

____

____

978-3-12-740457-9 Schnittpunkt Serviceblätter 5/6

Ernst Klett Verlag GmbH, Stuttgart 2007

Aufgaben für Partner B

1 $3 \cdot (8 + 4)$
Welche Regel musst du beachten?

2 $4 \cdot (25 - 22) =$ □

3 $7 \cdot 5 + 2 \cdot 3 =$ □

4 $4 \cdot 25 - 22 =$ □

5 $22 - 2 \cdot 5 =$ □

6 $18 +$ □ $\cdot 4 = 26$

7 □ $\cdot (5 + 3) - 4 = 20$

8 $3 \cdot ($□ $+ 1) + 2 = 17$

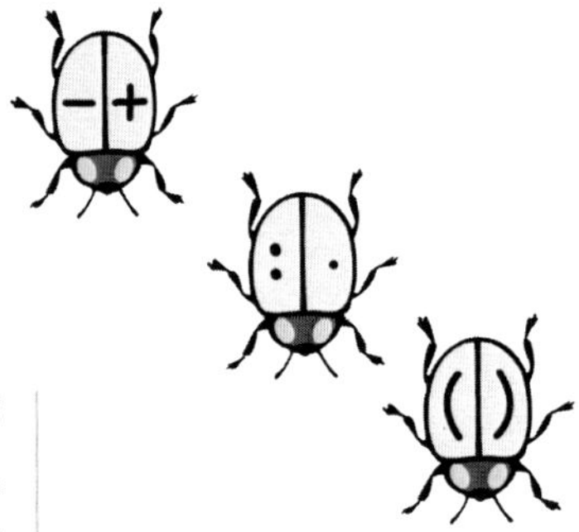

Lösungen für Partner A

1 Punkt vor Strich
2 42
3 96
4 76
5 24
6 4
7 2
8 6

Tandembogen Rechenausdrücke

Hier knicken

Hier knicken

Tandembogen Rechenausdrücke

Aufgaben für Partner A

1 $3 \cdot 8 + 2 \cdot 7$
Welche Regel musst du beachten?

2 $6 \cdot 8 - 2 \cdot 3 =$ □

3 $6 \cdot (12 + 4) =$ □

4 $6 \cdot 12 + 4 =$ □

5 $18 + 2 \cdot 3 =$ □

6 $30 -$ □ $\cdot 7 = 2$

7 □ $\cdot (7 - 2) + 1 = 11$

8 $20 : ($□ $+ 4) + 1 = 3$

Lösungen für Partner B

1 Klammer zuerst
2 12
3 41
4 78
5 12
6 2
7 3
8 4

Zahlenspiel für 3 bis 5 Spieler (1)

- Schneidet die 120 Karten aus. Mischt die Karten, verteilt sie gleichmäßig und legt sie offen vor euch hin.
- Wer die 2 hat, ruft „2“ aus und legt die Karte verdeckt vor sich hin. Alle anderen Spielerinnen und Spieler legen die Karten, auf denen eine gerade Zahl steht, verdeckt in die Mitte des Tischs.
- Wer die 3 hat, ruft sie aus und legt sie verdeckt vor sich hin. Alle Karten mit Zahlen, die ohne Rest durch 3 teilbar sind, werden verdeckt in die Mitte gelegt.
- Immer mit der kleinsten noch offenen Zahl geht es so lange weiter, bis alle Karten verdeckt sind.
- Wer am Ende die meisten verdeckten Karten besitzt, hat Glück gehabt und soll erklären, welche Art von Zahlen auf seinen Karten steht.

2	22	42	62	82	102
3	23	43	63	83	103
4	24	44	64	84	104
5	25	45	65	85	105
6	26	46	66	86	106
7	27	47	67	87	107
8	28	48	68	88	108
9	29	49	69	89	109
10	30	50	70	90	110

Zahlenspiel für 3 bis 5 Spieler (2)

11	31	51	71	91	111
12	32	52	72	92	112
13	33	53	73	93	113
14	34	54	74	94	114
15	35	55	75	95	115
16	36	56	76	96	116
17	37	57	77	97	117
18	38	58	78	98	118
19	39	59	79	99	119
20	40	60	80	100	120
21	41	61	81	101	121

Teilbarkeit durch 3 und 9

Material: farbige Plättchen (alternativ: Münzen, Bonbons, Knöpfe o. Ä.)

T	H	Z	E

1 Lege mit deinen Plättchen die Zahl 24 in die obige Stellenwerttafel. Zähle die Plättchen und trage die Anzahl in die unten abgebildete Tabelle ein.
Prüfe, ob die Zahl durch 3 bzw. durch 9 teilbar ist und trage dein Ergebnis in die letzte Spalte ein (ja/nein).

Zahl	Anzahl der Plättchen	Zahl ist teilbar durch	
		3	9
24			
711			
5304			

2 Verfahre mit den beiden folgenden Zahlen in der Tabelle ebenso.
Beachte: Zuerst Plättchen legen, diese dann zählen und am Ende die Teilbarkeit prüfen.

3 Vervollständige die Tabelle mit drei weiteren Beispielen.
Wähle die drei Zahlen nach folgenden Bedingungen aus:
- Die erste Zahl ist durch 3, aber nicht durch 9 teilbar.
- Die zweite Zahl ist durch 9 teilbar.
- Die dritte Zahl hat weder 3 noch 9 als Teiler.

4 Diskutiert in der Gruppe folgende Fragen:
a) Was hat die Anzahl der Plättchen mit der Zahl zu tun?
Tipp: Betrachtet dazu erneut die Plättchen in der Stellenwerttafel.
b) Welchen Zusammenhang erkennst du zwischen der Anzahl der Plättchen und der Teilbarkeit?

Zusatzaufgabe
a) Finde eine dreistellige Zahl, die den Teiler 3 hat, aber nicht durch 9 teilbar ist. Formuliere eine Regel.
b) Finde eine vierstellige Zahl, die nur durch 3 aber nicht durch 9 teilbar ist.

Einzel-/Gruppenarbeit

Übungen zur Bruchschreibweise

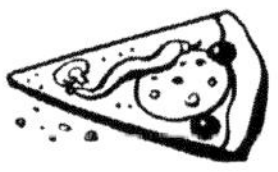

1 Eine Pizza wurde in 15 gleich große Stücke geteilt. Max verspeist sieben Stücke. Kreuze den Bruchteil an, den Max gegessen hat:

○ $\frac{15}{7}$ ○ $\frac{8}{15}$ ○ $\frac{7}{15}$

2 Drei Kuchen werden auf 24 Kinder aufgeteilt. Jedes Kind erhält dann:

○ $\frac{1}{24}$ ○ $\frac{1}{3}$ ○ $\frac{3}{24}$ Kreuze den richtigen Bruchteil an.

3 Kreuze an und vervollständige den richtigen Satz:

○ $\frac{30}{8}$ sind mehr als ein ganzer Kuchen, weil ______________________________

○ $\frac{30}{8}$ sind weniger als ein ganzer Kuchen, weil ______________________________

4 Ein Apfelkuchen wurde in 12 gleich große Stücke aufgeteilt. Ein Kirschkuchen in 16 Stücke. Max isst drei Stücke Apfel- und drei Stücke Kirschkuchen. Vervollständige die Sätze.

Er hat mehr ____________________ gegessen, weil ______________________________

Kathy isst drei Stücke Apfelkuchen. Erika isst fünf Stücke Apfelkuchen. ______________ hat mehr Kuchen gegessen, weil ______________________________. Wenn du die Bruchteile der verspeisten Kuchenmenge von Erika angeben willst, musst du die 5 in den ______________ schreiben.

5 $\frac{6}{11}$ oder $\frac{17}{5}$? Welche Bruchzahl bezeichnet mehr als ein Ganzes? Begründe.

____

6 a) Gib eine Bruchzahl mit dem Nenner 5 an, die

- die kleiner als ein Ganzes ist: _____ ,
- genau ein Ganzes ist: _____ ,
- größer als ein Ganzes ist: _____ ,
- größer als zwei Ganze ist: _____ ,
- sich in die gemischte Schreibweise umwandeln lässt: _____ .

b) Gib eine Bruchzahl mit dem Zähler 6 an, die

- kleiner als ein Ganzes ist: _____ ,
- genau ein Ganzes ist: _____ ,
- größer als ein Ganzes ist: _____ ,
- größer als zwei Ganze ist: _____ ,
- sich in die gemischte Schreibweise umwandeln lässt: _____.

7 a) Wie viel mehr sind $\frac{3}{2}$ Kuchen als ein ganzer Kuchen? ______________________

b) Wie viel weniger sind $3\frac{1}{4}$ Tafeln Schokolade als vier Tafeln? ______________________

c) Wie viele halbe (viertel) Pizzen kannst du aus vier ganzen Pizzen machen? ______________________

978-3-12-740457-9 Schnittpunkt Serviceblätter 5/6

Ernst Klett Verlag GmbH, Stuttgart 2007

Gemischte Zahlen

1 Welche gemischte Zahl ist dargestellt?

a)

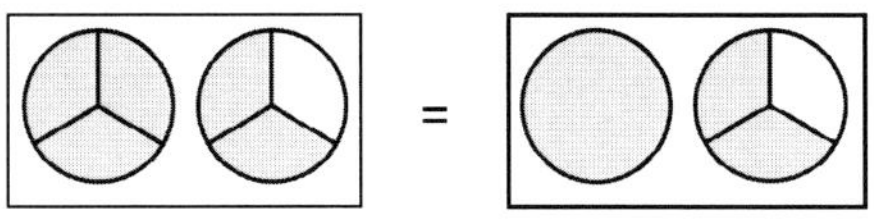

$\frac{3}{3}+\frac{2}{3} = 1+\frac{2}{3}$

b)

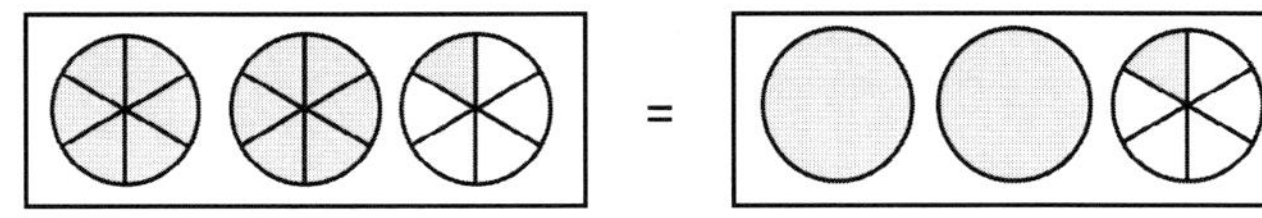

_______ = _______

2 Schreibe als Bruch und als gemischte Zahl.

a) b) c) d)

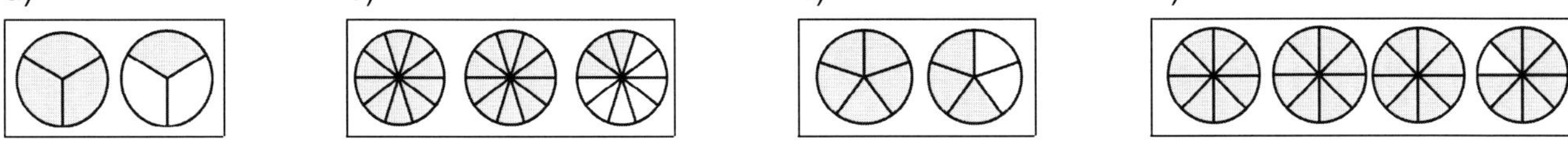

3 Schreibe als gemischte Zahl

a) $\frac{8}{3}$ $2+\frac{2}{3}$ = _______

b) $\frac{5}{4}$ _______ = _______

c) $\frac{8}{7}$ _______ = _______

d) $\frac{11}{5}$ _______ = _______

e) $\frac{12}{8}$ _______ = _______

f) $\frac{19}{9}$ _______ = _______

Beachte

$1 = \frac{1}{1} = \frac{2}{2} = \frac{3}{3} = \ldots$

$2 = \frac{2}{1} = \frac{4}{2} = \frac{6}{3} = \frac{8}{4} = \ldots$

$3 = \frac{3}{1} = \frac{6}{2} = \frac{9}{3} = \frac{12}{4} = \ldots$

Stimmt's?

$1\frac{1}{7}$; $1\frac{1}{4}$; $1\frac{1}{3}$; $1\frac{4}{8}$; $1\frac{3}{2}$; $2\frac{1}{9}$; $2\frac{1}{6}$; $2\frac{1}{2}$; $2\frac{3}{10}$; $2\frac{2}{3}$; $3\frac{7}{8}$;

4 Schreibe als Bruch.

a) $2\frac{3}{4} = \frac{8}{4} + \frac{3}{4} =$ _______

b) $5\frac{5}{8} =$ _______

c) $3\frac{5}{11} =$ _______

d) $7\frac{8}{11} =$ _______

e) $9\frac{5}{15} =$ _______

f) $17\frac{3}{7} =$ _______

g) $11\frac{2}{3} =$ _______

h) $15\frac{5}{9} =$ _______

i) $8\frac{6}{11} =$ _______

5 Verwandle in Minuten.

a) $1\frac{1}{3}$ h = 60 min + _______

b) $2\frac{1}{4}$ h = _______

c) $\frac{5}{4}$ h = _______

Beachte

$1\frac{1}{2}$ h

= 60 min + 30 min

= 90 min

978-3-12-740457-9 Schnittpunkt Serviceblätter 5/6

Ernst Klett Verlag GmbH, Stuttgart 2007

Bruchteile von Größen

1 Wandle in die angegebene Einheit um.

a) $\frac{1}{5}$ km = ________ m

$\frac{3}{5}$ km = ________ m

$\frac{4}{5}$ km = ________ m

$\frac{5}{5}$ km = ________ m

$\frac{6}{5}$ km = ________ m

$\frac{10}{5}$ km = ________ m

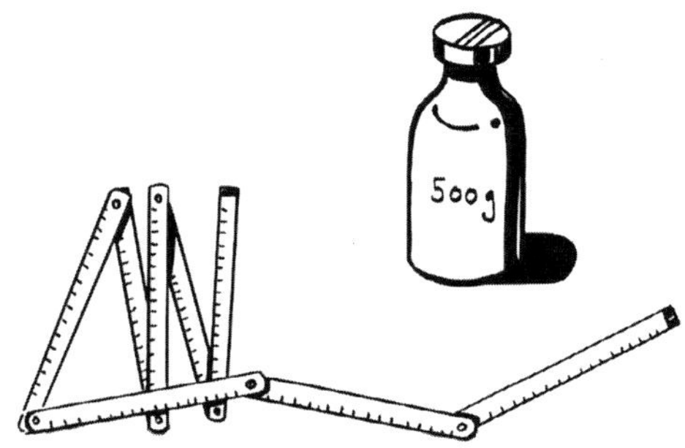

b) $\frac{1}{10}$ kg = ________ g

$\frac{3}{10}$ kg = ________ g

$\frac{1}{100}$ kg = ________ g

$\frac{7}{100}$ kg = ________ g

$\frac{100}{100}$ kg = ________ g

$\frac{4}{1000}$ kg = ________ g

2 Was ist mehr? $\frac{1}{10}$ von einem Ganzen oder $\frac{1}{3}$ vom Ganzen? Begründe ausführlich.

____

____

____

3 Achte auf die Maßeinheiten.

a) $\frac{1}{2}$ m = ______ dm; $\frac{1}{2}$ m^2 = ______ dm^2; $\frac{1}{2}$ m^3 = ______ dm^3

b) $\frac{3}{4}$ m = ______ cm; $\frac{3}{4}$ h = ______ min; $\frac{3}{4}$ Tag = ______ h

c) $\frac{3}{20}$ € = ______ ct; $\frac{3}{20}$ h = ______ min; $\frac{3}{20}$ cm^2 = ______ mm^2

d) $\frac{7}{100}$ m^3 = ______ dm^3; $\frac{7}{100}$ € = ______ ct; $\frac{7}{100}$ m^2 = ______ dm^2

4 Gib das Ergebnis als Bruchteil und in der kleineren Einheit an.

a) Wie viel mehr sind $\frac{7}{10}$ € als $\frac{1}{10}$ €? ________________

b) Wie viel weniger sind $\frac{3}{4}$ kg als 1 kg? ________________

c) Wie viel mehr sind 4 Stunden als $\frac{1}{8}$ Tag? ________________

d) Wie viel mehr ist $\frac{1}{2}$ kg als $\frac{2}{5}$ kg? ________________

e) Wie viel weniger sind 4 dm als $\frac{1}{2}$ m? ________________

Tandembogen Bruchteile von Größen

Aufgaben für Partner A

1 Wie viele m² sind 1 a?

2 $\frac{1}{5}$ a = □ m²

3 $\frac{9}{10}$ a = □ m²

4 $\frac{3}{5}$ a = □ m²

5 $\frac{1}{4}$ kg = □ g

6 $\frac{5}{6}$ h = □ min

7 $\frac{2}{5}$ cm = □ mm

8 $\frac{7}{250}$ km = □ m

9 Wie groß ist der Unterschied zwischen $\frac{8}{13}$ und $\frac{5}{13}$?

10 Wie groß ist der Unterschied zwischen $\frac{7}{15}$ und einem Ganzen?

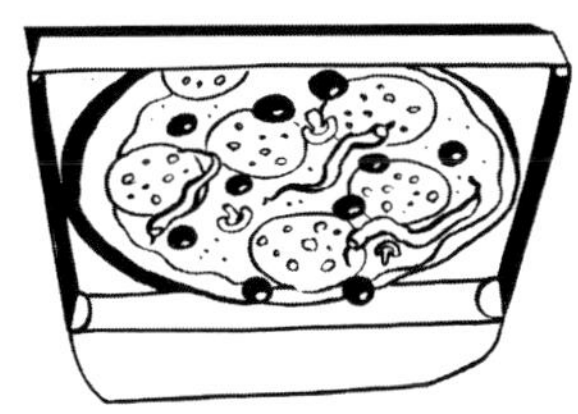

Lösungen für Partner B

1 1000
2 100
3 900
4 400
5 5
6 40
7 35
8 12
9 $\frac{11}{15}$
10 $\frac{2}{3}$

Hier knicken

Hier knicken

Tandembogen Bruchteile von Größen

Aufgaben für Partner B

1 Wie viele m sind 1 km?

2 $\frac{1}{10}$ km = □ m

3 $\frac{9}{10}$ km = □ m

4 $\frac{2}{5}$ km = □ m

5 $\frac{1}{20}$ € = □ ct

6 $\frac{2}{3}$ h = □ min

7 $\frac{7}{20}$ a = □ m²

8 $\frac{3}{250}$ kg = □ g

9 Wie groß ist der Unterschied zwischen $\frac{3}{15}$ und $\frac{14}{15}$?

10 Wie groß ist der Unterschied zwischen $\frac{5}{3}$ und einem Ganzen?

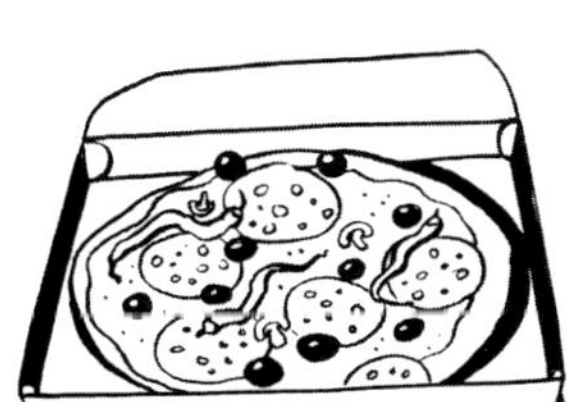

Lösungen für Partner A

1 100
2 20
3 90
4 60
5 250
6 50
7 4
8 28
9 $\frac{3}{13}$
10 $\frac{8}{15}$

Übungen zur gemischten Schreibweise bei Größen

1 Löse wie im Beispiel.

Beispiel: $2\frac{1}{4}$ kg = 2 kg + $\frac{1}{4}$ kg = 2000 g + 250 g = 2250 g

a) $2\frac{1}{2}$ kg = ______________________

b) $1\frac{1}{4}$ kg = ______________________

c) $2\frac{3}{4}$ kg = ______________________

d) $5\frac{1}{10}$ € = ______________________

e) $4\frac{9}{10}$ € = ______________________

f) $4\frac{9}{10}$ km = ______________________

2 Und jetzt das Ganze umgekehrt.

1600 m = 1000 m + 600 m = 1 km + $\frac{6}{10}$ km = $1\frac{6}{10}$ km

a) 4500 g = ______________________

b) 1100 m = ______________________

c) 130 ct = ______________________

d) 2070 g = ______________________

3 Achte auf die Maßeinheiten.

a) $1\frac{1}{2}$ m = ________ dm	$1\frac{1}{2}$ m^2 = ________ dm^2	$1\frac{1}{2}$ m^3 = ________ dm^3
b) $2\frac{3}{5}$ m = ________ cm	$2\frac{3}{5}$ h = ________ min	$1\frac{3}{4}$ Tag = ________ h
c) $3\frac{3}{10}$ € = ________ ct	$3\frac{3}{10}$ h = ________ min	$3\frac{3}{10}$ cm^2 = ________ mm^2

4 Gib das Ergebnis als Bruchteil und in der kleineren Einheit an.

a) Wie groß ist der Unterschied zwischen $2\frac{7}{10}$ Euro und 2 Euro? ______________

b) Wie groß ist der Unterschied zwischen $3\frac{3}{4}$ kg und 4 kg? ______________

c) Wie groß ist der Unterschied zwischen 2200 g und 4 kg? ______________

978-3-12-740457-9 Schnittpunkt Serviceblätter 5/6

Ernst Klett Verlag GmbH, Stuttgart 2007

Zauberquadrate

Vervollständige die beiden angefangenen Zahlenquadrate.
Senkrecht, waagrecht und diagonal ergibt sich immer dieselbe Summe.

	$\frac{7}{13}$	$\frac{6}{13}$
		$\frac{1}{13}$
$\frac{4}{13}$		$\frac{8}{13}$

$\frac{17}{25}$		$\frac{1}{25}$	$\frac{8}{25}$	$\frac{15}{25}$
$\frac{6}{25}$	$\frac{13}{25}$	$\frac{20}{25}$	$\frac{22}{25}$	
			$\frac{11}{25}$	$\frac{18}{25}$
	$\frac{16}{25}$		$\frac{5}{25}$	$\frac{7}{25}$
$\frac{3}{25}$		$\frac{12}{25}$	$\frac{19}{25}$	

Einzelarbeit

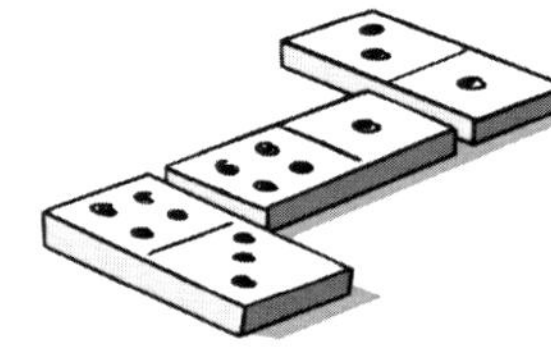

Additions- und Subtraktionsdomino

Material: Schere

Spielbeschreibung: Schneide die Dominosteine entlang der dickeren Linien aus. Lege die Teile dann so aneinander, dass immer zwei passende Dominoteile aneinander stoßen. So erhältst du eine schöne Dominoschlange mit einem Anfangs- und einem Endstein.

	$\frac{1}{2}+\frac{1}{4}$	$\frac{3}{4}$	$\frac{5}{6}-\frac{5}{12}$	$\frac{5}{12}$	$\frac{2}{3}-\frac{1}{2}$
$\frac{1}{6}$	$\frac{1}{10}$	$\frac{3}{5}-\frac{1}{2}$	$\frac{2}{3}$	$\frac{1}{2}+\frac{1}{6}$	$\frac{5}{6}-\frac{\blacksquare}{\blacksquare}=\frac{1}{2}$
$\frac{2}{6}=\frac{1}{3}$	$\frac{3}{5}-\frac{\blacksquare}{\blacksquare}=\frac{1}{2}$	$\frac{1}{10}$	$\frac{\blacksquare}{\blacksquare}-\frac{1}{5}=\frac{1}{2}$	$\frac{7}{10}$	$\frac{3}{8}+\frac{1}{6}$
$\frac{13}{24}$	$\frac{1}{12}+\frac{\blacksquare}{\blacksquare}=1$	$\frac{11}{12}$	$1-\frac{\blacksquare}{\blacksquare}=\frac{5}{8}$	$\frac{3}{8}$	$\frac{5}{8}-\frac{1}{8}-\frac{1}{4}$
$\frac{1}{4}$	$\frac{4}{9}-\frac{1}{3}-\frac{1}{9}$	0	$\frac{5}{13}+\frac{1}{5}$	$\frac{38}{65}$	

978-3-12-740457-9 Schnittpunkt Serviceblätter 5/6

Ernst Klett Verlag GmbH, Stuttgart 2007

3 zusammen ergeben 2

Material: Schere
Spielbeschreibung: Schneidet die 28 Zahlenkarten aus. Jede Schülerin und jeder Schüler eurer Klasse erhält eine Karte. Bildet nun so Dreiergruppen, dass die Summe der drei Brüche zwei ergibt.
Beispiel: $\frac{1}{4}+\frac{5}{12}+1\frac{1}{3}=2$

$\frac{3}{4}$	$1\frac{1}{3}$	$\frac{1}{4}$	$\frac{5}{14}$
$\frac{3}{5}$	$\frac{1}{3}$	$\frac{1}{7}$	$1\frac{1}{15}$
$\frac{1}{6}$	$\frac{23}{30}$	$1\frac{1}{4}$	$\frac{1}{5}$
$\frac{2}{5}$	$1\frac{1}{5}$	$1\frac{1}{2}$	$\frac{7}{10}$
$\frac{1}{8}$	$1\frac{5}{24}$	$\frac{5}{8}$	$\frac{11}{20}$
$\frac{3}{8}$	$1\frac{1}{8}$	$\frac{1}{2}$	$\frac{8}{15}$
$\frac{2}{3}$	$\frac{4}{5}$	$\frac{5}{12}$	$\frac{5}{6}$

Vervielfachen von Brüchen

1 Notiere die dargestellte Multiplikationsaufgabe. Gib auch das Ergebnis an.

a)

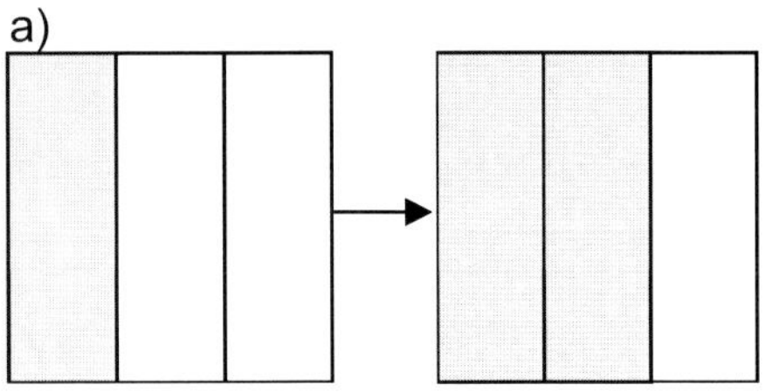

______ = ______

b)

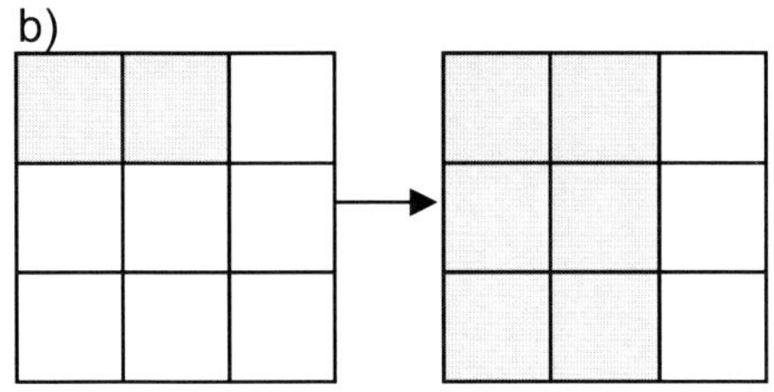

______ = ______

2 Vervollständige für $2 \cdot \frac{2}{5}$ die Zeichnung. Notiere auch das Ergebnis.

Ergebnis: ______

3 Ergänze die Zeichnungen.

a) Vervielfache $\frac{1}{4}$ mit 2.

b) Erweitere $\frac{1}{4}$ mit 2.

Notiere deine Ergebnisse und beschreibe die Unterschiede.

______

______

4 Warum darfst du bei $2 \cdot \frac{1}{4}$ nicht den Nenner mit 2 multiplizieren? Begründe deine Meinung mithilfe der Zeichnungen aus Aufgabe 3.

______

______

5 Stelle die folgenden Aufgaben am Zahlenstrahl dar. Notiere sie als Multiplikationsaufgabe und berechne.

a) $\frac{3}{5} + \frac{3}{5} + \frac{3}{5} =$ ______ = ______

$\frac{1}{5}$

b) $\frac{1}{6} + \frac{1}{6} + \frac{1}{6} + \frac{1}{6} + \frac{1}{6} + \frac{1}{6} =$ ______ = ______

$\frac{1}{6}$

Teilen von Brüchen

1 Notiere die dargestellte Divisionsaufgabe. Gib auch das Ergebnis an.

a)

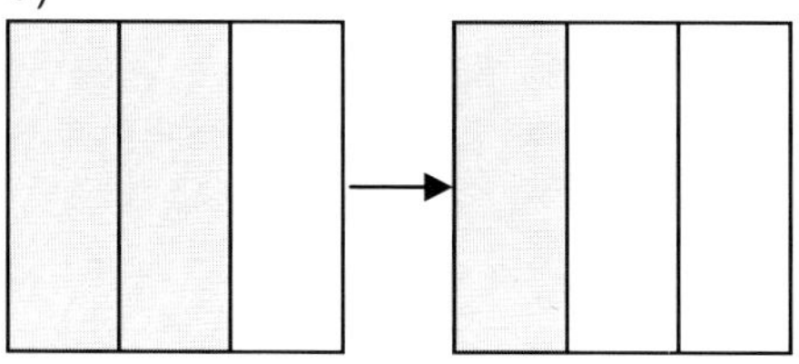

$\frac{2}{3} : \square \quad = \quad \frac{\square}{\square}$

b)

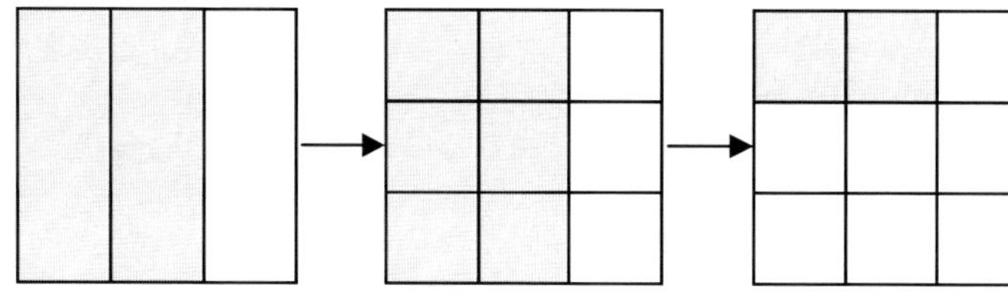

$\frac{\square}{\square} : 3 \quad = \quad \frac{\square}{\square} : 3 \quad = \quad \frac{\square}{\square}$

2 Vervollständige für $\frac{4}{5} : 2 =$ die Zeichnung. Notiere auch das Ergebnis.

Ergebnis: ____________________

3 Ergänze die Zeichnungen.

a) Teile $\frac{2}{4}$ durch 2.

b) Kürze $\frac{2}{4}$ mit 2.

Notiere deine Ergebnisse und beschreibe die Unterschiede.

____

____

4 Warum darfst du bei $\frac{2}{4} : 2$ nicht den Nenner durch 2 dividieren? Begründe mithilfe der Zeichnungen aus Aufgabe 3.

____

____

5 Stelle die Aufgaben am Zahlenstrahl dar. Überlege dir zuerst eine geeignete Einteilung.

a) $\frac{3}{4} : 3 =$ ____________________

b) $\frac{1}{2} : 2 =$ ____________________

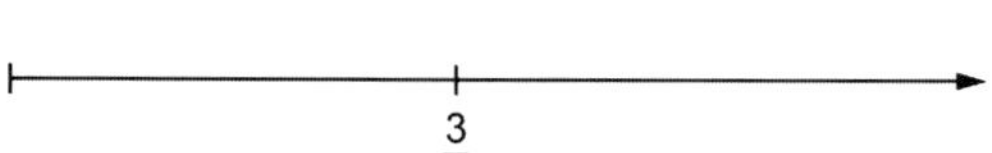

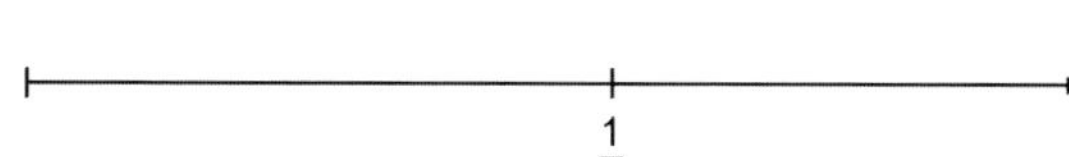

Tandembogen Vervielfachen und Teilen von Brüchen

Hier knicken

Aufgaben für Partner B

1 Notiere eine passende Rechnung.

a) 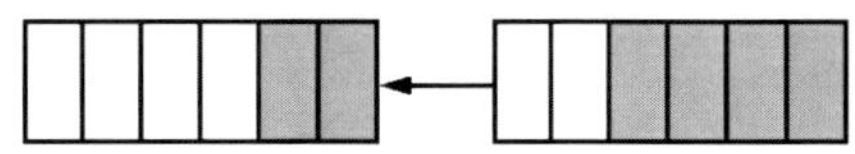

b) 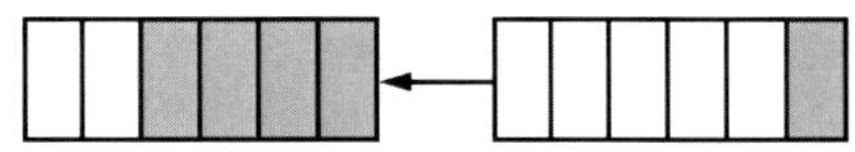

2 Schreibe als Multiplikationsaufgabe und löse sie.

a) $\frac{2}{9} + \frac{2}{9} + \frac{2}{9} + \frac{2}{9} + \frac{2}{9}$ b) Das Dreifache von $\frac{4}{7}$.

3 Berechne im Kopf. $\frac{3}{4} : 4$

4 Berechne. Gib das Ergebnis als gemischte Zahl an. $5 \cdot \frac{3}{7}$

5 Berechne. Kürze. $5 \cdot \frac{3}{10}$

6 Vervollständige. $1\frac{1}{4} : \square = \frac{1}{4}$

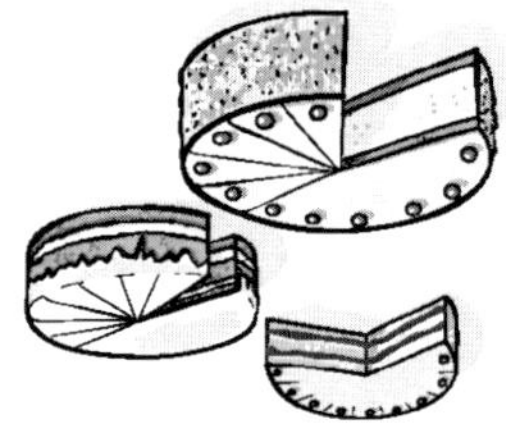

Lösungen für Partner A

1 a) $5 \cdot \frac{1}{6} = \frac{5}{6}$
b) $\frac{4}{6} : 2 = \frac{2}{6} = \frac{1}{3}$

2 a) $3 \cdot \frac{1}{8} = \frac{3}{8}$
b) $\frac{4}{7} : 4 = \frac{1}{7}$

3 $\frac{3}{20}$

4 $\frac{12}{7} = 1\frac{5}{7}$

5 $\frac{20}{10} = 2$

6 6

Hier knicken

Tandembogen Vervielfachen und Teilen von Brüchen

Aufgaben für Partner A

1 Notiere eine passende Rechnung.

a) 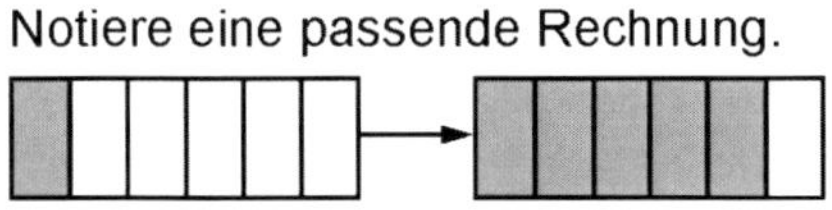

b) 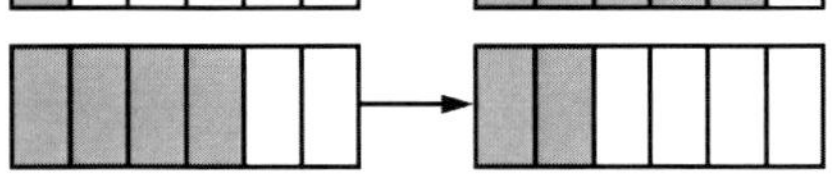

2 Schreibe als Multiplikationsaufgabe und löse sie.

a) $\frac{1}{8} + \frac{1}{8} + \frac{1}{8}$ b) Den vierten Teil von $\frac{4}{7}$.

3 Berechne im Kopf. $\frac{3}{5} : 4$

4 Berechne. Gib das Ergebnis als gemischte Zahl an. $4 \cdot \frac{3}{7}$

5 Berechne. Kürze. $5 \cdot \frac{4}{10}$

6 Vervollständige. $1\frac{1}{5} : \square = \frac{1}{5}$

Lösungen für Partner B

1 a) $\frac{4}{6} : 2 = \frac{2}{6}$
b) $\frac{1}{6} \cdot 4 = \frac{4}{6}$

2 a) $\frac{2}{9} \cdot 5 = \frac{10}{9} = 1\frac{1}{9}$
b) $3 \cdot \frac{4}{7} = \frac{12}{7} = 1\frac{5}{7}$

3 $\frac{3}{16}$

4 $\frac{15}{7} = 2\frac{1}{7}$

5 $\frac{15}{10} = \frac{3}{2}$

6 5

Multiplikationsreihen

1 Vervollständige und setze die Reihe um ein Glied fort. Findest du einen Zusammenhang zwischen den Faktoren und dem Ergebnis? Stelle in Teilaufgabe d) selbst eine entsprechende Multiplikationsreihe auf und prüfe deine Vermutung.

a) $2 \cdot 1 =$ ____
$1 \cdot \frac{1}{2} =$ ____
$\frac{1}{2} \cdot \frac{1}{4} =$ ____
____ $=$ ____

b) $4 \cdot \frac{1}{4} =$ ____
$1 \cdot \frac{1}{4} =$ ____
$\frac{1}{4} \cdot \frac{1}{4} =$ ____
____ $=$ ____

c) $\frac{3}{5} \cdot \frac{1}{2} =$ ____
$\frac{3}{5} \cdot \frac{1}{4} =$ ____
$\frac{3}{5} \cdot \frac{1}{8} =$ ____
____ $=$ ____

d) ____
____
____
____

2 Vervollständige und setze die Reihe um ein Glied fort. Findest du einen Zusammenhang zwischen den Faktoren und dem Ergebnis? Stelle in Teilaufgabe d) selbst eine entsprechende Multiplikationsreihe auf und prüfe deine Vermutung.

a) $\frac{1}{8} \cdot \frac{1}{5} =$ ____
$\frac{1}{4} \cdot \frac{2}{5} =$ ____
$\frac{1}{2} \cdot \frac{4}{5} =$ ____
____ $=$ ____

b) $\frac{3}{1} \cdot \frac{8}{5} =$ ____
$\frac{3}{2} \cdot \frac{4}{5} =$ ____
$\frac{3}{4} \cdot \frac{2}{5} =$ ____
____ $=$ ____

c) $\frac{2}{7} \cdot \frac{3}{4} =$ ____
$\frac{4}{7} \cdot \frac{3}{8} =$ ____
$\frac{8}{7} \cdot \frac{3}{16} =$ ____
____ $=$ ____

d) ____
____
____
____

3 Finde Aufgaben mit doppeltem, halb so großem und viermal so großem Ergebnis.
Gib mehrere Möglichkeiten an.

	Ergebnis doppelt so groß	Ergebnis halb so groß	Ergebnis viermal so groß
$\frac{5}{8} \cdot \frac{12}{8}$			
$\frac{3}{4} \cdot \frac{1}{10}$			

Führt das Erweitern $\frac{3}{4} \cdot \frac{1}{10} = \frac{3}{4} \cdot \frac{2}{20}$ auf eine der geforderten Aufgaben?
Begründe auf der Rückseite ohne zu rechnen!

978-3-12-740457-9 Schnittpunkt Serviceblätter 5/6

Ernst Klett Verlag GmbH, Stuttgart 2007

Divisionsdomino

Material: Schere

Spielbeschreibung: Schneide die Dominosteine entlang der dickeren Linien aus. Lege die Teile dann so aneinander, dass immer zwei passende Dominoteile aneinander stoßen. So erhältst du eine schöne Dominoschlange mit einem Anfangs- und einem Endstein.

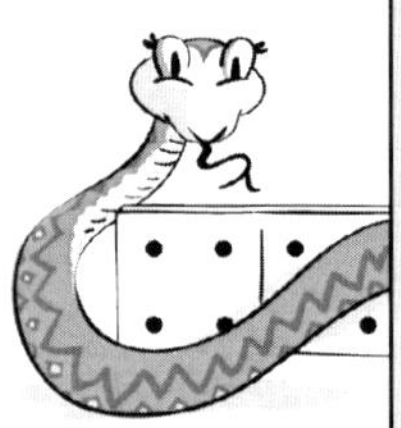	$4 : 2$	2	$4 : 1$	4	$4 : \frac{1}{2}$
8	$5 : \frac{1}{4}$	20	$5 : \frac{2}{4}$	10	$3 : \frac{2}{5}$
$7\frac{1}{2}$	$1 : \frac{7}{9}$	$1\frac{2}{7}$	$\frac{2}{7} : \frac{1}{2}$	$\frac{4}{7}$	$\frac{5}{8} : \frac{1}{3}$
$1\frac{7}{8}$	$\frac{2}{9} : \frac{2}{5}$	$\frac{10}{18} = \frac{5}{9}$	$\frac{2}{3} : \frac{3}{5}$	$1\frac{1}{9}$	$\frac{4}{5} : 3$
$\frac{4}{15}$	$\frac{5}{8} : \frac{3}{4}$	$\frac{5}{6}$	$\frac{7}{12} : \frac{2}{3}$	$\frac{7}{8}$	$1\frac{2}{3} : 2$
$\frac{5}{6}$	$1\frac{1}{2} : \frac{1}{2}$	3	$16 : 24$	$\frac{2}{3}$	

Beim Sportfest – die Dezimalschreibweise

1 Zehntel

Beim Kugelstoßen landet die Kugel beim dritten Versuch an der markierten Stelle des Maßbandes.

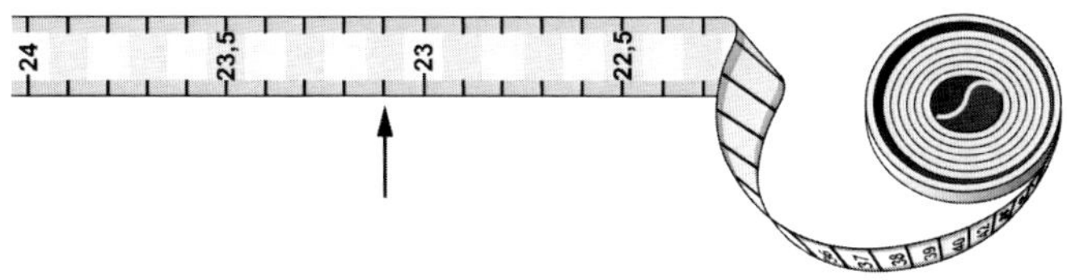

a) Gib die Weite in der Dezimalschreibweise, der gewöhnlichen Bruchschreibweise und in m und cm an.

____

b) Der 1. Versuch brachte 23,8 m. Zeichne den passenden Zahlenstrahl-Ausschnitt und trage die Weite ein.

c) Im 2. Versuch hat der Sportler 22,7 m weit gestoßen. Trage ein. Ergänze den Zahlenstrahl aus b).

d) Ein anderer erzielte im 3. Versuch $23\frac{7}{10}$ m und im 2. Versuch $23\frac{1}{5}$ m.
Trage die Weiten ein und gib sie auch in der Dezimalschreibweise an. ______________

e) Um wieviel Zentimeter unterscheiden sich der weiteste und der nächstbeste Stoß? ______________

2 Hundertstel

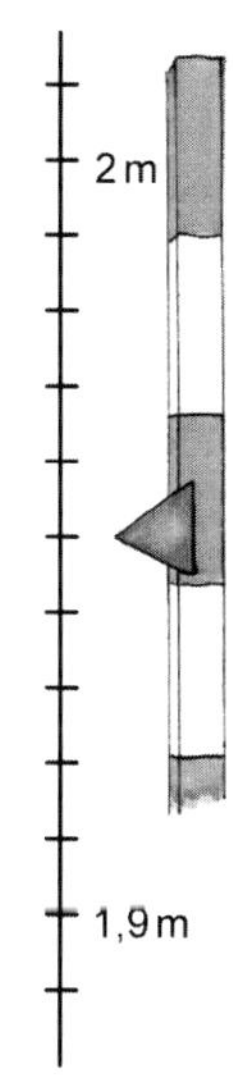

a) Beim Hochsprung liegt die Latte an der angebenen Marke. Welcher Höhe entspricht dies?
Gib das Ergebnis als Dezimalbruch, gewöhnlichen Bruch und in m und cm an.

____

b) Beim vorigen Versuch lag die Latte bei 1,92 m. Zeichne den Zahlenstrahl-Ausschnitt und trage diese Höhe ein. Schreibe auch als gewöhnlichen Bruch.

c) Im nächsten Versuch liegt die Marke bei $2\frac{4}{100}$ m. Ergänze den Zahlenstrahl aus b) und trage ein. Gib diese Höhe auch als Dezimalbruch an.

d) Ergänze die folgende Tabelle.

Höhe als Dezimalbruch	Höhe als gewöhnlicher Bruch	Höhe in m und cm
1,74 m		
	$2\frac{11}{100}$	
		3 m 8 cm

Hier knicken

Tandembogen Vergleichen

Aufgaben für Partner B

1 Wie heißen die markierten Zahlen?

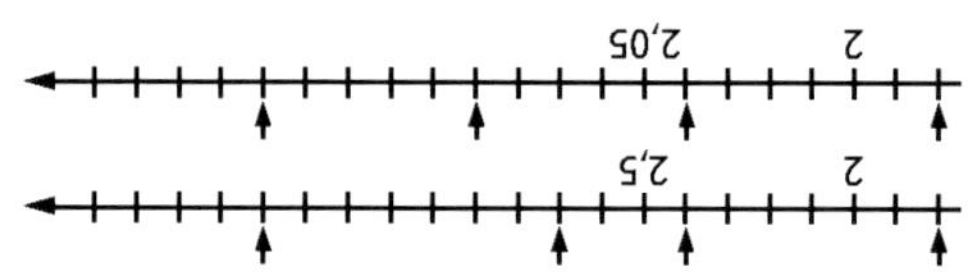

2 Welche Zahl ist größer?
a) 0,84 oder 0,8399?
b) 4,87 oder 4,8700?
c) 5,7 oder 5,078?

3 Nenne einen Dezimalbruch mit einer Stelle nach dem Komma, der zwischen 7,79 und 7,89 liegt.

4 Gib zu 3,147 zwei benachbarte Dezimalbrüche mit einer Dezimalen an.

5 Wieso ist 0,29 kleiner als 0,3? 29 ist doch mehr als 3. Erläutere deine Begründung deinem Partner.

Lösungen für Partner A

1 a) 1,9; 2,2; 2,8; 3,6
b) 1,99; 2,02; 2,1; 2,14

2 a) 0,54
b) 1,87
c) gleich groß

3 2,9

4 3,65 und 3,66

5 0,1 bedeutet $\frac{1}{10} = \frac{10}{100} = \frac{100}{1000}$.
0,099 bedeutet $\frac{99}{1000}$. Es ist also kleiner $\frac{1}{1000}$.

Hier knicken

Tandembogen Vergleichen

Aufgaben für Partner A

1 Wie heißen die markierten Zahlen?

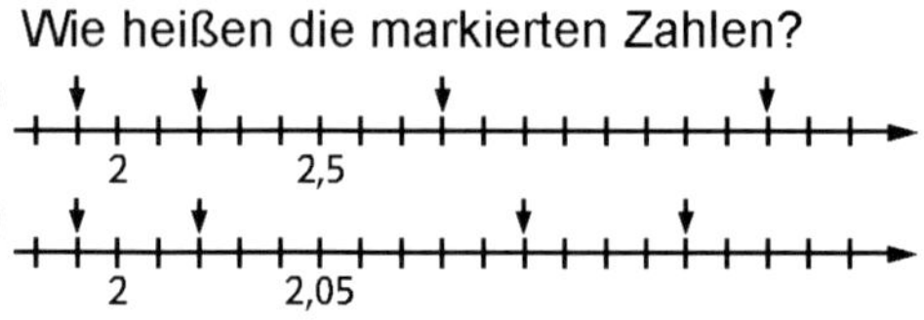

2 Welche Zahl ist größer?
a) 0,54 oder 0,5399?
b) 1,87 oder 1,089?
c) 5,7 oder 5,70?

3 Nenne einen Dezimalbruch mit einer Stelle nach dem Komma, der zwischen 2,89 und 2,99 liegt.

4 Gib zu 3,657 zwei benachbarte Dezimalbrüche mit zwei Dezimalen an.

5 Wieso ist 0,1 größer als 0,099? 1 ist doch kleiner als 99. Erläutere deine Begründung deinem Partner.

Lösungen für Partner B

1 a) 1,8; 2,4; 2,7; 3,4
b) 1,98; 2,04; 2,09; 2,14

2 a) 0,84
b) gleich groß
c) 5,7

3 7,8

4 3,1 und 3,2

5 0,3 bedeutet $\frac{3}{10} = \frac{30}{100}$.
0,29 bedeutet $\frac{29}{100}$. Es ist also kleiner $\frac{1}{100}$.

Brüche und Dezimalbrüche – Partnerarbeitsblatt 1

1 a) Schreibe die angegebenen Maße mithilfe eines Dezimalbruches an das Maßband.

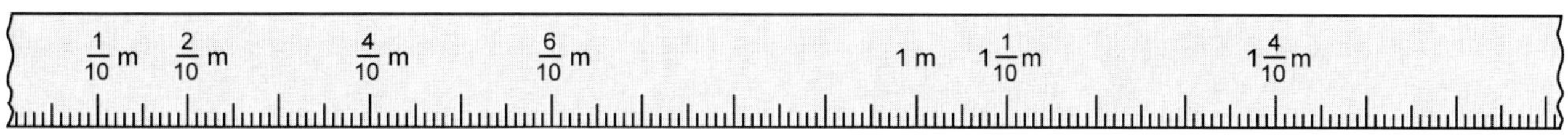

b) Schreibe die angegebenen Maße mithilfe eines gewöhnlichen Bruches an das Maßband.

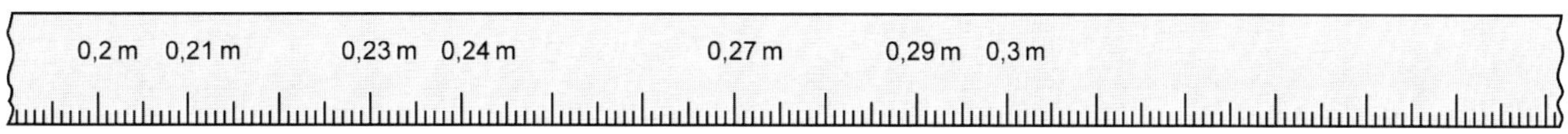

2 a) Welche Längen sind markiert? Notiere. ______________________________

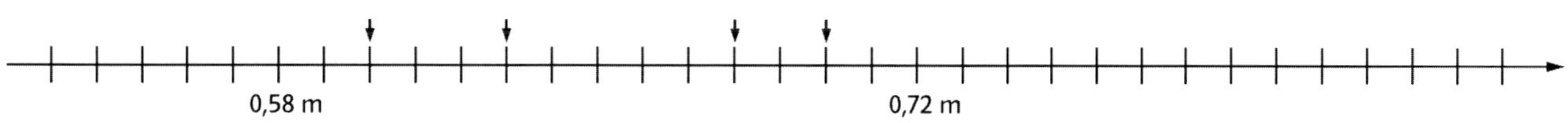

b) Schreibe alle sechs am Zahlenstrahl eingetragenen Dezimalbrüche als gewöhnliche Brüche.

_______ = _______; _______ = _______; _______ = _______

_______ = _______; _______ = _______; _______ = _______

c) Welcher Bruch ist um 3 cm größer als 0,6 m? Notiere ihn in der dezimalen und in der gewöhnlichen Bruchschreibweise. Gib den Größenunterschied in beiden Schreibweisen an.

3 Vervollständige die Tabelle.

Dezimalbruch	gewöhnlicher Bruch	in zwei Maßeinheiten
1,9 m		
	$1\frac{9}{100}$ m	
		2 € 8 ct
3,004 kg		
		7 dm 8 cm

4 a) Welche Bedeutung hat die zweite Stelle nach dem Komma? ______________________________

b) Welche Bedeutung hat die erste Stelle nach dem Komma? ______________________________

c) An welcher Stelle stehen bei Dezimalbrüchen die Tausendstel? ______________________________

Ernst Klett Verlag GmbH, Stuttgart 2007

Brüche und Dezimalbrüche – Partnerarbeitsblatt 2

1 a) Schreibe die angegebenen Maße mithilfe eines gewöhnlichen Bruches an das Maßband.

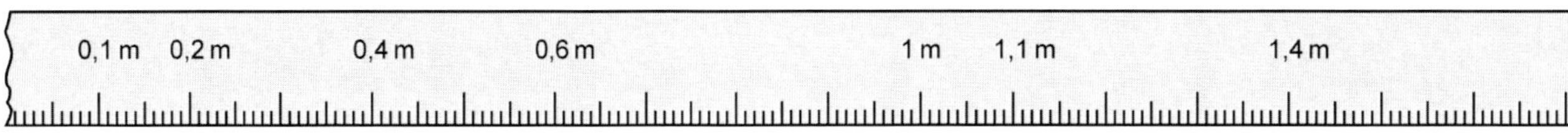

b) Schreibe die angegebenen Maße mithilfe eines Dezimalbruches an das Maßband.

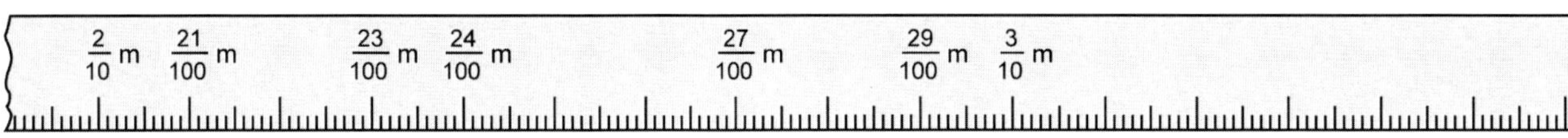

2 a) Beschrifte den Zahlenstrahl mit 0,6 m; 0,63 m; 0,68 m und 0,7 m.

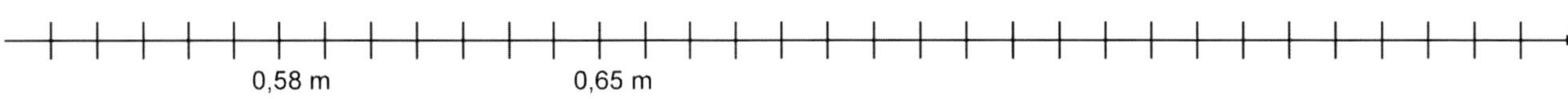

b) Schreibe alle sechs am Zahlenstrahl eingetragenen Dezimalbrüche als gewöhnliche Brüche.

______ = ______; ______ = ______; ______ = ______

______ = ______; ______ = ______; ______ = ______

c) Um wie viel ist 0,63 m größer als 0,6 m?
Gib das Ergebnis als Dezimalbruch, als gewöhnlichen Bruch und in Zentimeter an.

3 Vervollständige die Tabelle.

Dezimalbruch	gewöhnlicher Bruch	in zwei Maßeinheiten
	$1\frac{9}{10}$ m	
		1 m 9 cm
2,08 €		
	$3\frac{4}{1000}$ kg	
7,8 dm		

4 a) An welcher Stelle nach dem Komma stehen die Hundertstel? ______

b) An welcher Stelle nach dem Komma stehen die Zehntel? ______

c) Welche Bedeutung hat die dritte Stelle nach dem Komma? ______

978-3-12-740457-9 Schnittpunkt Serviceblätter 5/6

Ernst Klett Verlag GmbH, Stuttgart 2007

Anteile in der Prozentschreibweise

Beispiele

a) 24 kg → ($25\% = \frac{1}{4}$) → 6 kg
: 4 → 6 kg → · 1

b) 65 Teilnehmer → ($40\% = \frac{2}{5}$) → 26 Teilnehmer
: 5 → 13 Teilnehmer → · 2

1 Vervollständige.

a) 32 Schüler → (50 % = □) → □
: □ → □ → · □

b) 680 € → (15 % = □) → □
: □ → □ → · □

c) 80 Autos → (45 % = □) → □
: □ → □ → · □

d) □ → (10 % = □) → 8 Kinder
: □ → □ → · □

e) □ → (20 % = □) → 6 t
: □ → □ → · □

f) □ → (40 % = □) → 26 €
: □ → □ → · □

g) 156 m → (□ = □) → 39 m
: □ → □ → · □

h) 400 g → (□ = □) → 288 g
: □ → □ → · □

i) 560 Tiere → (□ = □) → 40 Tiere
: □ → □ → · □

2 Löse die Textaufgaben auf der Rückseite des Blattes.

a) Von 620 geprüften Maschinenteilen waren 4 % defekt. ____________

b) Frau Thiel zahlt 280 € Lohnsteuer. Dies sind 20 % ihres Gehalts. ____________

c) In einer Umfrage sprachen sich von 750 Befragten 90 für einen autofreien Sonntag aus. ____________

† Einzel-/Partnerarbeit

Additions- und Subtraktionsdomino

Material: Schere

Spielbeschreibung: Schneide die Dominosteine entlang der dickeren Linien aus. Lege die Teile dann so aneinander, dass immer zwei passende Dominoteile aneinander stoßen. So erhältst du eine schöne Dominoschlange mit einem Anfangs- und einem Endstein.

	4,6 - 0,04	4,56	2,7 + 3,11
5,81	6 - 0,82	5,18	3,4 - 0,01
3,39	3,08 + 0,22	3,3	6 - ■ = 4,9
1,1	■ + 4,12 = 5,2	1,08	■ - 0,8 = 4,02
4,82	10 - (3,4 + 5,7)	0,9	5,6 - (3,95 + 0,05)
1,6	Um wie viel ist 4,52 größer als 3,9?	0,62	Um wie viel ist 0,01 kleiner als 0,1?
0,09	Wie groß ist der Unterschied zwischen 7 und 007?	6,93	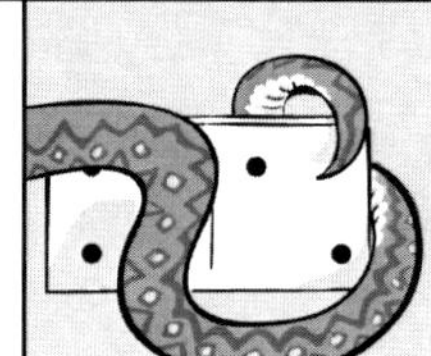

Tandembogen Addition und Subtraktion

Hier knicken

Aufgaben für Partner B

1 Berechne im Kopf.
a) 5,2 − 1,1
b) 2,2 + 0,23
c) 0,7 + 0,13

2 Überschlage.
a) 546,89 + 189,975
b) 0,987 + 9,8602
c) 14,08 − 12,949

3 Wandle in gewöhnliche Brüche um und berechne.
a) 0,9 − 0,6
b) 1,3 + 0,02

4 Bestimme die fehlende Zahl.
a) □ − 0,9 = 4,5
b) 0,05 + □ = 4,5
c) □ − 0,03 = 0,3
d) 1,54 − □ = 1,1

Lösungen für Partner A

1 a) 5,5
b) 4,33
c) 0,55

2 a) 100 + 300 = 400
b) 4 + 8 = 12
c) 14 − 12 = 2

3 a) $\frac{3}{10} + \frac{6}{10} = \frac{9}{10} = 0{,}9$
b) $1\frac{3}{10} - \frac{2}{100} = 1\frac{30}{100} - \frac{2}{100} = 1\frac{28}{100} = 1{,}28$

4 a) 3,6
b) 4,41
c) 0,15
d) 0,06

Hier knicken

Tandembogen Addition und Subtraktion

Aufgaben für Partner A

1 Berechne im Kopf.
a) 4,2 + 1,3
b) 4,2 + 0,13
c) 0,42 + 0,13

2 Überschlage.
a) 136,89 + 279,975
b) 3,987 + 7,8602
c) 14,28 − 12,349

3 Wandle in gewöhnliche Brüche um und berechne.
a) 0,3 + 0,6
b) 1,3 − 0,02

4 Bestimme die fehlende Zahl.
a) □ + 0,9 = 4,5
b) 0,09 + □ = 4,5
c) □ − 0,03 = 0,12
d) 1,04 − □ = 0,98

Lösungen für Partner B

1 a) 4,1
b) 2,43
c) 0,83

2 a) 500 + 200 = 700
b) 1 + 10 = 11
c) 14 − 13 = 1

3 a) $\frac{9}{10} - \frac{6}{10} = \frac{3}{10} = 0{,}3$
b) $1\frac{3}{10} + \frac{2}{100} = 1\frac{30}{100} + \frac{2}{100} = 1\frac{32}{100} = 1{,}32$

4 a) 5,4
b) 4,45
c) 0,33
d) 0,44

Multiplikation mit Zehnerpotenzen

1 Löse wie im Beispiel. Berechne die Aufgaben durch Umwandeln in einen gewöhnlichen Bruch.

Beispiel

$0{,}8 \cdot 10 = 8$

↓ ↓ ↑

$\frac{8}{10} \cdot 10 = \frac{80}{10}$

a) $0{,}08 \cdot 100 =$ ______

↓ ↓ ↑

$\frac{8}{100} \cdot 100 =$ ______

b) $0{,}08 \cdot 1000 =$ ______

c) $0{,}63 \cdot 100 =$ ______

d) $0{,}87 \cdot 10 =$ ______

e) $0{,}28 \cdot 1000 =$ ______

2 Vergleiche deine Lösungen mit denen deiner Partnerin oder deines Partners. Formuliert gemeinsam eine Rechenregel.

Multiplikation mit 10: Multipliziert man einen Dezimalbruch ______

______

Multiplikation mit 100: ______

______

Multiplikation mit 1000: ______

______

3 Berechne mithilfe eurer neuen Regel.

a) $0{,}76 \cdot 10 =$ ______ b) $8{,}9 \cdot 10 =$ ______ c) $0{,}089 \cdot 100 =$ ______

d) $0{,}089 \cdot 1000 =$ ______ e) $0{,}089 \cdot 10 =$ ______ f) $8{,}9 \cdot 100 =$ ______

Vergleiche deine Ergebnisse mit denen deiner Partnerin oder deines Partners. Diskutiert die Unterschiede, findet mögliche Fehler und einigt euch auf die richtige Lösung.

4 Berechne.

a) $0{,}19 \cdot$ □ $= 1{,}9$ b) $0{,}19 \cdot$ □ $= 19$ c) $0{,}078 \cdot$ □ $= 7{,}8$

d) □ $\cdot\ 10 = 0{,}67$ e) □ $\cdot\ 100 = 0{,}09$ f) □ $\cdot\ 1000 = 0{,}09$

g) $7{,}09 \cdot 100 =$ □ h) $0{,}806 \cdot$ □ $= 8{,}06$ i) $5{,}089 \cdot 1000 =$ □

Division durch Zehnerpotenzen

1 Löse wie im Beispiel. Berechne durch Umwandeln in einen gewöhnlichen Bruch.

Beispiel

$7{,}2 : 10 = 0{,}72$

$7\frac{2}{10} : 10 = \frac{72}{10} : 10 = \frac{72}{100}$

a) $7{,}2 : 100$ = ______

$\frac{72}{10} : 100$ = ______

b) $0{,}7 : 1\,000$ = ______

c) $0{,}7 : 10$ = ______

2 Vergleiche deine Lösungen mit denen deiner Partnerin oder deines Partners. Formuliert gemeinsam eine Rechenregel.

Division durch 10: Dividiert man einen Dezimalbruch ______

Division durch 100: ______

Division durch 1 000: ______

3 Berechne mithilfe eurer neuen Regel.

a) $6{,}8 : 10$ = ____	b) $8{,}3 : 100$ = ____	c) $0{,}9 : 100$ = ____
d) $7{,}3 : 100$ = ____	e) $0{,}08 : 100$ = ____	f) $0{,}98 : 100$ = ____
g) $54{,}8 : 1\,000$ = ____	h) $54{,}8 : 100$ = ____	i) $54{,}8 : 10$ = ____

Vergleiche deine Ergebnisse mit denen deiner Partnerin oder deines Partners. Diskutiert die Unterschiede, findet mögliche Fehler und einigt euch auf die richtige Lösung.

4 Berechne.

a) $11{,}9 \cdot 10$ = ☐ b) ☐ : 10 = 0,09 c) 5,67 : ☐ = 0,0567

Entscheide, ob du multiplizieren oder dividieren musst. Setze das Rechenzeichen in das Kästchen ein. Vergleiche die Regel für die Multiplikation mit der für die Division. Formuliere den Unterschied auf der Rückseite des Blattes.

d) ☐ ☐ 10 = 6,78 e) 45,89 ☐ ☐ = 458,9 f) 0,78 ☐ ☐ = 78

† Einzel-/Partnerarbeit

Vervielfachen von Dezimalbrüchen

1 Mache eine Überschlagsrechnung.

$4 \cdot 1{,}12 \approx$ ________ ; $6 \cdot 1{,}983 \approx$ ________ ; $3 \cdot 5{,}8 \approx$ ________ ; $12 \cdot 3{,}2 \approx$ ________

2 Berechne mithilfe der Stellenwerttafel. Das Beispiel hilft dir weiter.

Beispiel: $6 \cdot 2{,}6$

Z	E	z	
	2	6	$\cdot 6$
	12	36	
1	2 + 3	6	
1	5	6	

$6 \cdot 2{,}6 = 15{,}6$

a) $3 \cdot 1{,}3 =$ ____________

Z	E	z

b) $7 \cdot 2{,}2 =$ ____________

Z	E	z

c) $8 \cdot 4{,}32 =$ ____________

Z	E	z	h

3 Schreibe zuerst als Additionsaufgabe. Überprüfe dein Ergebnis durch einen Überschlag.

a) $3 \cdot 1{,}2 = 1{,}2 + 1{,}2 + 1{,}2$ = ________ b) $4 \cdot 0{,}13 =$ ________ = ________

c) $6 \cdot 0{,}4 =$ ________ = ________ d) $3 \cdot 12{,}3 =$ ________ = ________

Vergleicht eure Ergebnisse. Diskutiert die Unterschiede und findet eine gemeinsame Lösung.

4 Berechne auf der Rückseite des Blattes. Überprüfe durch einen Überschlag.

a) $27 \cdot 1{,}8 =$ ______ b) $32 \cdot 0{,}93 =$ ______ c) $15 \cdot 2{,}54 =$ ______ d) $38 \cdot 0{,}78 =$ ______

Vergleicht eure Ergebnisse. Diskutiert die Unterschiede und findet eine gemeinsame Lösung.

5 Berechne im Kopf. Überprüfe dein Ergebnis durch Umwandeln in gewöhnliche Brüche.

Beispiel:

$3 \cdot 1{,}7 = 5{,}1$

$\downarrow \quad \downarrow \qquad\qquad \uparrow$

$3 \cdot 1\frac{7}{10} = 3 \cdot \frac{17}{10} = \frac{51}{10} = 5\frac{1}{10}$

a) $4 \cdot 1{,}2 =$ ________ = ________

b) $3 \cdot 0{,}72 =$ ________ = ________

Vergleicht eure Ergebnisse. Diskutiert die Unterschiede und findet eine gemeinsame Lösung.

978-3-12-740457-9 Schnittpunkt Serviceblätter 5/6

Ernst Klett Verlag GmbH, Stuttgart 2007

Multiplikation von Dezimalbrüchen

1 Mache eine Überschlagsrechnung.

0,9 · 2,1 ≈ ________; 0,6 · 1,983 ≈ ________; 1,3 · 5,8 ≈ ________; 1,2 · 3,2 ≈ ________

2 Wandle zuerst in gewöhnliche Brüche um. Berechne dann.

Beispiel

1,2 · 0,3 = ____

$1\frac{2}{10} \cdot \frac{3}{10} = \frac{12}{10} \cdot \frac{\square}{\square} = \frac{\square}{\square}$

a) 1,2 · 0,03 = ________ b) 0,12 · 0,3 = ________

c) 12 · 0,3 = ________ d) 1,6 · 0,03 = ________ e) 12 · 0,04 = ________

Vergleicht eure Ergebnisse. Diskutiert Unterschiede und findet eine gemeinsame Lösung.

3 23 · 18 = 414. Du musst bei den folgenden Aufgaben nicht rechnen.
Überprüfe deine Lösung durch einen Überschlag.

23 · 1,8 = ______; 2,3 · 1,8 = ______; 0,23 · 1,8 = ______; 2,3 · 0,18 = ______; 0,23 · 0,18 = ______

Vergleicht eure Ergebnisse. Diskutiert die Unterschiede und findet eine Lösung. Füllt die Tabelle aus.

Aufgabe	Ergebnis	Anzahl der Dezimalstellen beim 1. Faktor	Anzahl der Dezimalstellen beim 2. Faktor	Anzahl der Dezimalen im Ergebnis
23 · 1,8		0	1	
2,3 · 1,8				

Formuliert auf der Rückseite des Blattes eine Regel für die Kommasetzung bei der Multiplikation von Dezimalbrüchen.

4 Berechne im Kopf. Mache vor jeder Aufgabe zuerst einen Überschlag.

a) 0,6 · 0,2 = ________ b) 0,6 · 0,02 = ________ c) 0,6 · 2 = ________

d) 2,1 · 3 = ________ e) 21 · 0,3 = ________ f) 2,1 · 0,03 = ________

5 a) Schreibe 0,72 als Produkt aus zwei Dezimalzahlen. 0,72 = ________

b) Schreibe 0,08 als Produkt aus drei Dezimalzahlen. 0,08 = ________

978-3-12-740457-9 Schnittpunkt Serviceblätter 5/6

Ernst Klett Verlag GmbH, Stuttgart 2007

Tandembogen Division

Aufgaben für Partner B

1 Wurden beide Zahlen gleich verändert? Wie?
a) 600 : 30 und 6 : 3
b) 100 : 0,5 und 10 : 5

2 Haben beide Aufgaben dasselbe Ergebnis? Begründe.
a) 450 : 80 und 4500 : 80
b) 4,5 : 0,5 und 450 : 50

3 Ergänze so, dass beide Aufgaben dasselbe Ergebnis haben. Begründe.
a) 4500 : ☐ und 45 : 9
b) 32 : 4 und 3,2 : ☐

4 Berechne. Benenne zuerst die zu rechnende Aufgabe.
a) 4,2 : 0,06 b) 4,2 : 6

5 Frieder rechnet 5,7 : 0,01 = 570. Was meinst du?

Lösungen für Partner A

1 a) Ja; beide Zahlen wurden mit 10 multipliziert.
b) Ja; beide Zahlen wurden mit 10 multipliziert.

2 a) Nein; eine Zahl wurde verdoppelt, die andere wurde halbiert.
b) Ja; beide Zahlen wurden verzehnfacht.

3 a) 450 : 9; beide durch 10.
b) 30,5 : 5; beide mal 10.

4 a) 48 : 6 = 8
b) 4800 : 6 = 800

5 Falsch! 4,2 : 0,1 = 42 : 1 = 42

Hier knicken

Hier knicken

Tandembogen Division

Aufgaben für Partner A

1 Wurden beide Zahlen gleich verändert? Wie?
a) 600 : 30 und 6000 : 300
b) 0,08 : 0,4 und 0,8 : 4

2 Haben beide Aufgaben dasselbe Ergebnis? Begründe.
a) 500 : 80 und 1000 : 40
b) 4,5 : 0,5 und 45 : 5

3 Ergänze so, dass beide Aufgaben dasselbe Ergebnis haben. Begründe.
a) 4500 : 90 und 450 : ☐
b) ☐ : 5 und 3,05 : 0,5

4 Berechne. Benenne zuerst die zu rechnende Aufgabe.
a) 4,8 : 0,6 b) 4,8 : 0,006

5 Katja rechnet 4,2 : 0,1 = 4,2. Was meinst du?

Lösungen für Partner B

1 a) Nein; eine wurde durch 100 und die andere durch 10 dividiert.
b) Nein; eine Zahl wurde verzehnfacht, die andere gezehntelt.

2 a) Nein; eine Zahl wurde verzehnfacht, die andere bleibt gleich.
b) Ja; beide Zahlen wurden verhundertfacht.

3 a) 4500 : 900; beide durch 100.
b) 3,2 : 0,4; beide durch 10.

4 a) 420 : 6 = 70
b) 4,2 : 6 = 0,7

5 Richtig: 570 : 1 = 570

978-3-12-740457-9 Schnittpunkt Serviceblätter 5/6

Ernst Klett Verlag GmbH, Stuttgart 2007

Gerade, Halbgerade und Strecke I

Diskutiere die Aufgaben 1 bis 4 mit deiner Partnerin oder deinem Partner.

1 Von einer Geraden und einer Halbgeraden kann man immer nur ein Stück zeichnen. Warum?

____

2 Wie viele Geraden kann man durch einen Punkt zeichnen?

____

3 Wie viele Geraden kann man durch zwei Punkte zeichnen?

____

4 Klaus zeichnet die Gerade durch A und B so:

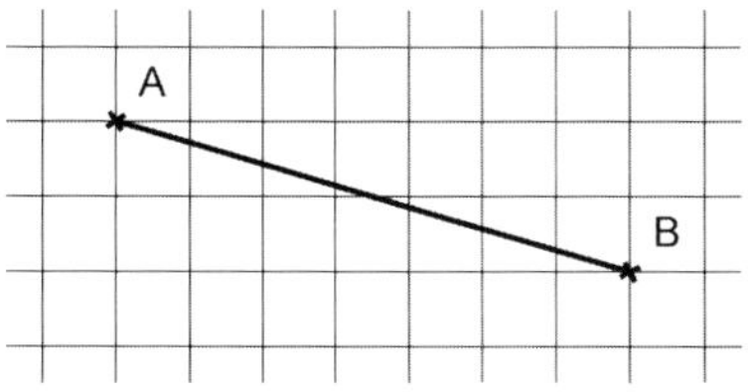

Kathrin zeichnet so:

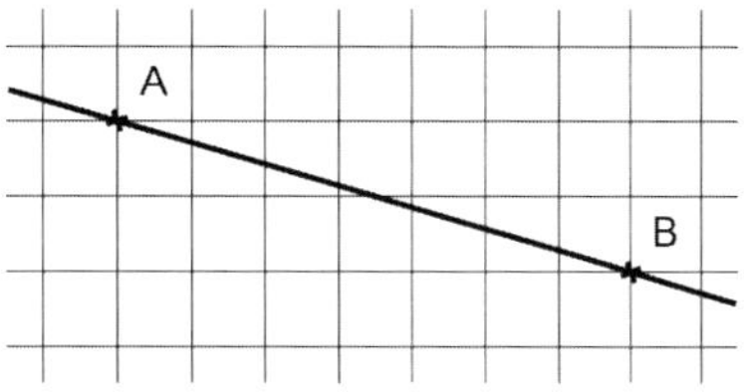

Was meint ihr? ____

____

Löse die Aufgaben 5 und 6 zuerst in Einzelarbeit. Vergleiche dann mit deinem Partner.

5 Zeichne von A aus eine Halbgerade durch B und eine Gerade durch A und C.

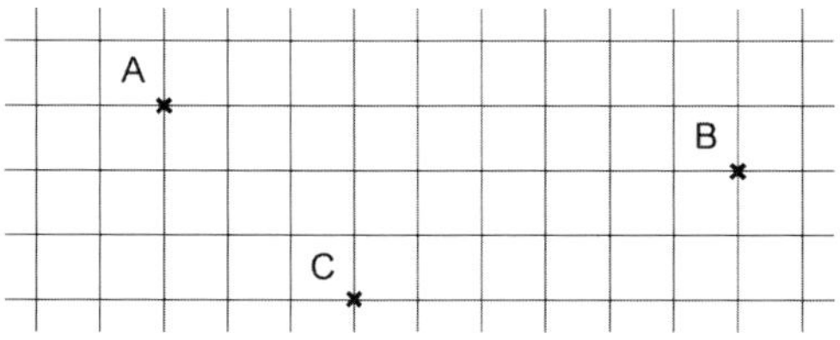

6 Zeichne alle möglichen Verbindungsgeraden. Wie viele gibt es?

____

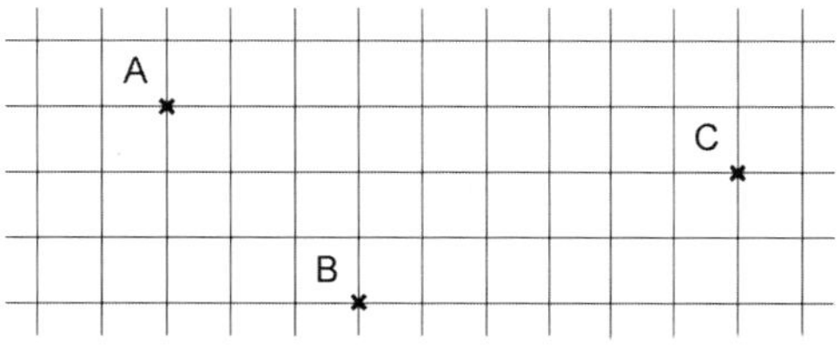

7 Vervollständige die Tabelle mithilfe von Skizzen, die du auf der Rückseite des Blattes zeichnen kannst. Arbeite mit deiner Partnerin oder deinem Partner zusammen. Erkennst du eine Gesetzmäßigkeit? Beachte: Es liegen nie mehr als zwei Punkte auf einer Geraden!

Anzahl der Punkte	1	2	3	4	5	6	7
Anzahl der Verbindungsgeraden							

Gesetzmäßigkeit: ____

Ernst Klett Verlag GmbH, Stuttgart 2007

Gerade, Halbgerade und Strecke II

Diskutiere die Aufgaben 1 und 2 mit deiner Partnerin oder deinem Partner.

1 Auf einer Geraden liegen die drei Punkte A, B und C. Peter sagt: „Wir haben zwei Strecken, die Strecke $\overline{AB}$ und die Strecke $\overline{BC}$". Simone sagt: „Du hast eine vergessen. Es gibt auf dieser Geraden noch eine Strecke." Was meint ihr? Fertigt auf der Rückseite eine Zeichnung an.

____

____

2 Klaus zeichnet die Strecke von A nach B so:

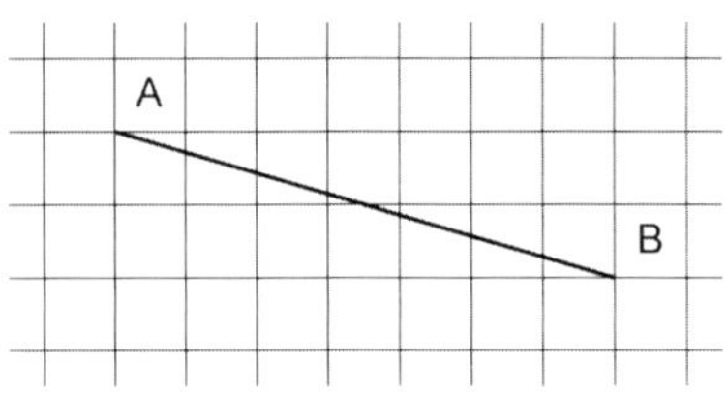

Kathrin zeichnet so:

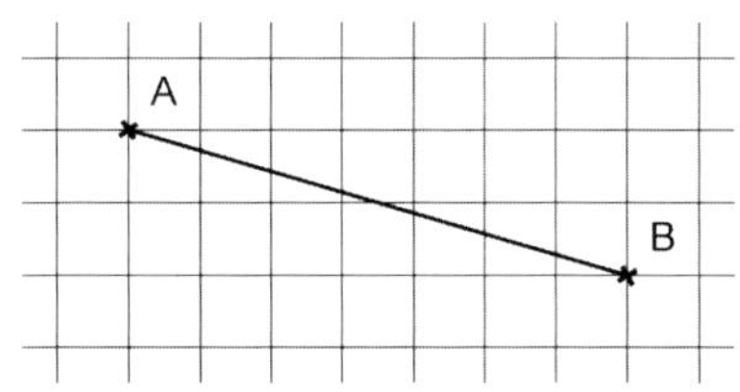

Was meint ihr?

____

____

Löse die Aufgaben 3 und 4 zuerst in Einzelarbeit. Vergleiche dann mit deiner Partnerin oder deinem Partner.

3 Zeichne die Strecken $\overline{AC}$ und $\overline{BD}$ ein.
Gibt es noch mehr Verbindungsstrecken? Zeichne sie ein und benenne sie.

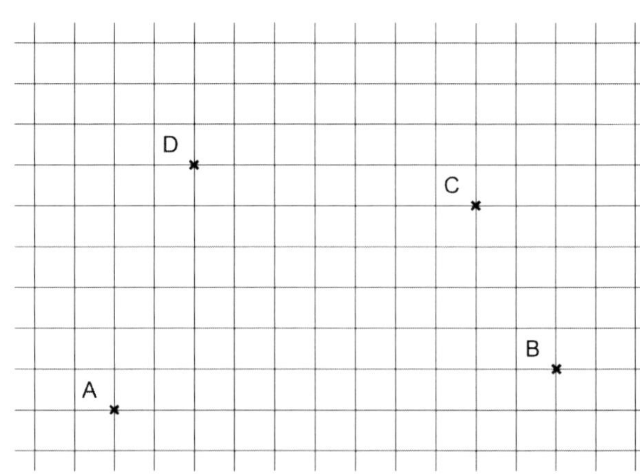

4 Du hast für den Zusammenhang von der Anzahl der Punkte und der Anzahl der möglichen Verbindungsgeraden eine Gesetzmäßigkeit entdeckt. Gilt diese auch für Verbindungsstrecken?

Anzahl der Punkte	1	2	3	4	5	6	7
Anzahl der Verbindungsstrecken							

____

____

Fertig? Warte auf deine Partnerin oder deinen Partner. Vergleicht und diskutiert die Unterschiede.

Wie viele Strecken?

1 Zähle die Strecken.

a)  Anzahl der Strecken: ☐

b) ☐

c) ☐

d)  ☐

e) ☐

f)  ☐

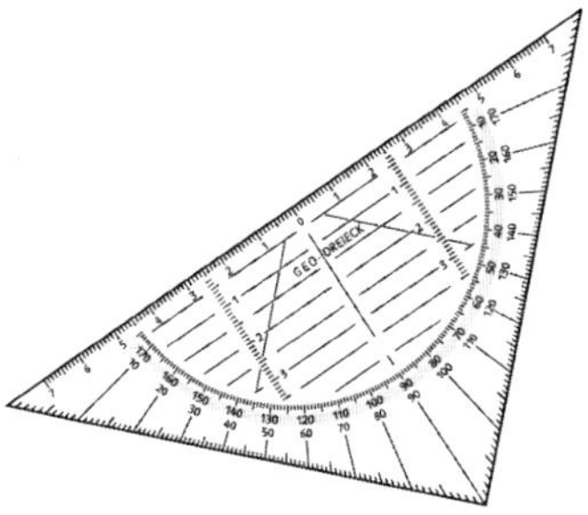

Wie bist du beim Abzählen vorgegangen, um keine Strecke zu vergessen?

---

2 Zähle auch hier die Strecken. Wie gehst du dabei vor? Denke an die Ergebnisse aus Aufgabe 1.

a) 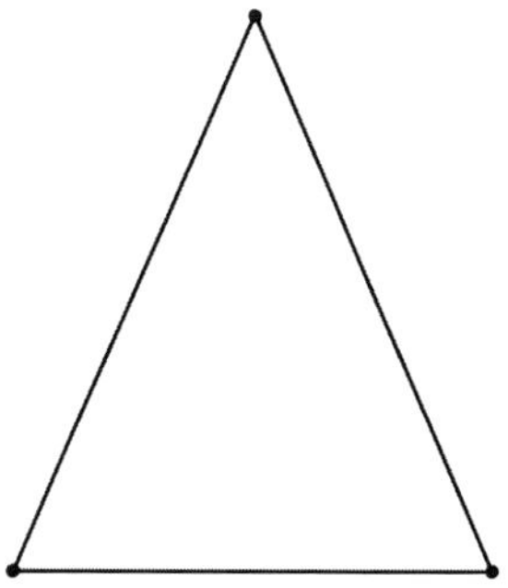 ☐

b) 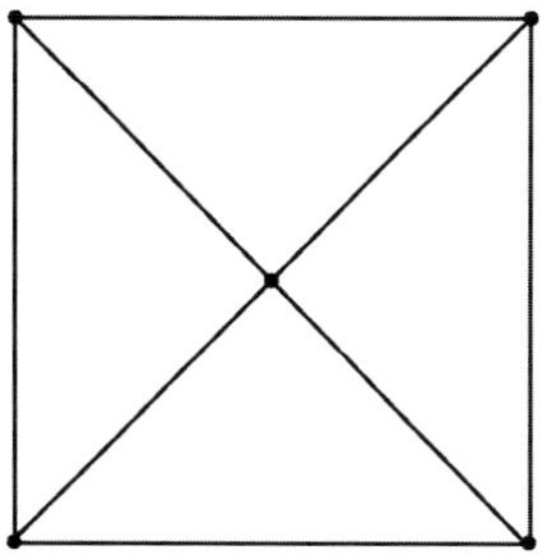 ☐

c) 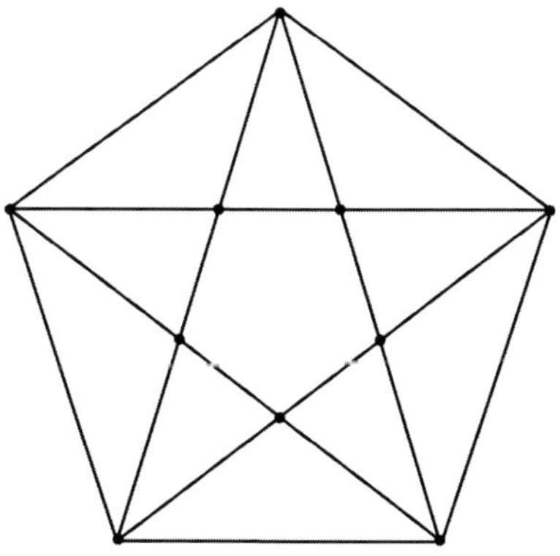 ☐

d) 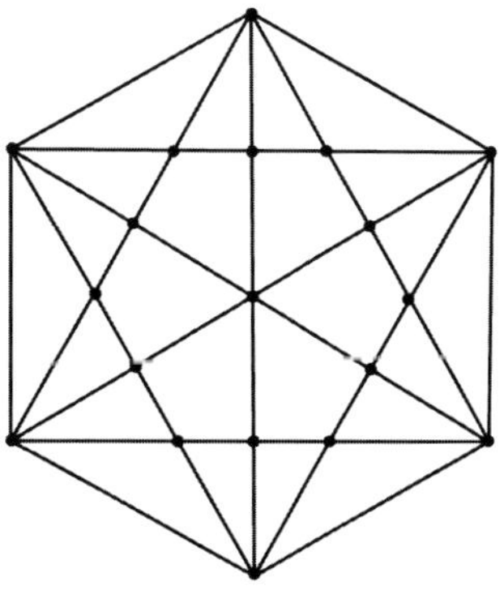 ☐

978-3-12-740457-9 Schnittpunkt Serviceblätter 5/6

Ernst Klett Verlag GmbH, Stuttgart 2007

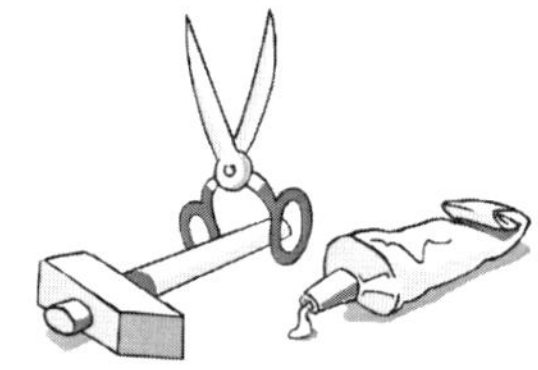

Bauanleitung für ein Nagelbrett

Material:
- 1 Sperrholzbrett von 1 cm Dicke; Maße: 15 cm x 15 cm
- 1 Rundstab (4 mm Durchmesser, 55 cm lang)
- 1 Puk-Säge, 1 Stecknadel, Leim, Schleifpapier
- Bohrmaschine mit Bohrständer und 4 mm Holzbohrer

Bauplan

Arbeitsschritte:
- Säge von dem Rundstab 25 Teile (Dübel) mit jeweils exakt 2 cm Länge ab.
- Schleife die Dübel an den Enden ein wenig rund.
- Schneide den Bauplan aus und lege ihn auf das Sperrholzbrett.
- Übertrage mit der Stecknadel die Bohrlöcher auf das Sperrholzbrett.
- Bohre nun an diesen Stellen 7 mm tief in das Sperrholzbrett.
- Zum Schluss musst du nur noch die Dübel einleimen.

978-3-12-740457-9 Schnittpunkt Serviceblätter 5/6

Ernst Klett Verlag GmbH, Stuttgart 2007

Senkrechte und Parallele: Übungen mit dem Nagelbrett

Material: Nagelbrett und Gummiringe

1 Spanne zwei Gummis vom markierten Nagel aus. Eines soll senkrecht, das andere parallel zu dem bereits gespannten Gummi liegen. Zeichne die Lage der beiden Gummis ein.

a)
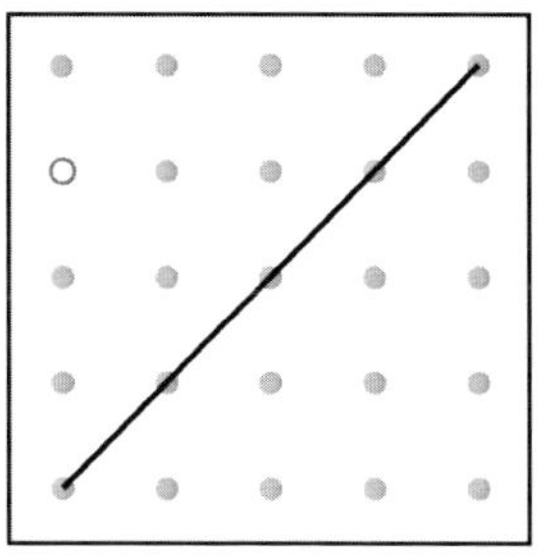

b)
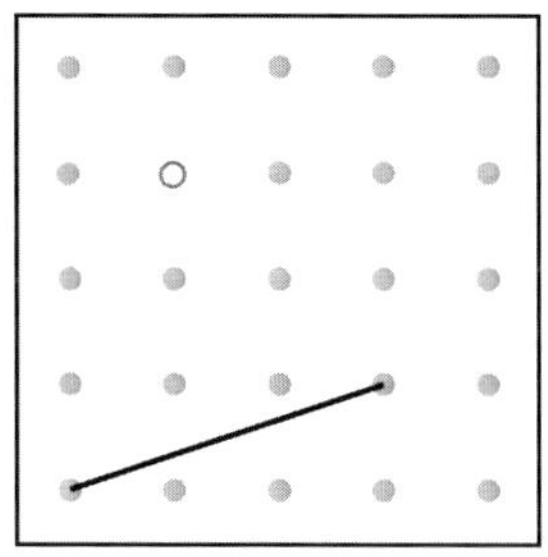

c)
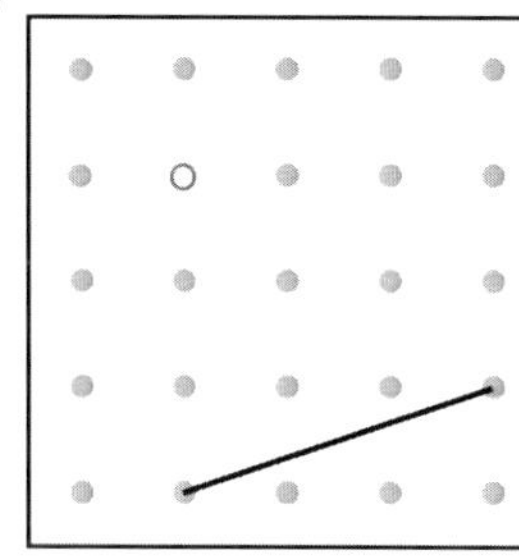

2 Gruppenarbeit:
Legt vier Nagelbretter zusammen und spannt dann die beiden Gummiringe wie abgebildet. Sind die beiden Gummis senkrecht zueinander? Begründet eure Meinung. Kontrolliert euer Ergebnis dann mit dem Geo-Dreieck.

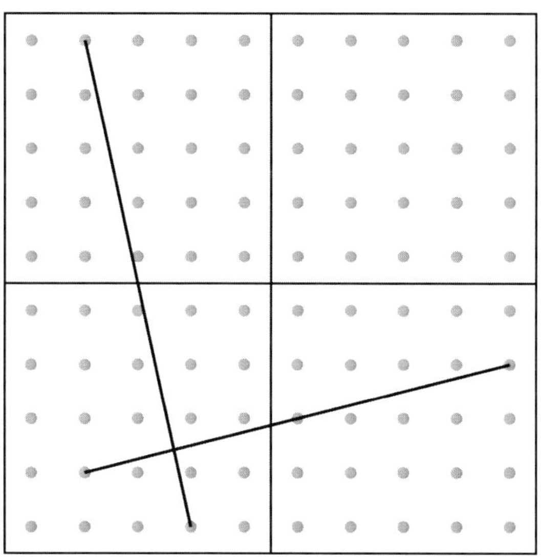

Begründung:

____

____

____

____

____

____

3 Spanne auf dem Nagelbrett verschiedene Vierecke, bei denen
a) die Seiten senkrecht zueinander stehen. b) die Seiten parallel zueinander sind.
Skizziere die gefundenen Figuren. Du kannst auch zwei oder drei Vierecke in unterschiedlichen Farben in ein Nagelbrett zeichnen.

a)
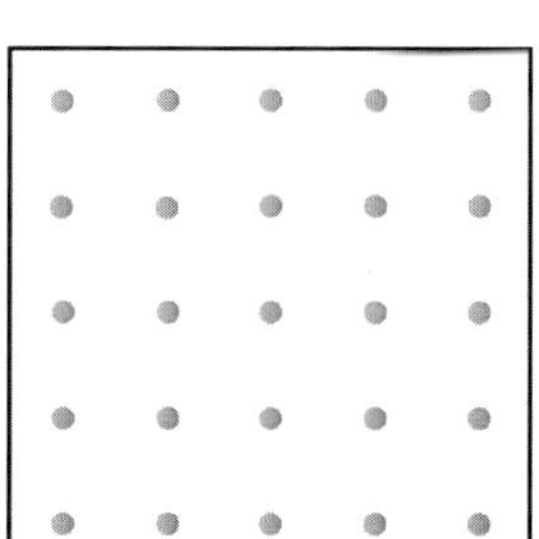
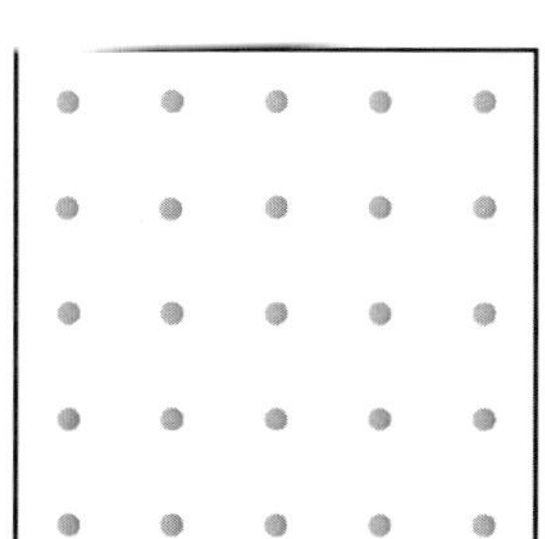

b)
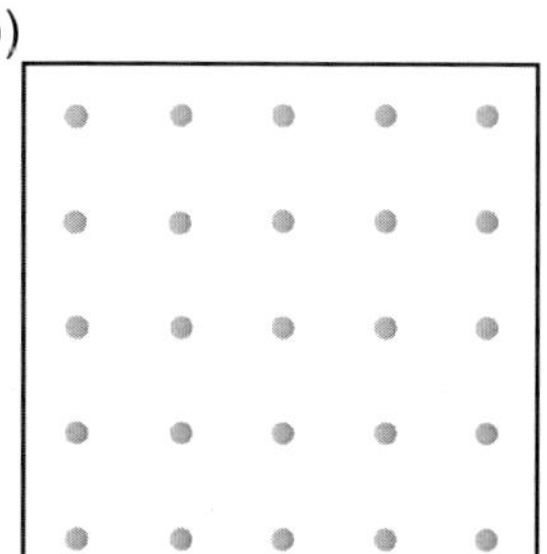
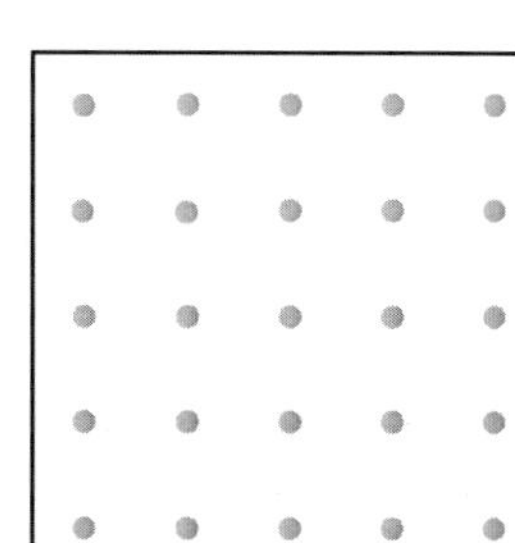

Findet ihr noch andere Vierecke, wenn ihr vier Nagelbretter zusammenlegt?

Senkrechte und Parallele: Eine Zeichenübung

Hier kannst du üben, möglichst genau senkrechte und parallele Linien zu zeichnen.

1 Setze die Figur fort. Wenn du genau arbeitest, kriecht die Schnecke genau auf einer der Linien deiner Figur.

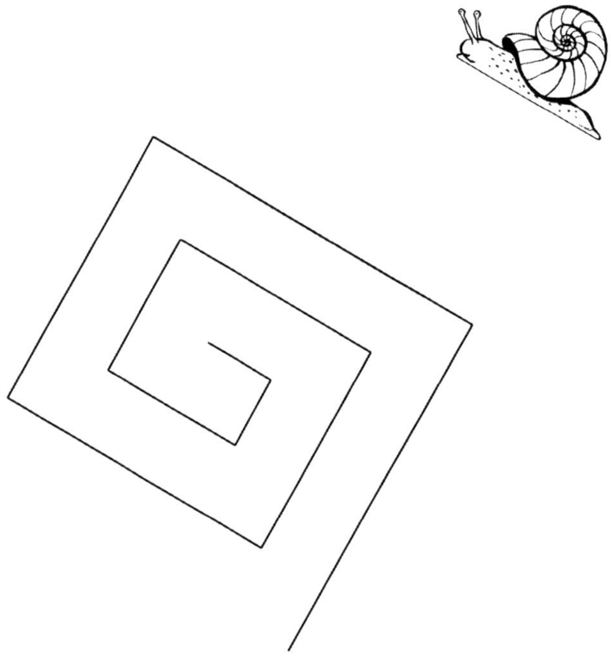

2 Zeichne weitere Parallelen. Du erhältst lauter kleine Dreiecke. Male sie so aus, dass ein schönes Muster entsteht. Schneide dein Muster aus und klebe es in dein Heft.

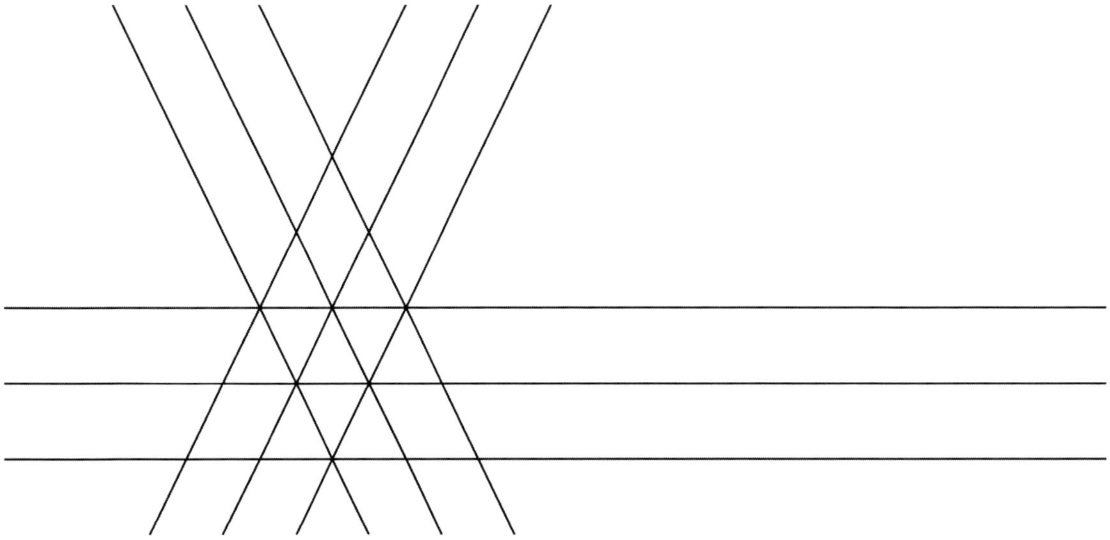

978-3-12-740457-9 Schnittpunkt Serviceblätter 5/6

Ernst Klett Verlag GmbH, Stuttgart 2007

Lagebeschreibung – Partnerarbeitsblatt 2

Beschrifte die Quadrate so, dass du mit deiner Partnerin oder deinem Partner das Spiel „Schiffe entdecken“ spielen kannst.
Beachte: Die Schiffe dürfen einander nicht berühren.

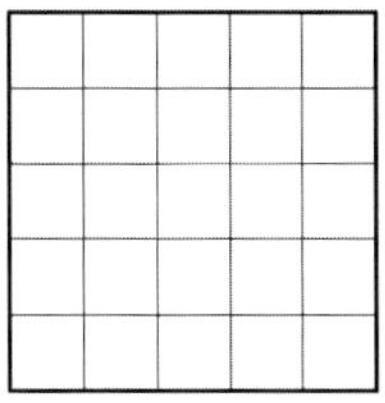

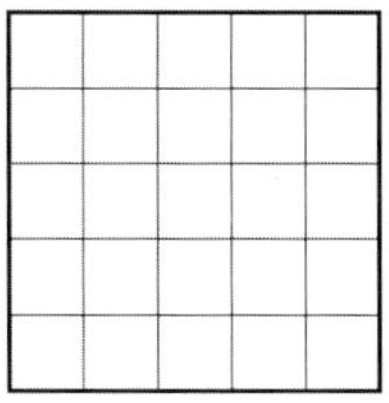

Trage die folgenden Schiffe ein:

1 Dreier
1 Zweier
1 Einser

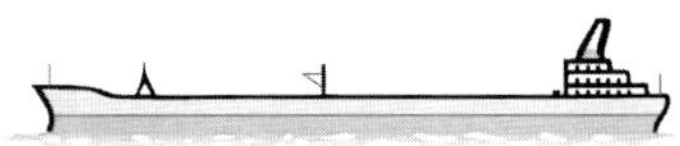

Löse die Aufgaben 1 und 2 in Einzelarbeit.

1 Trage die folgenden Punkte in das Quadratgitter ein:

A (2 | 1); B (4 | 0); C (1 | 2); D (0 | 3); E (4 | 4).

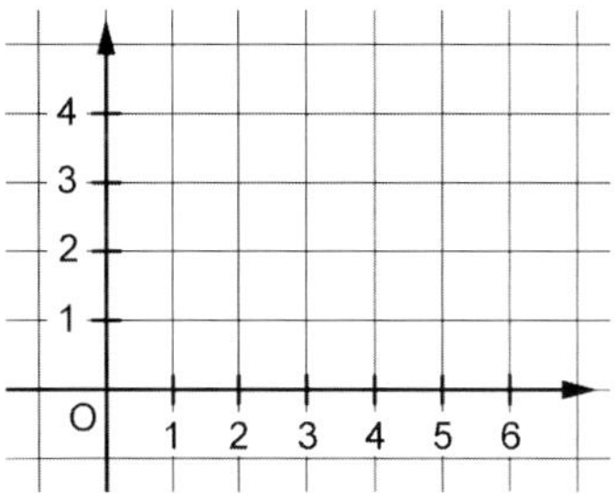

2 Gib die Lage der Punkte an:

M (|); N (|); U (|); V (|); Z (|).

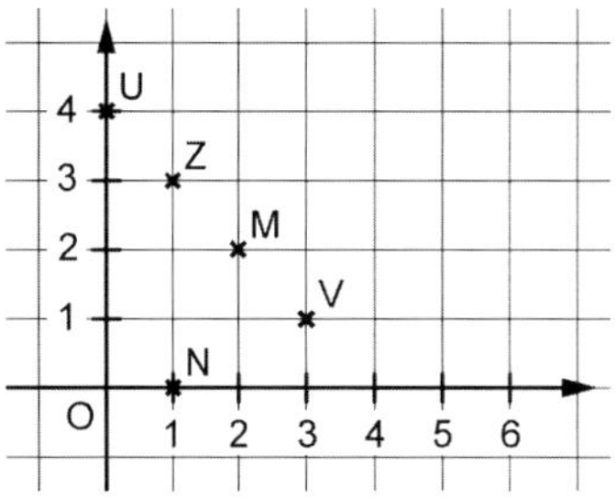

3 Warte bis deine Partnerin oder dein Partner fertig ist. Beschreibe ihr oder ihm dann die Lage der Punkte aus Aufgabe 2.

4 Beschreibe deiner Partnerin oder deinem Partner die Lage so, dass sie oder er die Punkte richtig einzeichnen kann. Trage dann die Punkte ein, die dein Partner diktiert. Verbinde alle Punkte der Reihe nach (A mit B; B mit C; C mit D usw.).
Kontrolle: Es entsteht eine besondere Figur.

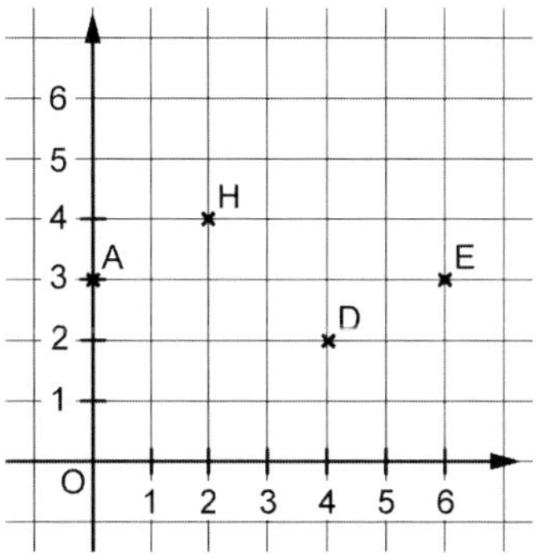

Fertig? Vergleiche deine Ergebnisse mit denen deiner Partnerin oder deines Partners.
Gibt es Unterschiede? Diskutiert darüber.

978-3-12-740457-9 Schnittpunkt Serviceblätter 5/6

Ernst Klett Verlag GmbH, Stuttgart 2007

Viereck-Domino

Material: Schere

Spielbeschreibung: Schneide die Dominosteine entlang der dickeren Linien aus. Lege die Teile dann so aneinander, dass immer ein Viereck an die passende Vierecks-Eigenschaft stößt. So erhältst du eine schöne Dominoschlange mit einem Anfangs- und einem Endpunkt.

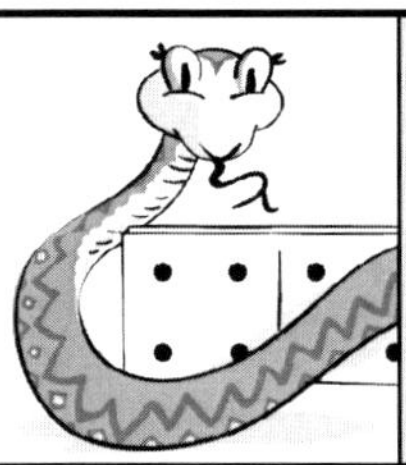	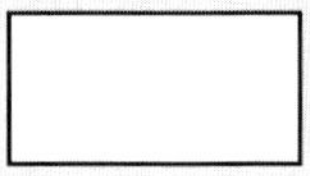	**Trapez**	• vier rechte Winkel • Diagonalen sind zueinander senkrecht
Drachen	Parallelogramm mit vier gleich langen Seiten	**Quadrat**	**Drachen**
Raute	Quadrat und Drachen haben gemeinsam:	**Rechteck**	**Quadrat**
vier gleich lange Seiten	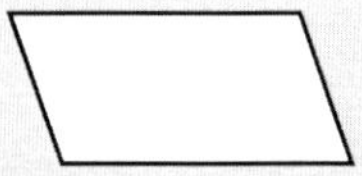	Die Diagonalen sind zueinander senkrecht.	Das Viereck hat vier rechte Winkel.
• je zwei Seiten sind gleich lang • Diagonalen sind zueinander senkrecht		**Parallelogramm**	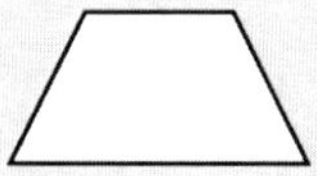
• vier gleich lange Seiten • benachbarte Seiten sind zueinander senkrecht	**Raute**	**Rechteck und Quadrat**	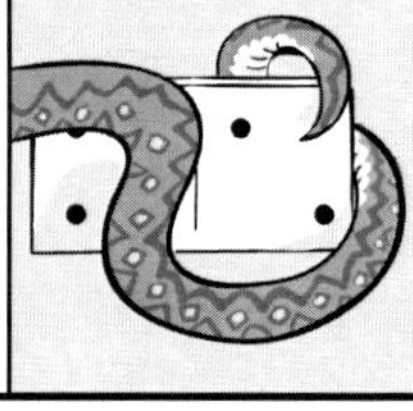

978-3-12-740457-9 Schnittpunkt Serviceblätter 5/6

Ernst Klett Verlag GmbH, Stuttgart 2007

Aufgaben für Partner B

1 Wie heißt dieses Viereck?
Zähle die besonderen Eigenschaften auf.

2 Raute und Quadrat. Nenne zwei Unterschiede.

3 Das Viereck ist nicht achsensymmetrisch und die gegenüberliegenden Seiten sind gleich lang. Wie heißt es?

4 Das Viereck hat eine Symmetrieachse und zwei Paar gleich lange Seiten. Wie heißt es?

5 Das Viereck ist ein Parallelogramm mit vier gleich langen Seiten.
a) Wie heißt es?
b) Welche Eigenschaften dieses Vierecks sind bei jedem Parallelogramm vorhanden?
c) Welche Eigenschaften kommen bei diesem Viereck dazu?

Lösungen für Partner A

1 Quadrat
– vier gleich lange Seiten
– benachbarte Seiten sind zueinander senkrecht
– die Diagonalen sind gleich lang
– die Diagonalen sind zueinander senkrecht
– es hat vier Symmetrieachsen

2 Das Parallelogramm hat keine rechten Winkel. Das Rechteck ist achsensymmetrisch oder: Beim Rechteck sind die Diagonalen gleich lang.

3 Raute

4 symmetrisches Trapez

5 a) Rechteck
b) Gegenüberliegende Seiten sind gleich lang und parallel.
c) Achsensymmetrie; rechte Winkel

Tandembogen Besondere Vierecke

Hier knicken

Hier knicken

Tandembogen Besondere Vierecke

Aufgaben für Partner A

1 Wie heißt dieses Viereck?
Zähle die besonderen Eigenschaften auf.

2 Parallelogramm und Rechteck. Nenne zwei Unterschiede.

3 Das Viereck hat zwei Symmetrieachsen und keinen rechten Winkel. Wie heißt es?

4 Das Viereck hat eine Symmetrieachse und zwei parallele Seiten. Wie heißt es?

5 Das Viereck ist ein Parallelogramm mit zwei gleich langen Diagonalen.
a) Wie heißt es?
b) Welche Eigenschaften dieses Vierecks sind bei jedem Parallelogramm vorhanden?
c) Welche Eigenschaften kommen bei diesem Viereck dazu?

Lösungen für Partner B

1 Rechteck
– gegenüberliegende Seiten sind gleich lang
– benachbarte Seiten sind zueinander senkrecht
– die Diagonalen sind gleich lang
– besitzt zwei Symmetrieachsen

2 Die Raute hat keine rechten Winkel. Die Raute hat nur zwei Symmetrieachsen, oder: Beim Quadrat sind die Diagonalen gleich lang.

3 Parallelogramm

4 Drachen

5 a) Raute
b) Gegenüberliegende Seiten sind gleich lang.
c) Achsensymmetrie; die Diagonalen sind zueinander senkrecht

978-3-12-740457-9 Schnittpunkt Serviceblätter 5/6

Ernst Klett Verlag GmbH, Stuttgart 2007

In der Pause

Materialbedarf: Kleiner Spiegel o. Ä., Bleistift, Geodreieck und Obst

Endlich Pause! Heidi öffnet ihre Brotbüchse und lacht: Schon wieder Symmetrie! Untersuche die Obst- und Gemüsesorten auf Symmetrieachsen und zeichne sie ein.

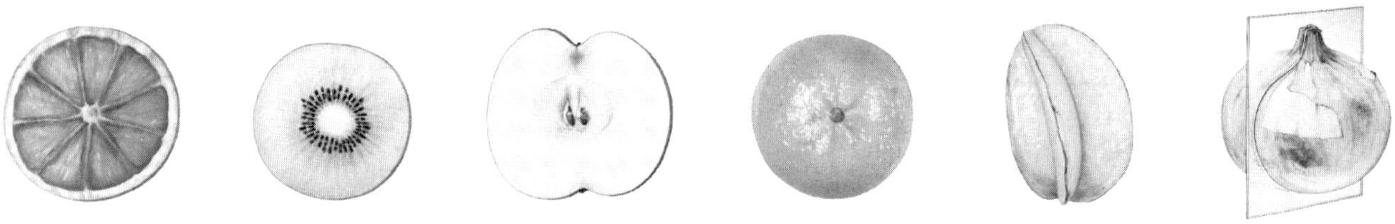

Wenn du Obst in Scheiben schneidest, bevor du es isst, kannst du die Schnittflächen auf Symmetrie untersuchen. Wie viele Symmetrieachsen haben die Schnittflächen von Mandarine, Sternfrucht und Zwiebel?

Max beißt gerade genussvoll in sein Pausenbrot. Er schaut dabei aus dem Fenster und entdeckt, dass es schneit.
Auch Schneekristalle sind regelmäßig. Welche Gemeinsamkeit besitzen die Kristalle? Untersuche auf Symmetrie.

Du siehst hier vier Bilder von einem Baum. Das linke Bild ist ein Foto. Finde heraus, wie die anderen Bilder entstanden sind.

Auf dem Pausenhof findet Tim im ersten Schnee noch einige Blätter.
Sind die Blätter achsensymmetrisch? Was meinst du?

Ulmenblatt

Bestimme den Flächeninhalt des Lindenblattes ungefähr. Gib ihn in cm^2 an.
Ein Botaniker schätzt, dass eine bestimmte Linde 60 000 Blätter hat. Wie groß ist dann bei diesem Baum die Fläche aller Blätter? Notiere deine Überlegungen und Berechnungen auf der Rückseite.

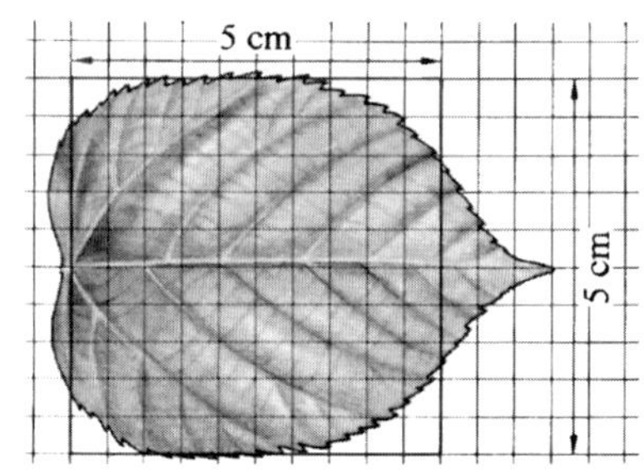

Lindenblatt

Wo steckt der Fehler? – Achsensymmetrische Figuren

1 Ulrike findet im ersten Bild vier Fehler. Wie viele Fehler findest du? Kennzeichne sie farbig im Bild.

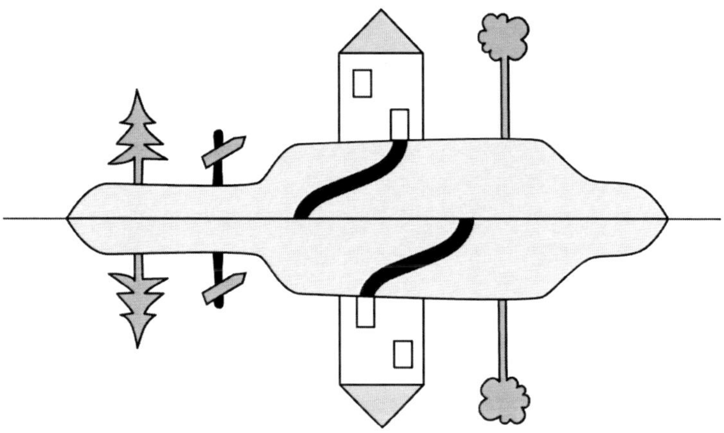

2 Das Spiegelbild der Blumen am See zeigt fünf Fehler. Findest du sie? Kennzeichne sie farbig im Bild.

3 Welches Bild ist das richtige Negativ zum Blumenbild? Begründe. Kreuze an.

____

____

4 Welches Bild wurde mit Sicherheit im Fotolabor manipuliert? Woran erkennst du es? Notiere alle Hinweise.

Ernst Klett Verlag GmbH, Stuttgart 2007

Vierecke, Symmetrie und Koordinaten

1 Trage folgende Punkte in das Koordinatensystem ein und verbinde sie jeweils zu einem Viereck. Bestimme die Vierecksart und skizziere alle Symmetrieachsen.

Punkte	Vierecksart	Anzahl der Symmetrieachsen
A (0 | 5), **B** (2 | 4), **C** (4 | 5), **D** (2 | 6)		
E (2 | 1), **F** (5 | 2), **G** (5 | 4), **H** (2 | 3)		
K (5 | 0), **L** (8 | 1), **M** (8 | 3), **N** (6 | 3)		
P (1 | 10), **Q** (5 | 10), **R** (5 | 12), **S** (1 | 12)		

2 Spiegele die Vierecke ABCD, EFGH und KLMN an der Geraden g. Bestimme jeweils die Koordinaten der Bildpunkte und trage sie in die vorbereitete Spalte ein.

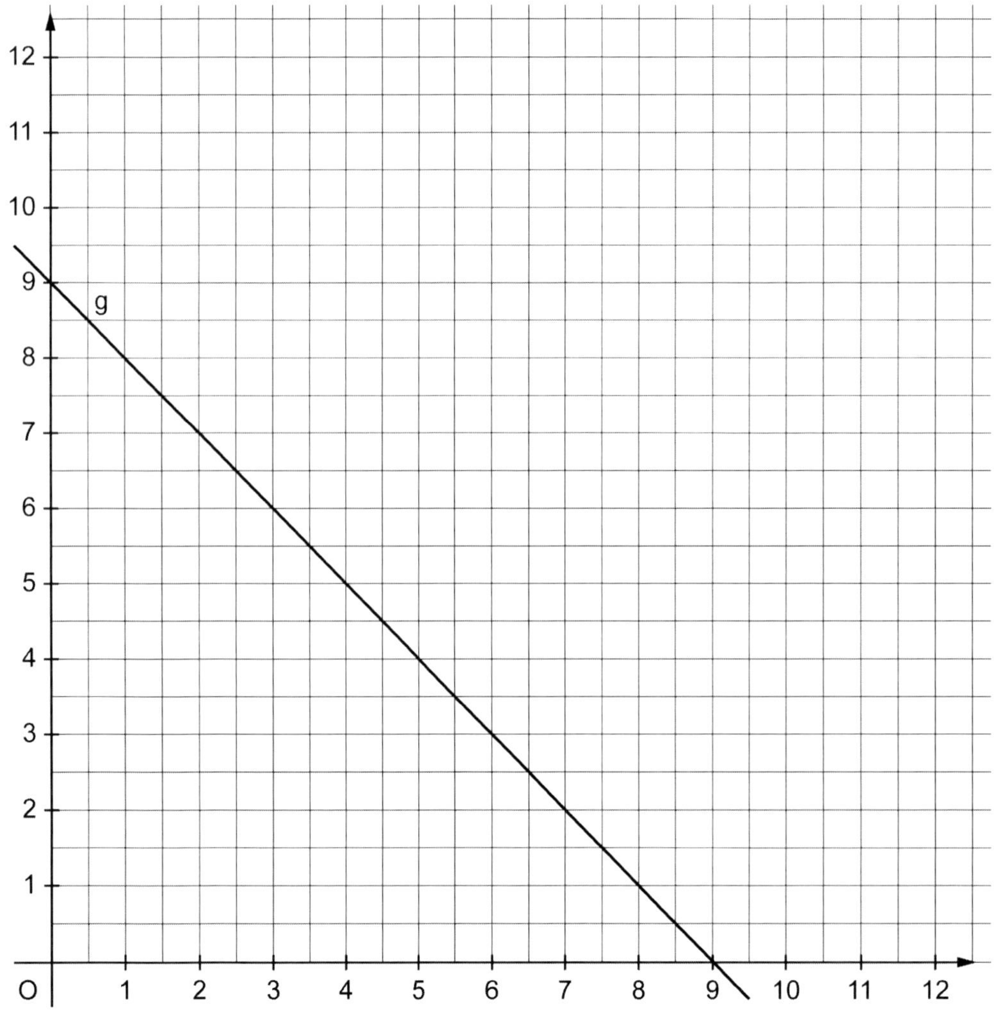

A' (____ | ____)
B' (____ | ____)
C' (____ | ____)
D' (____ | ____)
E' (____ | ____)
F' (____ | ____)
G' (____ | ____)
H' (____ | ____)
K' (____ | ____)
L' (____ | ____)
M' (____ | ____)
N' (____ | ____)

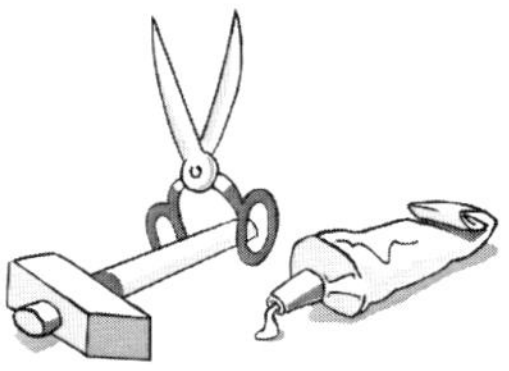

Masken – Achsensymmetrische Figuren

Materialbedarf: Geodreieck, Bleistift, Buntstifte, Gummiband

Masken werden an vielen Orten auf der Welt zu feierlichen Anlässen verwendet. Wenn du die folgende Abbildung achsensymmetrisch ergänzt, erhältst du eine solche Maske.
Du kannst sie anschließend farbig gestalten und ausschneiden. Bohre bei „X“ kleine Löcher und befestige dort ein Gummiband, dann kannst du die Maske auch tragen.

Fünf Freunde stellen sich vor

Hier stellen sich fünf Freunde vor: Kitti Becker, Anna Eiche, Heidi Bode, Max Hocke und Tim Bock gehen alle in die Klasse 6c des Robert-Koch-Gymnasiums in Stade und wohnen in der Deichstraße. Seit sie im Matheunterricht die „Symmetrie“ behandelt haben, lässt sie das Thema nicht mehr los. Jeden Tag entdecken sie in ihrer Umgebung neue Dinge, die symmetrisch sind.

Auch ihre Namen haben sie auf Symmetrie untersucht. Wenn du die Namen der fünf Freunde in Großbuchstaben und in Druckschrift schreibst, kannst du den Kindern ihre Namen zuordnen.

Findest du auf dieser Seite weitere symmetrische Wörter?

978-3-12-740457-9 Schnittpunkt Serviceblätter 5/6

Ernst Klett Verlag GmbH, Stuttgart 2007

Ein aufblasbarer Würfel

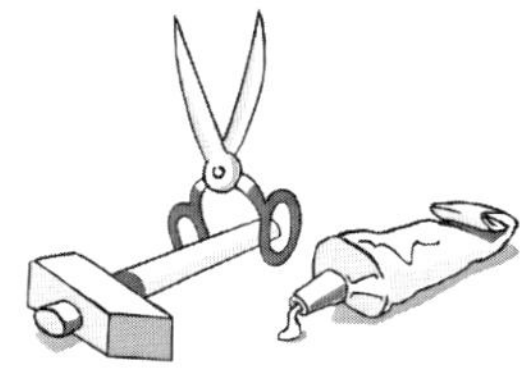

Material: ein quadratisches Stück Papier (21 cm x 21 cm)

① Quadrat zwei Mal diagonal falten

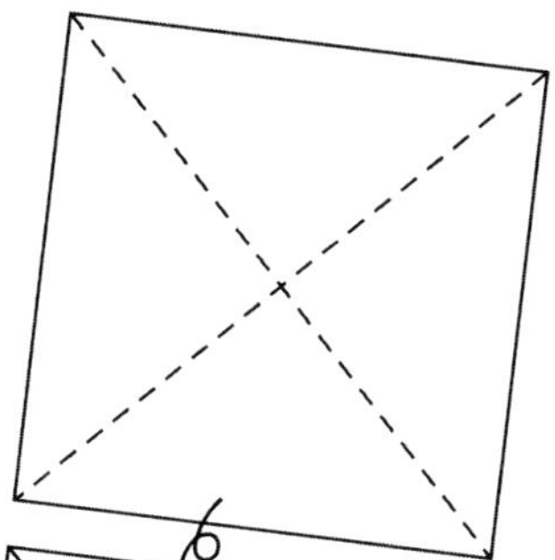

umdrehen

② beide Mittellinien knicken

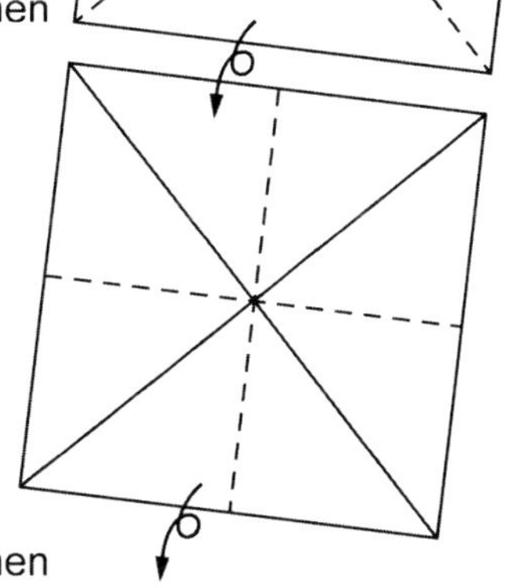

umdrehen

③ in den Markierungen nach innen falten, so dass ein Dreieck entsteht

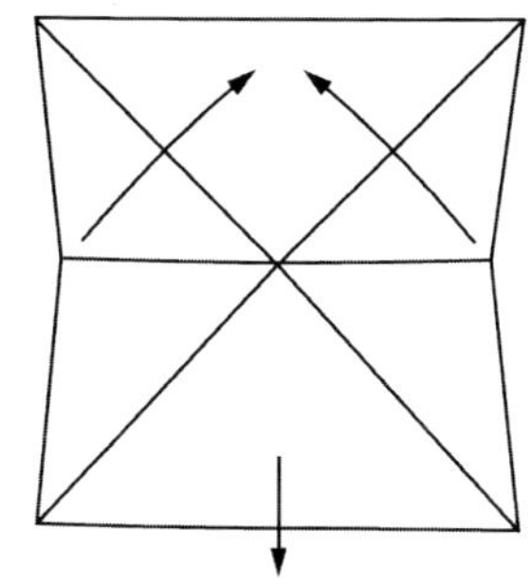

④ die beiden vorderen Ecken nach unten falten

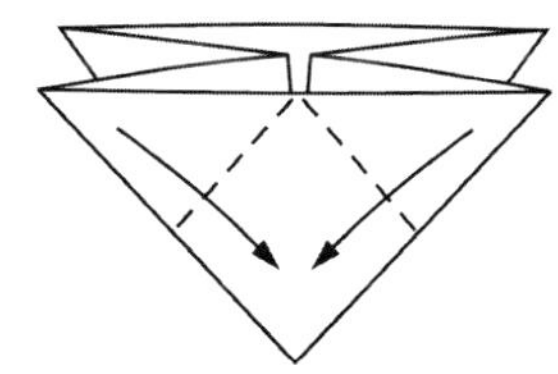

⑤ beide verbleibenden Ecken nach hinten falten

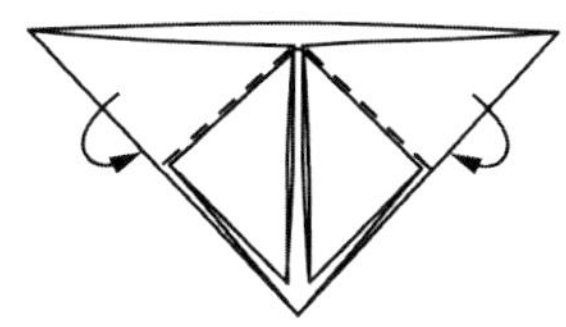

⑥ die Spitzen der vorderen Dreiecke zur Mitte einschlagen

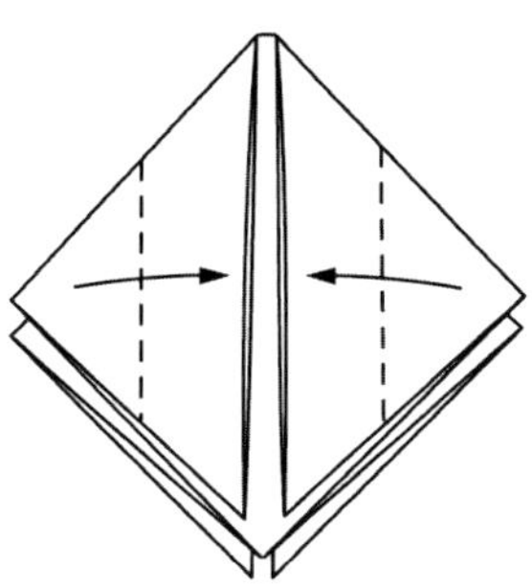

⑦ die verbleibenden hinteren Ecken zurückschlagen

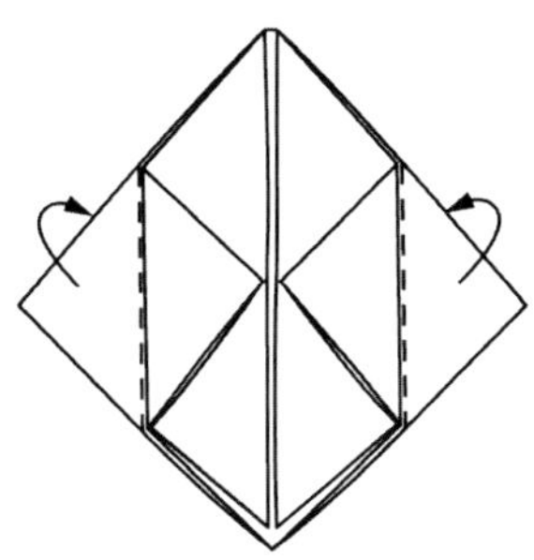

⑧ Es entstehen zwei ungleiche Hälften: die obere Hälfte ist geschlossen, auf der unteren erhält man vorne zwei kleine Dreiecke; die Spitzen dieser Dreiecke nach oben falten (ebenso auf der Rückseite)

⑨ die Dreiecke in die Taschen seitlich einschieben (ebenso auf der Rückseite)

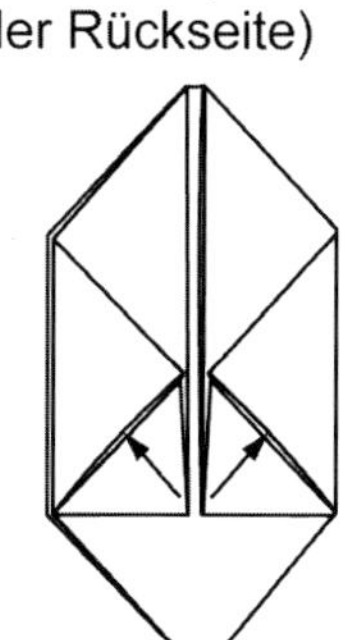

⑩ beide in der Grafik eingezeichneten Linien nach vorne und hinten gut knicken

⑪ Modell wie angezeigt halten und in die einzige Öffnung oben hineinblasen

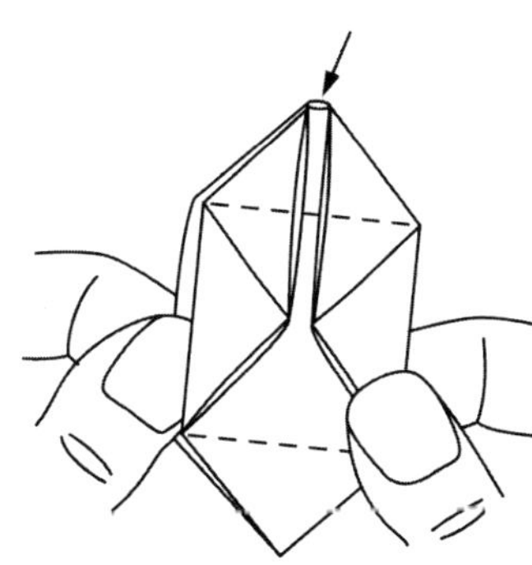

⑫ So sieht dein fertiger Würfel aus! Die Würfelkanten können vorsichtig nachgeknickt werden.

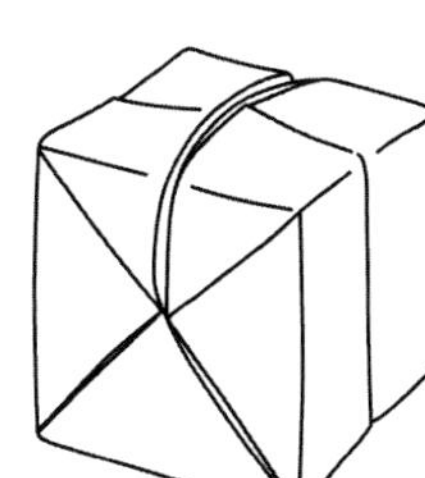

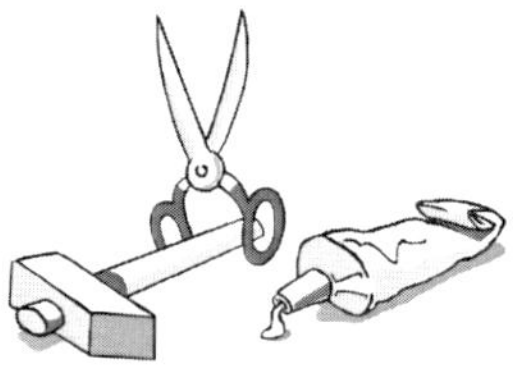

Einen offenen Würfel falten

Material: ein DIN-A4-Blatt

①

Falte einen 1,7 cm breiten Streifen nach vorne.

②

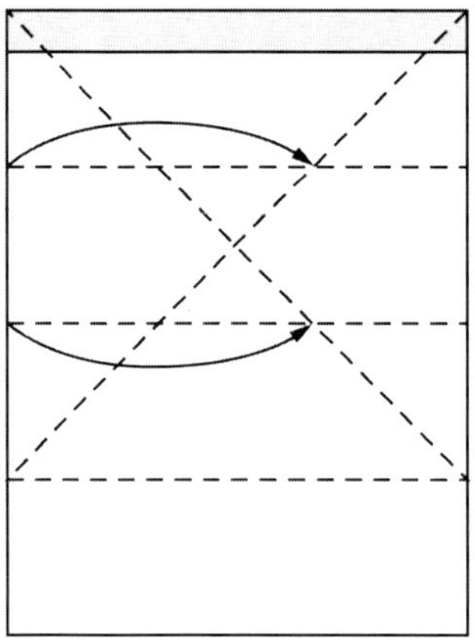

Viertele das Blatt waagrecht. Falte die Quadratdiagonalen bei den drei oberen Streifen.

③

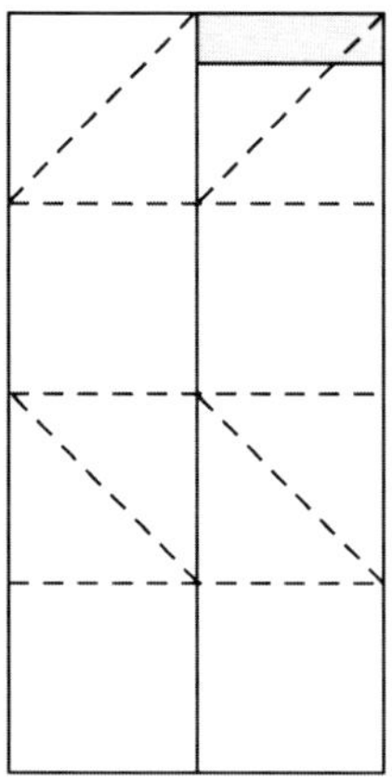

Falte den linken Blattrand auf die rechten Schnittpunkte der diagonalen und der waagrechten Faltlinien.

④

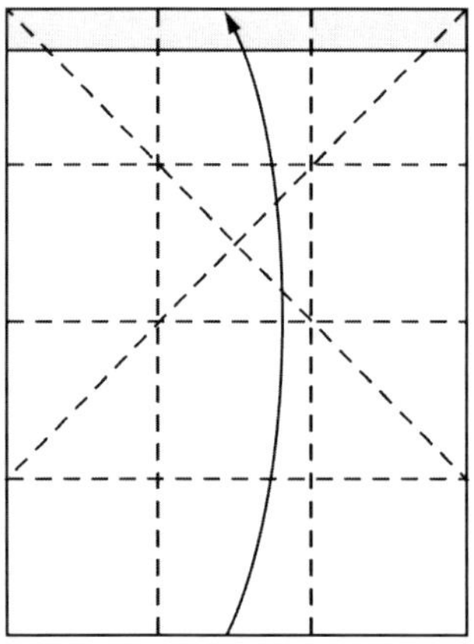

Falte den rechten Blattrand nach links bis zur neuen Faltlinie.
Falte alle waagrechten und senkrechten Falten vorne und hinten scharf nach.

⑤

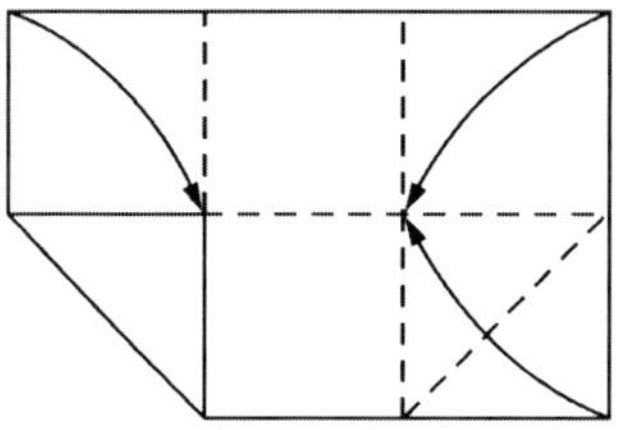

Falte die untere Blattkante auf die obere Blattkante.
Falte die linke untere Quadratecke nach vorne auf die gegenüberliegende Quadratecke.

⑥

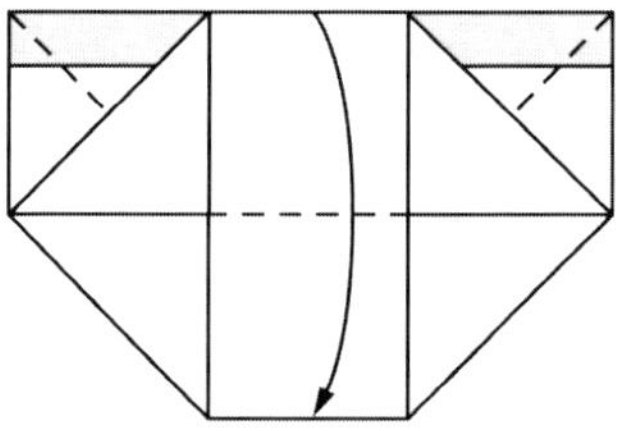

Falte ebenso die rechte Qadratecke schräg nach vorne oben.
Falte in der vorderen Lage ebenso die beiden oberen Eckquadrate.
Vorsicht: Nur die obenliegende Ecke falten. Der untere Teil bleibt liegen.

⑦

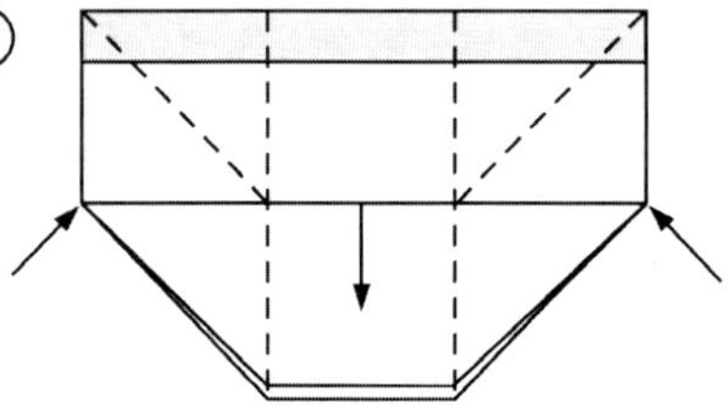

Klappe die vordere Lage nach unten.

⑧

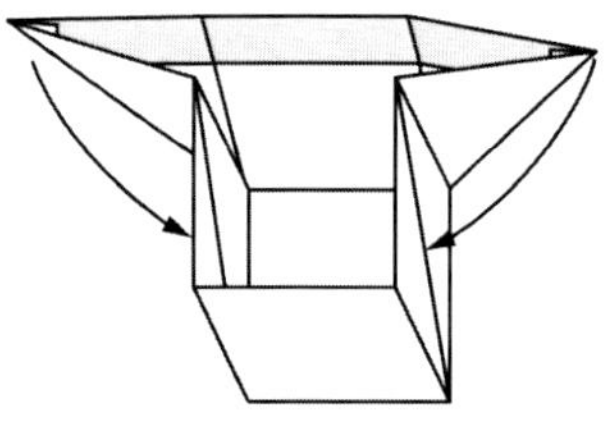

Klappe den Würfel auf, indem du die „Tasche" öffnest.
Drücke mit Daumen und Zeigefinger rechts und links ein.

⑨

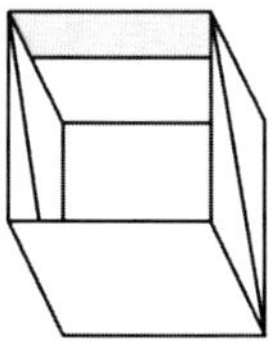

Schiebe die Spitzen links und rechts in die Taschen der Seitenwände.

978-3-12-740457-9 Schnittpunkt Serviceblätter 5/6

Ernst Klett Verlag GmbH, Stuttgart 2007

Würfel-Domino

Material: Schere

Spielbeschreibung: Schneide die Dominosteine entlang der dickeren Linien aus. Lege die Teile dann so aneinander, dass immer ein Würfel an das passende Netz stößt. So erhältst du eine schöne Dominoschlange mit einem Anfangs- und einem Endpunkt.

Quadernetze

Material: Schere

1 Färbe im Quadernetz jeweils in den gleichen Farben:

a) sich gegenüberliegende Flächen
b) Linien, die zur selben Kante gehören

Kontrolliere deine Lösung durch Ausschneiden und Zusammenfalten des Quaders.

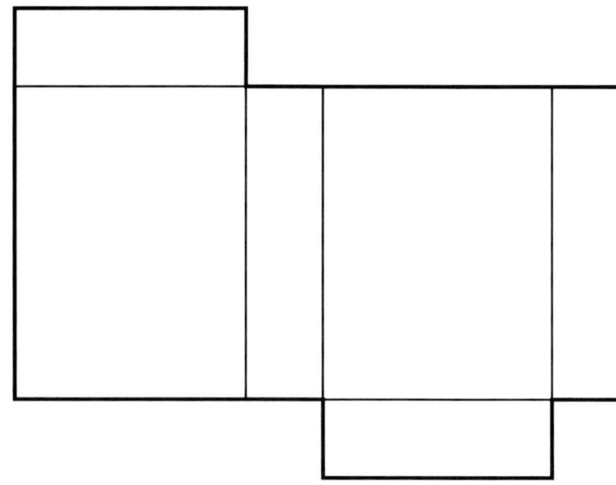

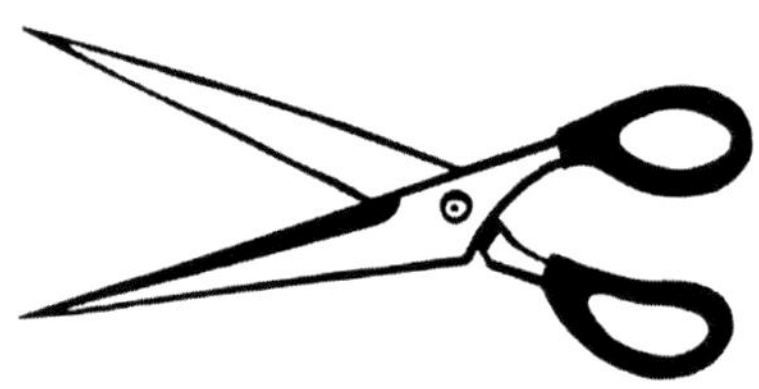

2 a) Bezeichne die Netzflächen mit rechts, links, oben, unten, hinten und vorne.
b) Zeichne die Linien in das Quadernetz ein.

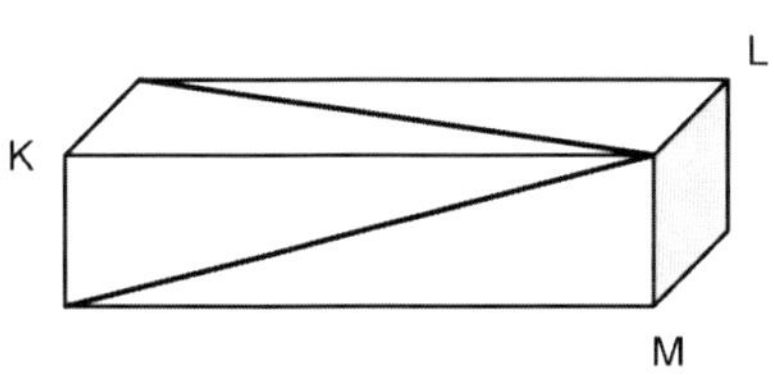

c) Markiere im Netz die Eckpunkte K, L und M. Kontrolliere durch Ausschneiden und Falten des Quaders.

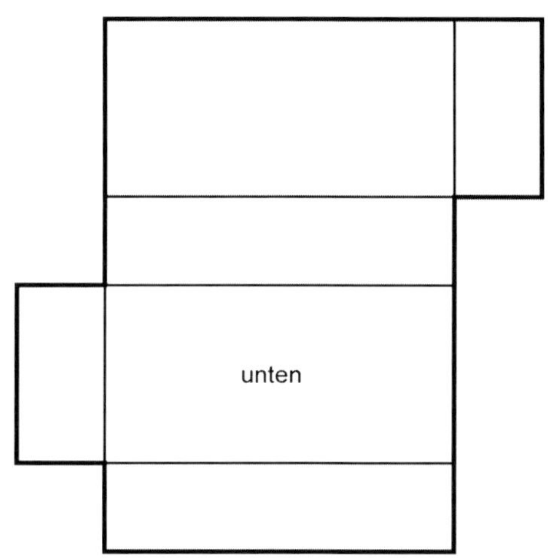

3 Ein Quader mit einer quadratischen Grundfläche heißt quadratische Säule. Ergänze das begonnene Netz und zeichne ein weiteres Netz für eine quadratische Säule mit der Seitenlänge 1 cm und der Höhe 3 cm. Prüfe durch Ausschneiden und Falten.

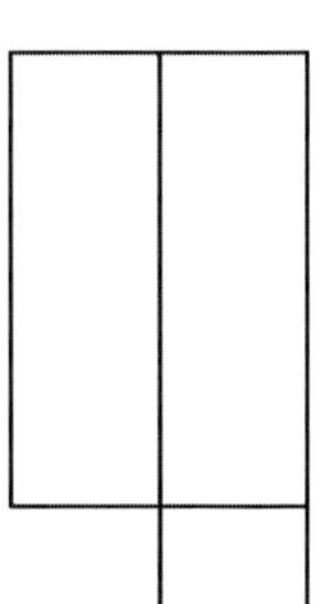

Das Quaderspiel

Spielbeschreibung: Unten findest du sieben Netze abgebildet. Werden die dazugehörigen Würfel oder Quader zusammengesetzt, dann liegt jeweils gegenüber einer grau unterlegten Seite mit einer Zahl eine weiße Seite mit einem Buchstaben. Diese Buchstaben musst du der Reihe nach zusammensetzen, um das Lösungswort – den Namen eines berühmten Mathematikers – zu erhalten. Aber Vorsicht: Sollte ein Netz keinen Quader oder Würfel ergeben, darfst du die dazugehörigen Buchstaben nicht verwenden. Viel Erfolg!

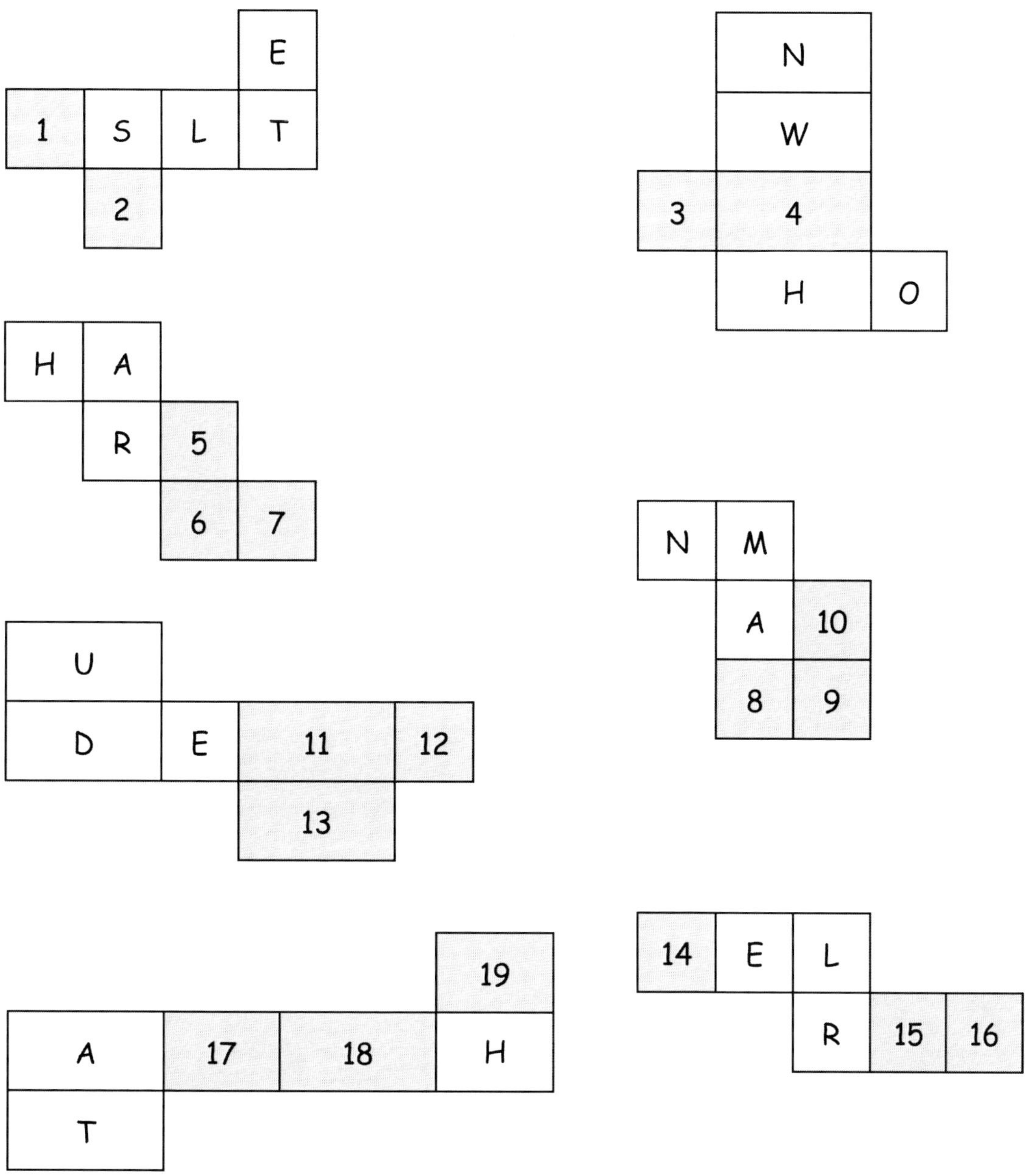

Lösungswort: ____ ____ ____ ____ ____ ____ ____ ____

____ ____ ____ ____ ____

978-3-12-740457-9 Schnittpunkt Serviceblätter 5/6

Ernst Klett Verlag GmbH, Stuttgart 2007

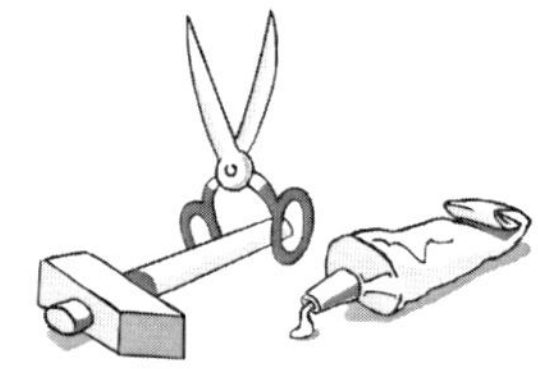

Ein Prisma bauen und zeichnen I

Material: Schere, Kleber

Schneide das unten abgebildete Körpernetz aus. Falte es entlang der dickeren Linien und klebe das Netz zu einem Prisma zusammen. Betrachte anschließend deinen Körper. Wie sieht dein Prisma von vorne aus, wie von der Seite? Und was siehst du, wenn du ihn von oben anschaust. Zeichne in deinem Heft die unterschiedlichen Ansichten deines Prismas.

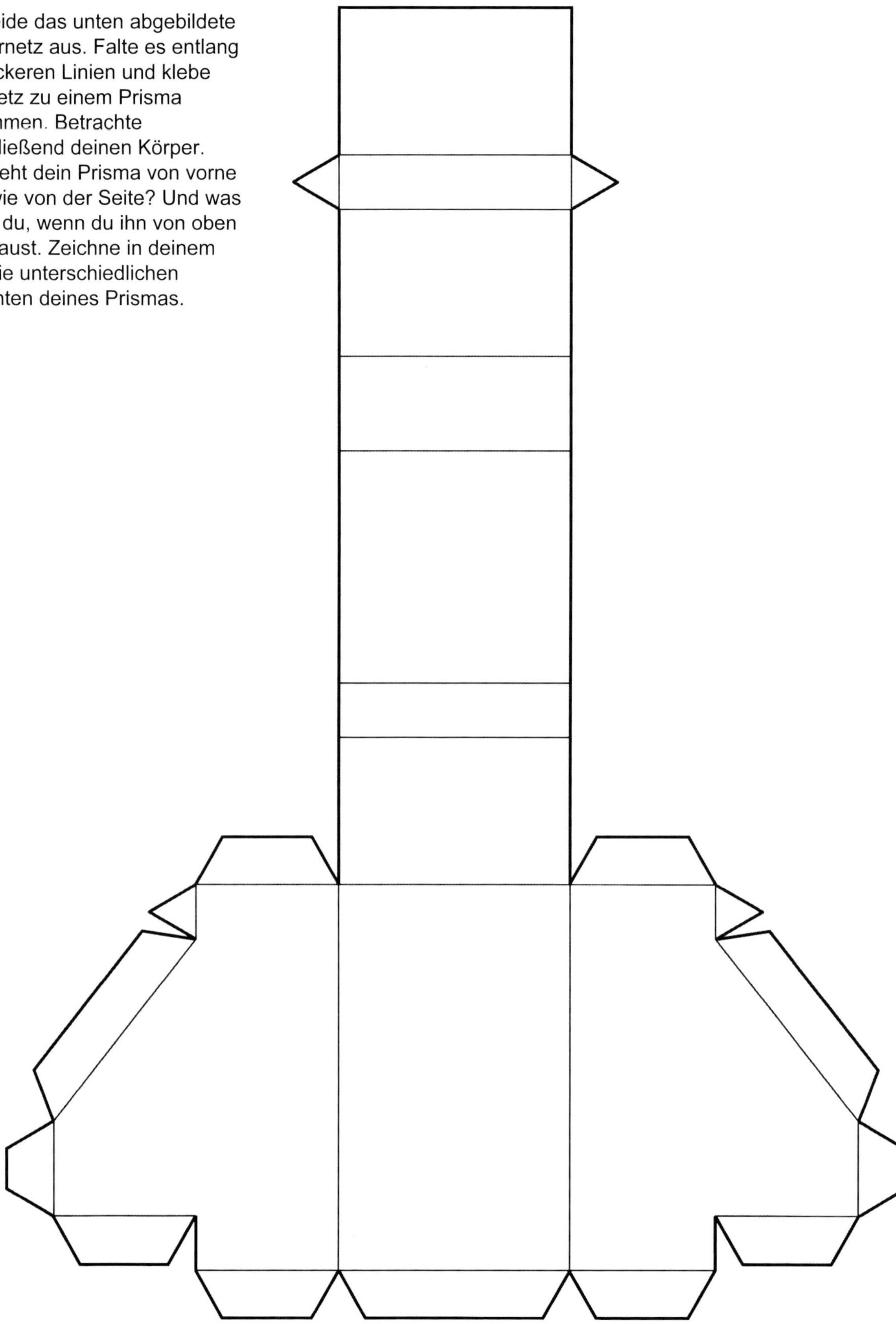

978-3-12-740457-9 Schnittpunkt Serviceblätter 5/6

Ernst Klett Verlag GmbH, Stuttgart 2007

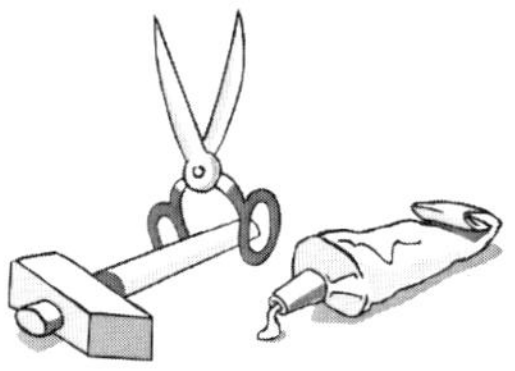

Ein Prisma bauen und zeichnen II

Material: Schere, Kleber

Schneide das unten abgebildete Körpernetz aus. Falte es entlang der Linien und klebe das Netz zu einem Prisma zusammen.
Lege dein Prisma so auf deinen Tisch, dass es auf der Grundfläche steht. Markiere die oben liegende Fläche mit einem O und die auf dem Tisch liegende Fläche mit U. Beschrifte ebenso die Vorderseite (V) und die Rückseite (R). Betrachte anschließend dein Prisma. Wie sieht dein Prisma von vorne aus, wie von der Seite? Und was siehst du, wenn du es von oben anschaust? Zeichne in deinem Heft die unterschiedlichen Ansichten deines Prismas.

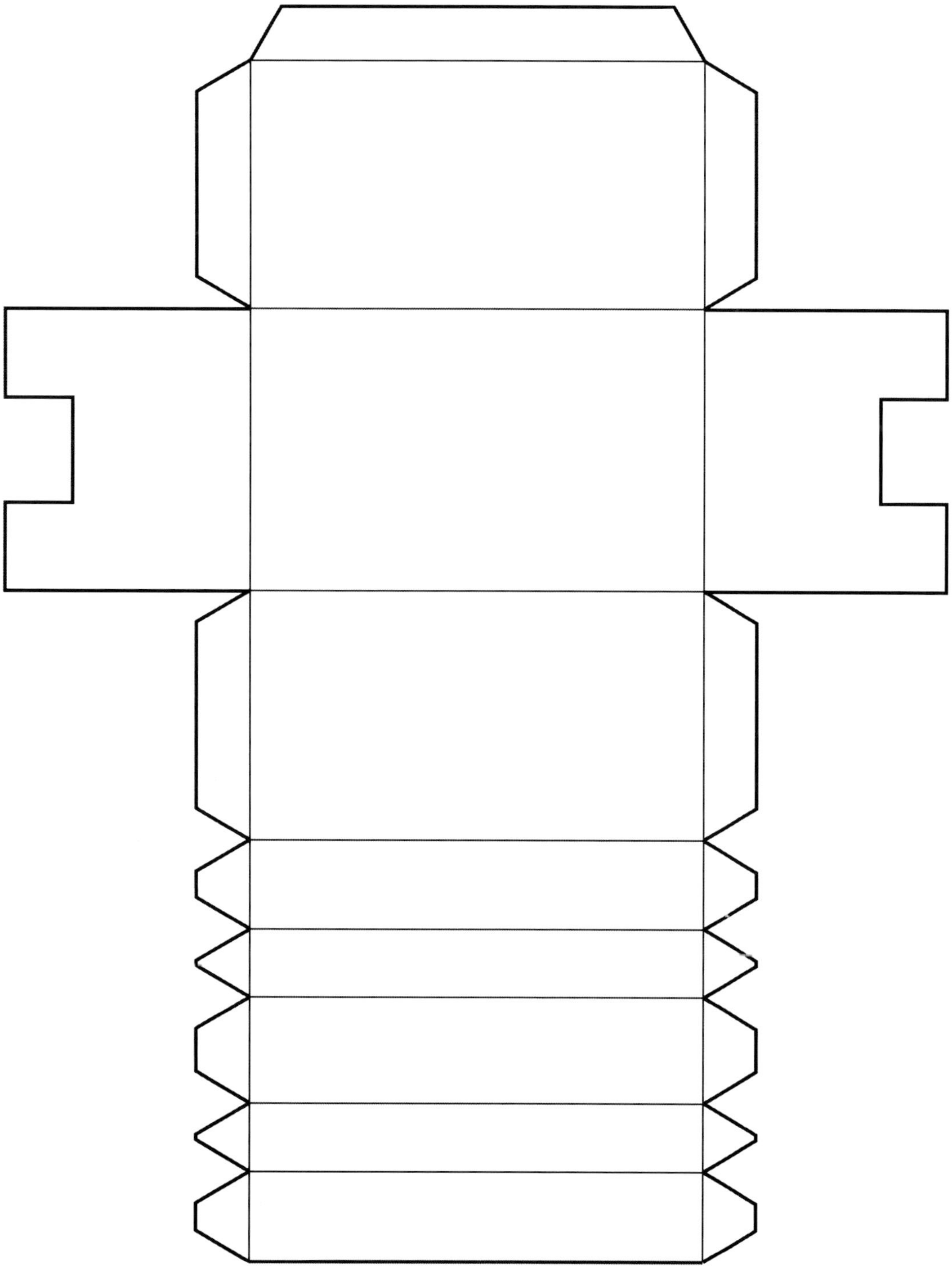

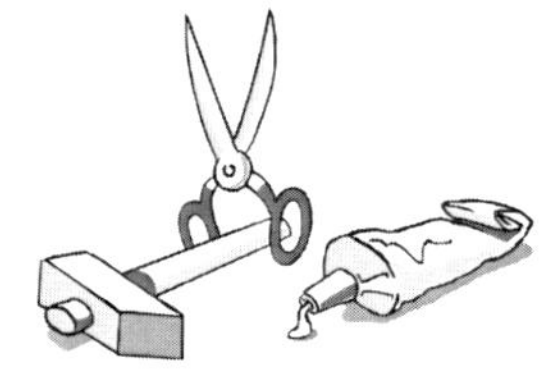

Die schnelle Pyramide

Material: Schere, zwei Bögen DIN-A4-Papier

① Blatt quer aufs Hilfsblatt legen.

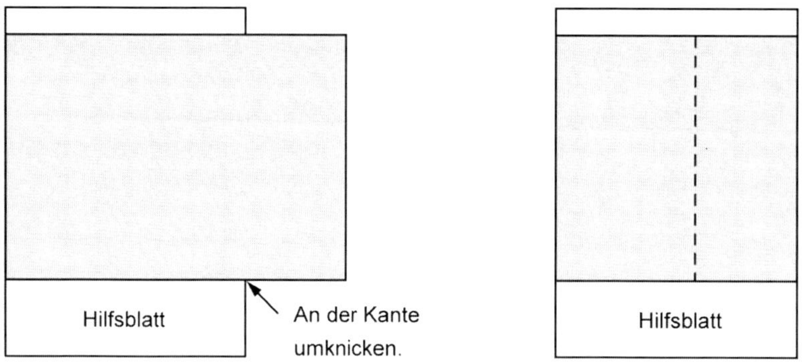

②

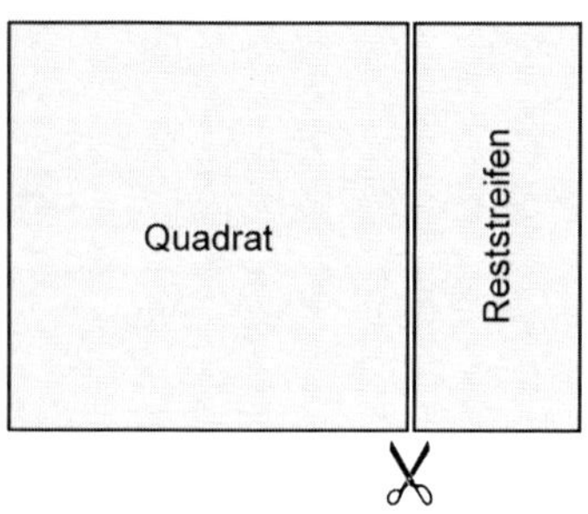

Reststreifen abschneiden.

③

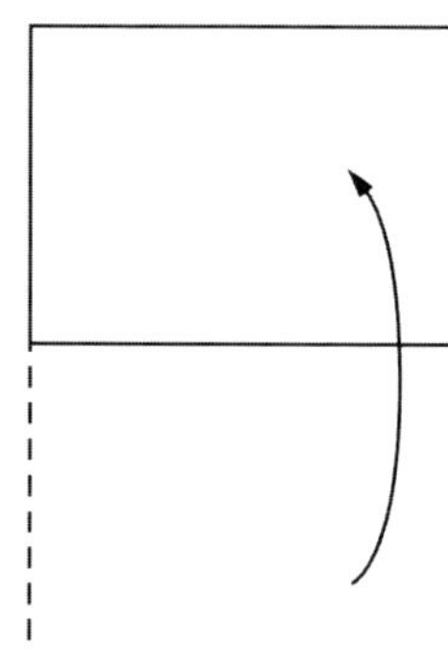

Hilfsblatt in der Mitte falten.

④

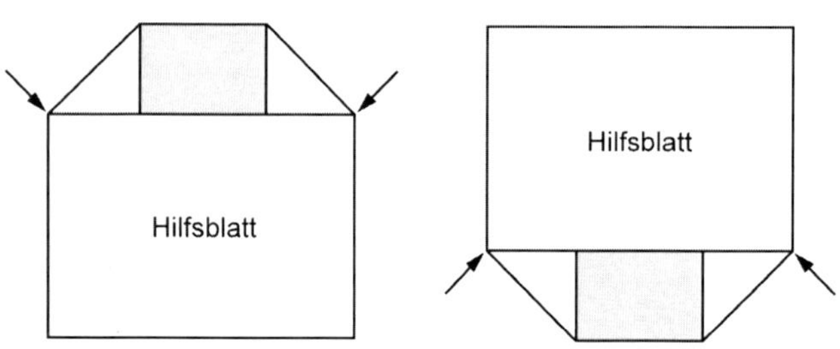

Hilfsblatt eckenbündig aufs Quadrat legen.
Quadratecken zum Hilfsblatt hin umknicken.

⑤

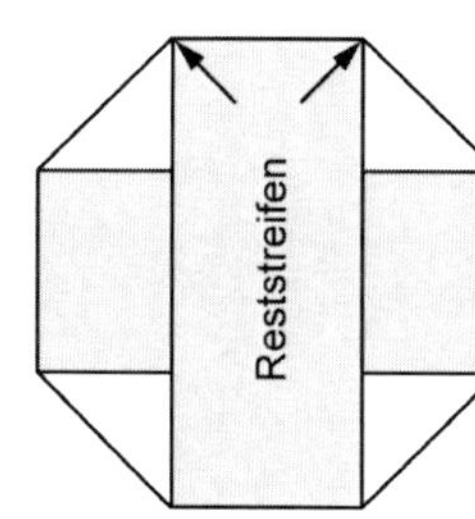

Faltungen mit Reststreifen kontrollieren.

⑥

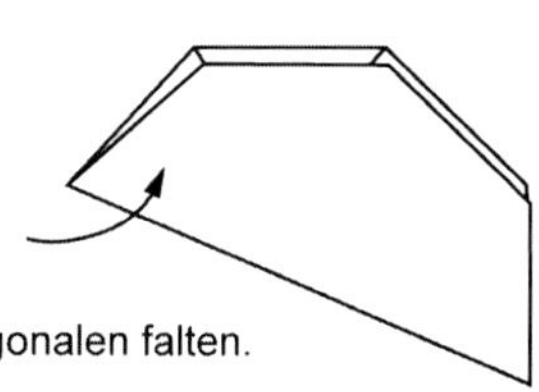

(Vorsicht: Von Eck zu Eck!
Nicht von Kantenmitte zu Kantenmitte.
Am besten zwei gegenüberliegende Ecken greifen und aufeinander falten.)

⑦

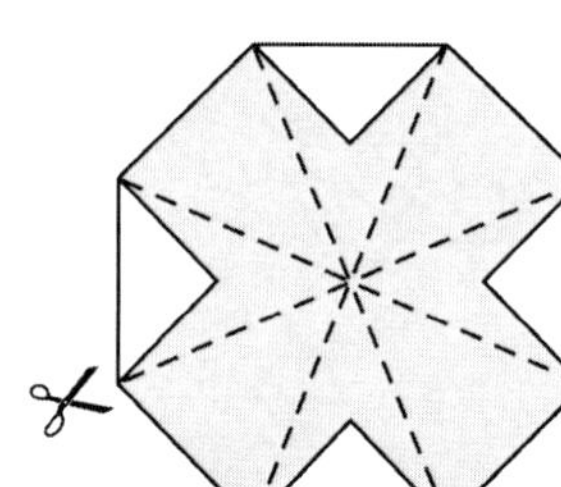

Radius an einer Stelle einschneiden. Durch Übereinanderlegen verschiedener Dreiecke erhältst du unterschiedliche Pyramiden. Wie viele verschiedene findest du?

978-3-12-740457-9 Schnittpunkt Serviceblätter 5/6

Ernst Klett Verlag GmbH, Stuttgart 2007

Baupläne und Schrägbilder von Würfelkörpern

Unten siehst du Baupläne für verschiedene Körper, die aus kleinen Würfeln zusammengesetzt sind. Die Schrägbilder dieser zusammengesetzten Körper kannst du auf Dreieckspapier leicht zeichnen. Du kannst die Körper auch selbst aus Würfeln bauen und dadurch zur Lösung gelangen oder deine Lösung kontrollieren.

Beispiel:
Du schaust von oben auf den Würfelkörper. Der Bauplan zeigt dir, wie viele Würfel an welcher Stelle aufeinander stehen.

3	1	1
1		

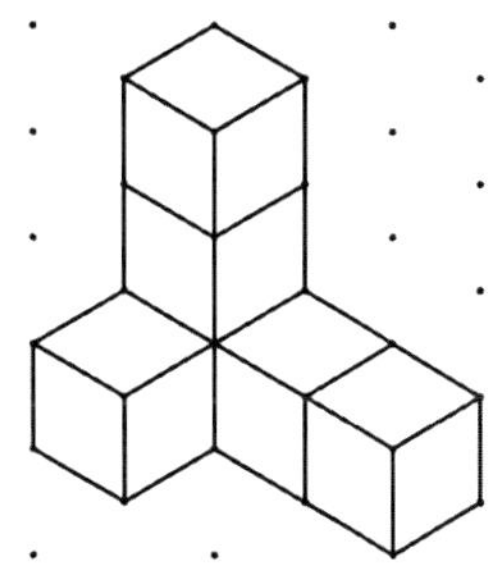

So sieht das entsprechende Schrägbild aus.

Ergänze den Bauplan bzw. das Schrägbild der Würfelkörper.
Tipp: Zeichne mit Bleistift, denn du musst sicher häufiger radieren.

Bauplan — Schrägbild

a)

1	3	1
	1	

b)

2		
3	1	1
2		

c)

3	3
2	2
1	1

Bauplan — Schrägbild

d)

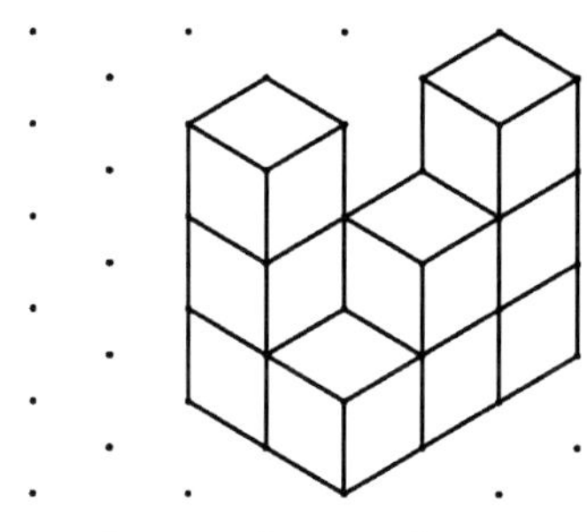

e)

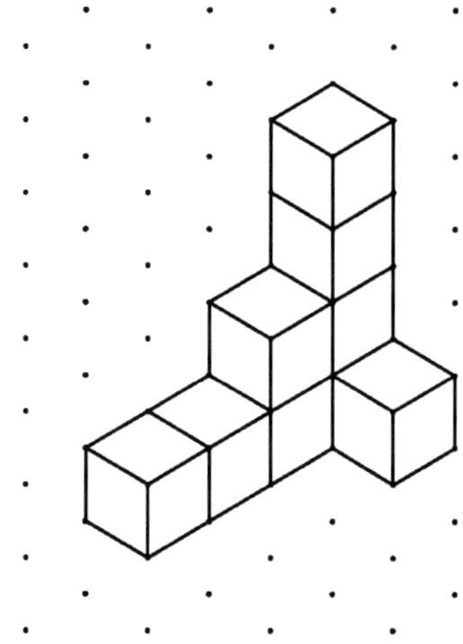

f)

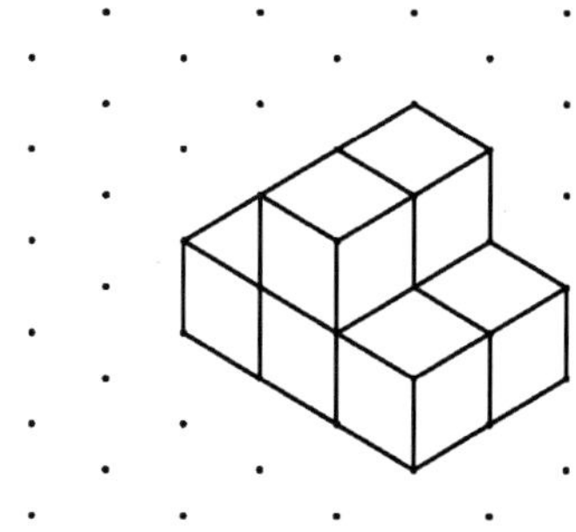

Idee aus: mathematik lehren, Heft 77, Friedrich Verlag, Velber 1996

Die geviertelte Pyramide

Material: Schere, Kleber

Schneide das Netz aus und falte es an den vorgegebenen Linien. Klebe es zu einem Körper zusammen.
Bilde mit drei Mitschülerinnen und Mitschülern eine Vierergruppe. Baut aus euren vier Körpern eine Pyramide. Findet ihr die Lösung? Wie sieht die Pyramide aus?

Viel Spaß beim Basteln und Knobeln!

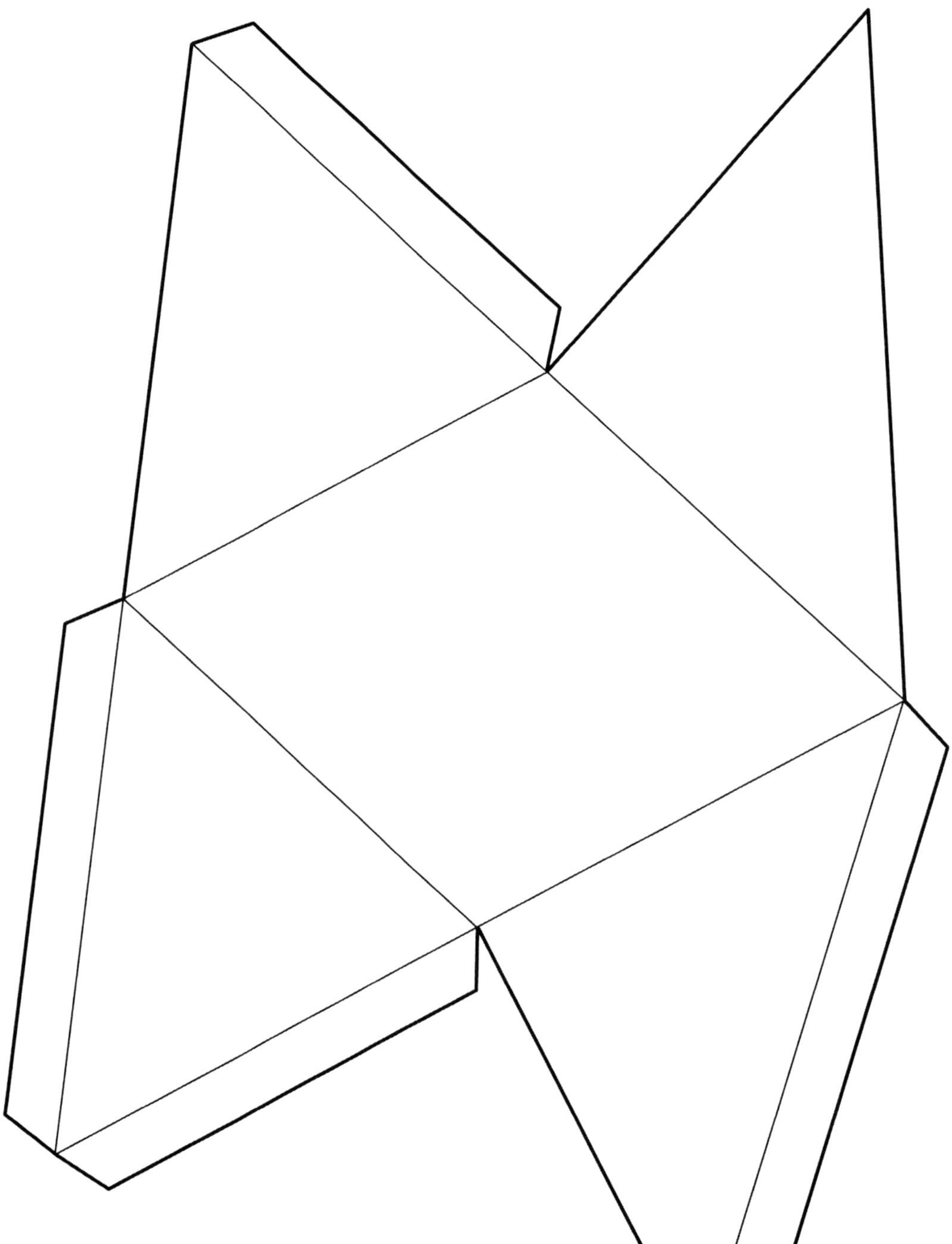

Ernst Klett Verlag GmbH, Stuttgart 2007

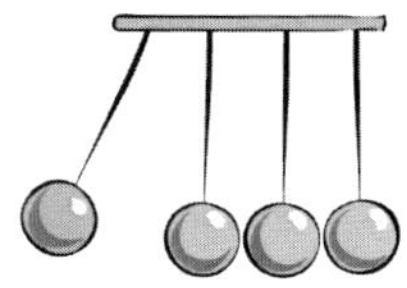

Aus Drei mach' Einen!

Material: Schere, Kleber

Schneide das Netz aus und falte es an den vorgegebenen Linien. Klebe es zu einer Pyramide zusammen. Bilde mit zwei Mitschülerinnen und Mitschülern eine Dreiergruppe. Baut aus euren drei schiefen Pyramiden einen Körper. Es gibt eine ganz einfache Lösung, die gar nicht so leicht zu finden ist. Schafft ihr es gemeinsam?

Viel Spaß beim Basteln und Knobeln!

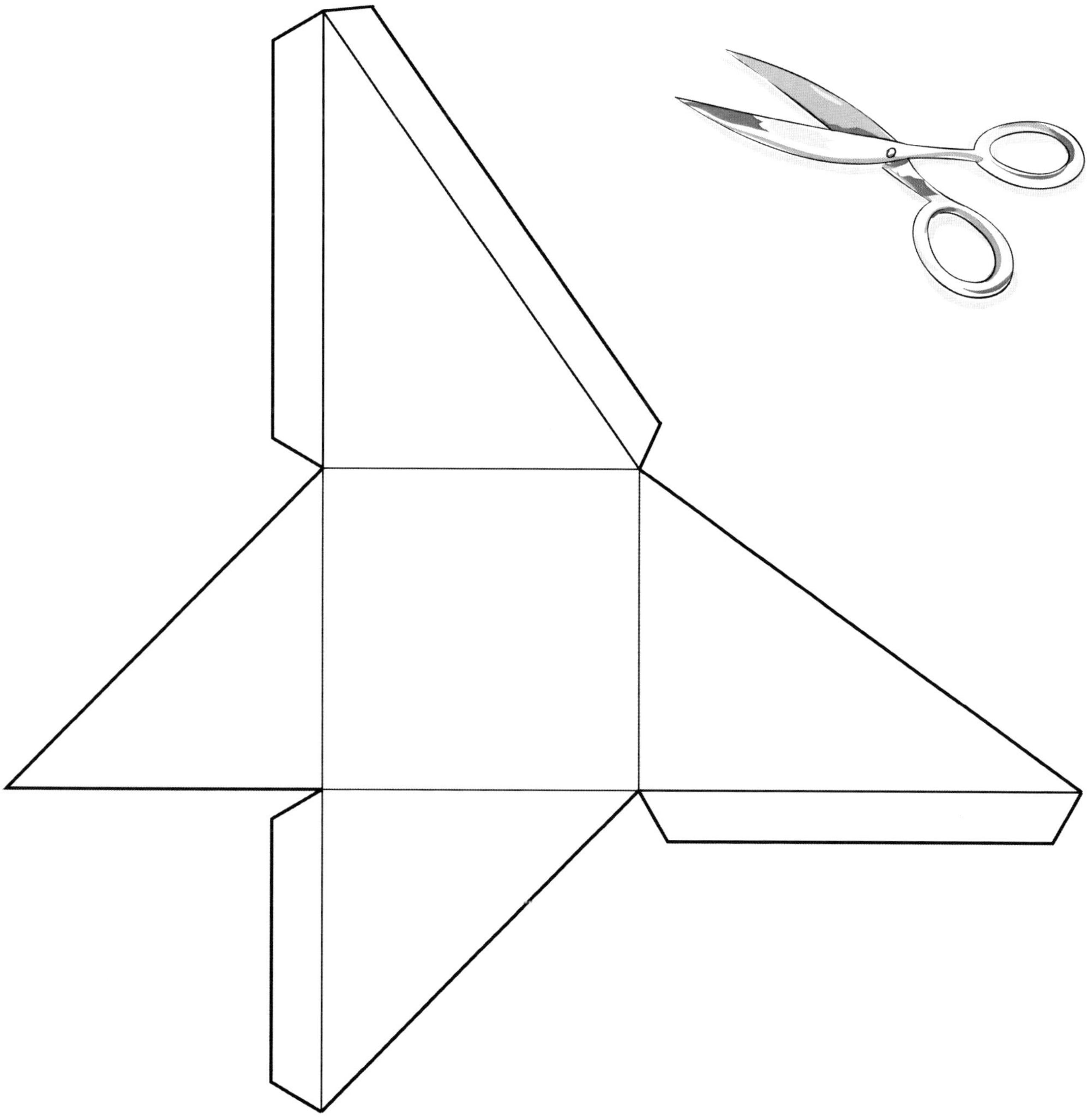

† Gruppenarbeit

Lernzirkel – Lehrerinformation

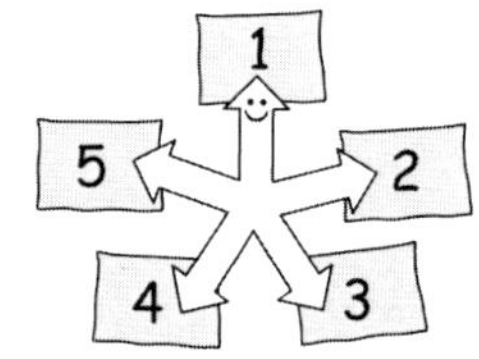

Der folgende **Lernzirkel** kann zur Erarbeitung der Inhalte der Leitidee Messen eingesetzt werden. Allen Lernenden werden zunächst der Laufzettel, die Lernziele und die zur Verfügung stehende Unterrichtszeit (je nach Arbeitsverhalten der Lernenden umfasst diese vier bis sechs Schulstunden) vorgegeben. In Einzel- oder Partnerarbeit durchlaufen die Schülerinnen und Schüler dann in ihrem eigenen Lerntempo die unterschiedlichen Stationen, die die einzelnen Inhalte der Lerneinheiten abbilden. Je nachdem, ob frei zu entscheiden ist, welche Reihenfolge gewählt werden kann, und ob alle Stationen „Pflichtstationen" oder einige frei wählbar sind, kann auf dem Laufzettel vor dem Kopieren von der Lehrperson Entsprechendes vermerkt werden.

Zu Beginn der Erarbeitung sollte die Lehrperson den Lernzirkel und die einzelnen Stationen vorstellen und den Laufzettel erläutern. Während der Bearbeitung nimmt sie die Rolle des Beobachters ein und steht bei Schwierigkeiten als Ratgeber zur Verfügung. Ziel der Hilfe sollte es jedoch immer sein, zur selbstständigen Weiterarbeit zu befähigen und zu motivieren. Die Schülerinnen und Schüler bearbeiten die im Klassenraum an verschiedenen Stellen aufgebauten Stationen – eventuell sollten einige doppelt vorhanden sein, um Staus zu vermeiden – und entscheiden selbst, ob sie alleine, zu zweit oder in Gruppen arbeiten möchten.

Nach Ablauf der Bearbeitungszeit werden nicht nochmals alle vermittelten Inhalte von der Lehrperson wiederholt. Allenfalls kann sie auf Besonderheiten, versteckte Schwierigkeiten oder die Bedeutung des Lernzirkels im Kontext der Unterrichtseinheit verweisen.

Die **Ergebnissicherung** kann in unterschiedlicher Weise stattfinden:
- Den Lernenden werden an jeder Station Lösungsblätter zur Verfügung gestellt.
- Die Lehrperson gibt Rückmeldungen und korrigiert die Lösungen auf Wunsch der Lernenden.
- Die Arbeitsergebnisse werden stichprobenartig kontrolliert.
- In einer „Schlussrunde" stellen die Lernenden ihre Ergebnisse vor. Gemeinsam werden die einzelnen Aspekte vertieft, bewertet und vernetzt.

Beim Einsatz des Lernzirkels im Unterricht sollte man bedenken, dass die Schülerinnen und Schüler bereits über ein hohes Maß an Selbstständigkeit und auch Teamfähigkeit verfügen sollten. Sie sollten außerdem in der Lage sein, aus fremden Texten die wesentlichen Informationen zu entnehmen, Zusammenhänge zu erkennen und daraus einen prägnanten Heftaufschrieb zu erstellen.

Weitere ausführliche Informationen zur Theorie des Lernzirkels finden Sie im Internet unter dem Suchbegriff „Lernzirkel".

Möchten Sie die Serviceblätter nicht als erarbeitenden Lernzirkel einsetzen, können Sie die Kopiervorlagen auch als einfache Übungen in den Unterricht integrieren.

Lernzirkel vgl. Seite 87 bis 95.

Lernzirkel – Laufzettel Größen

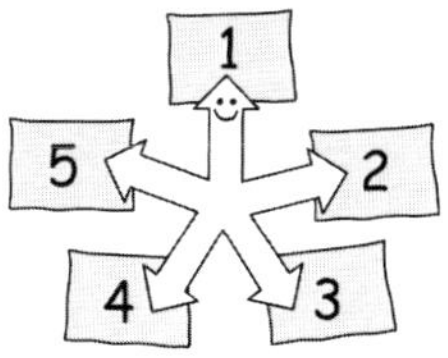

Mit diesem Lernzirkel kannst du dir die Größen selbst erarbeiten. Bei jeder Station lernst du etwas Neues dazu. Wichtig ist deshalb, dass du die Arbeitsblätter aufmerksam durchliest und nicht aufgibst.
Dieses Arbeitsblatt hilft dir bei der Arbeit. In der ersten Spalte sind die Stationen angekreuzt, die du auf jeden Fall machen solltest (Pflichtstationen). Die anderen Stationen sind ein zusätzliches Angebot (Kürstationen).

Reihenfolge der Stationen
Bevor du die Stationen 5 bis 8 bearbeitest, solltest du die ersten vier Stationen anschauen, da in diesen die Einheiten zu Länge (z. B. cm), Gewicht (z. B. kg), Zeit (z. B. h) und Geld (€; ct) vorgestellt werden. Wenn du diese Einheiten schon kennst, darfst du auch mit einer anderen Station anfangen. Wenn eine Pflichtstation, die du machen willst, belegt ist, kannst du eine Kürstation bearbeiten.

Stationen abhaken
Wenn du eine Station bearbeitet hast, solltest du sie auf diesem Blatt abhaken.
So weißt du immer, was du noch bearbeiten musst. Kläre mit deiner Lehrerin oder deinem Lehrer ab, wann du deine Lösungen mit dem Lösungsblatt vergleichen darfst.
Danach kannst du hinter der Station das letzte Häkchen machen.

Zeitrahmen
Natürlich musst du auch die Zeit im Auge behalten. Kläre mit deiner Lehrerin oder deinem Lehrer ab, wie viel Zeit du insgesamt zur Verfügung hast und überlege dir dann, wie lange du für eine Station einplanen kannst. Am Ende solltest du auf jeden Fall die Pflichtstationen erledigt und verstanden haben.

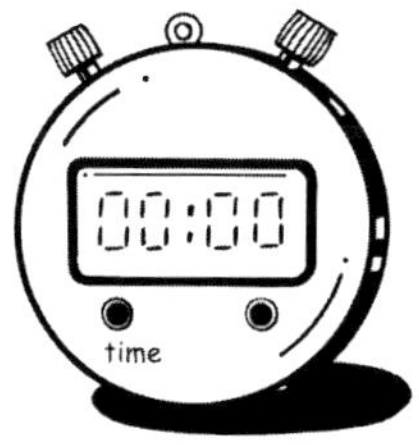

Viel Spaß!

Pflicht	Kür	Station	bearbeitet	korrigiert
		1. Rechnen mit Geld		
		2. Zeitangaben		
		3. Gewichtsangaben		
		4. Längenangaben		
		5. Warum gibt es verschiedene Maßeinheiten?		
		6. Größenangaben mit Komma		
		7. Schätzen und Messen		
		8. Der Euro		

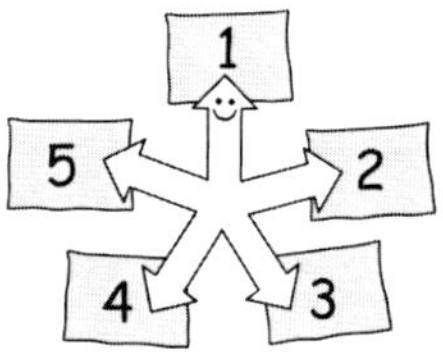

Rechnen mit Geld

In vielen europäischen Ländern werden Waren heute in Euro bezahlt. Preise können dabei sehr unterschiedlich dargestellt werden.

1 € = 100 ct
Schreibweisen:
12 Euro 34 Cent
= 12 € 34 ct
= 12,34 €
= 12,34 EUR

1 Schreibe in Euro und Cent.

Beispiel: 134 ct = 1 € 34 ct

a) 257 ct = __________; 8361 ct = __________

b) 33,90 € = __________; 765,49 € = __________

2 Schreibe in Cent.

Beispiel: 345 Euro = 34 500 ct

a) 879 Euro 3 ct = __________

b) 28,40 € = __________

3 Schreibe in Euro mit Komma.

Beispiel: 2867 ct = 28,67 €

a) 679 ct = __________; 2748 ct = __________

b) 84 € 18 ct = __________; 968 € 3 ct = __________

4 Im Alltag muss man oft Kosten abschätzen. Wenn es schnell gehen soll, kann man eine **Überschlagsrechnung** durchführen.

Beispiel:
statt: 5,10 € + 12,98 € + 7,90 €
rechne: 5 € + 13 € + 8 € = 26 €
also: 5,10 € + 12,98 € + 7,90 € ≈ 26 €

Überschlage und runde auf Euro.

a) 2,98 € + 17,05 € + 4,95 € ≈ __________

b) 14,90 € – 6,10 € – 2,95 € ≈ __________

c) 23,89 € – 8,90 € + 3,99 € ≈ __________

Kennst du alle Euro-Länder?

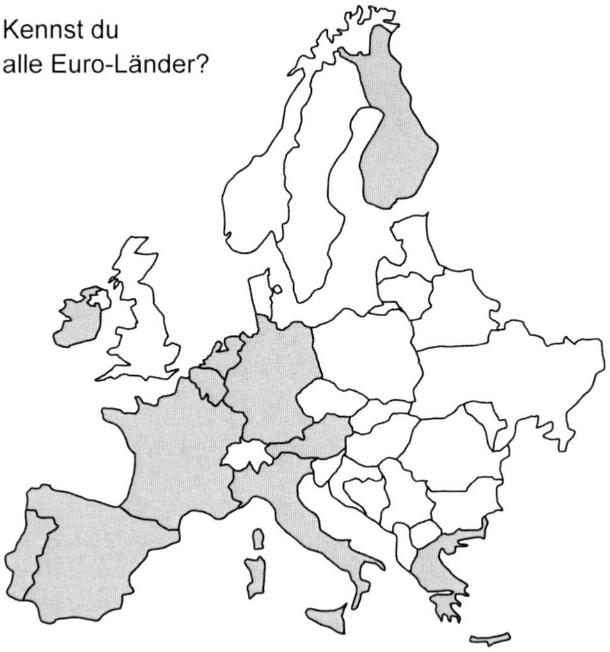

5 (Rechne auf der Rückseite.)
a) Pierre muss 26,85 € bezahlen. Er bezahlt mit zwei 20-Euro-Scheinen. Was bekommt er zurück?
b) Jana kauft sich fünf Hefte zu je 65 Cent und drei Bleistifte zu je 55 Cent. Wie viel bekommt sie zurück, wenn sie mit einem 10-Euro-Schein bezahlt?

6 (Rechne auf der Rückseite.)
Bernd will Süßigkeiten kaufen. Ein Schokoriegel kostet 45 Cent. Ein Dreier-Pack kostet 1,26 €.
a) Wie teuer ist **ein** Schokoriegel im Dreier-Pack?
b) Bernd hat 5 Euro und 44 Cent dabei. Wie viele Schokoriegel könnte er kaufen?
c) Bernd hat es sich nun doch anders überlegt. Er kauft mit seinem Geld lieber eine Zahnbürste für 1,74 € und Zahnpasta für 94 Cent. Den Rest steckt er zu Hause in sein Sparschwein. Wie viel ist das?

7 (Rechne auf der Rückseite.)
Bernd war wieder einkaufen. Er hat nur einen 50-Euro-Schein in der Tasche. Reicht das Geld? Wenn ja, wie viel Euro bekommt er dann zurück, wenn du auf ganze Euro rundest?

978-3-12-740457-9 Schnittpunkt Serviceblätter 5/6

Ernst Klett Verlag GmbH, Stuttgart 2007

Zeitangaben

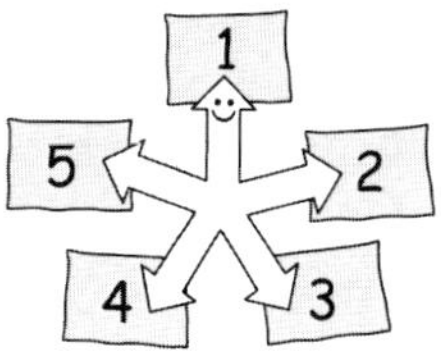

Die Angabe einer **Zeitdauer** besteht wie jede Größenangabe aus Maßzahl und Maßeinheit.

Hauptbahnhof Kaffdorf

Abfahrt	Gleis	Ziel	Ankunft	Dauer
9:20	4	Dorfstadt	10:40	1:20
9:42	1	Rechenheim	11:12	1:30
9:55	2	Kleinhausen	12:16	2:21
10:04	1	Nettestadt	13:44	3:40
10:17	3	Althausen	15:20	5:03
10:30	4	Zeitingen	11:15	0:45

45 min

Maßzahl — Maßeinheit

Zeitdauern misst man in den Maßeinheiten **a** (Jahr), **d** (Tag), **h** (Stunde), **min** (Minute), **s** (Sekunde).

1 a = 365 d
1 d = 24 h
1 h = 60 min
1 min = 60 s

Wie viele Sekunden hat eigentlich eine Stunde?

1 h = __________ min = __________ s

1 Schreibe in der angegebenen Einheit.

Beispiel: 2 d 10 h = 58 h

a) 1 h 20 min = ______________ min

b) 3 d 14 h = ______________ h

c) 4 h 50 min = ______________ min

d) 5 min 3 s = ______________ s

2 Gib in gemischten Maßeinheiten an.

Beispiel: 90 min = 1 h 30 min

a) 150 min = ______________

b) 100 h = ______________

c) 100 min = ______________

d) 250 s = ______________

3 Vergleiche und setze > oder < ein.

Beispiel: 245 min > 4 h

a) 90 s ☐ 1 min

b) 20 min ☐ $\frac{1}{4}$ h

c) 50 h ☐ 2 d

d) 240 h ☐ 24 d

e) 2000 s ☐ $\frac{1}{2}$ h

Anfang und Ende einer Zeitdauer werden durch Zeitpunkte angegeben. Diese haben den Zusatz „Uhr".

Zeitpunkt — Zeitspanne — Zeitpunkt

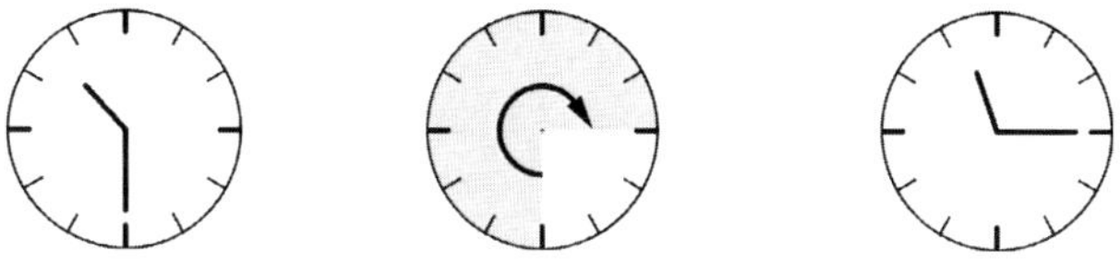

10.30 Uhr — 45 min — 11.15 Uhr

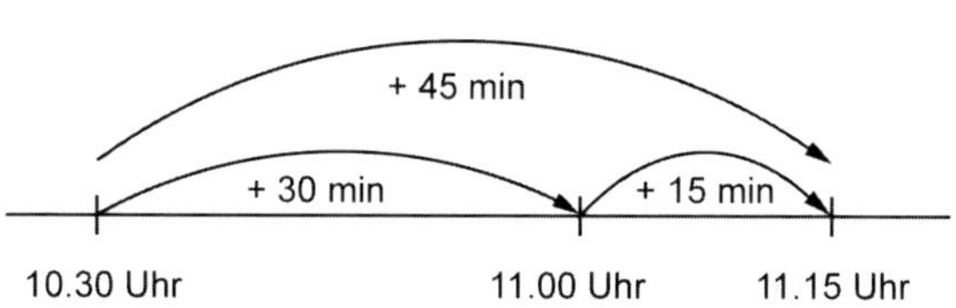

4 (Rechne auf der Rückseite.)
Friedhelm geht ins Kino. Der Film beginnt um 20.30 Uhr und dauert 80 Minuten.
Wann ist der Film zu Ende?

5 (Rechne auf der Rückseite.)
Beates Unterricht beginnt um 7.50 Uhr.
Alle Unterrichtsstunden dauern 45 Minuten.
Zwischen der dritten und vierten Stunde sind 15 Minuten Pause, sonst 5 Minuten.
a) Wann beginnt die zweite Stunde?
b) Wann endet die 15-Minuten-Pause?
c) Um welche Uhrzeit ist die 6. Stunde beendet?

978-3-12-740457-9 Schnittpunkt Serviceblätter 5/6

Ernst Klett Verlag GmbH, Stuttgart 2007

Gewichtsangaben

Eine **Gewichtsangabe** besteht wie jede Größenangabe aus einer Maßzahl und einer Maßeinheit.

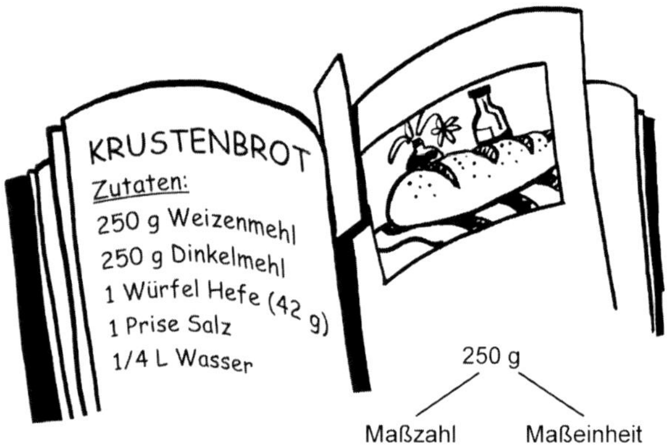

Gewichte misst man in den Maßeinheiten **t** (Tonne), **kg** (Kilogramm), **g** (Gramm), **mg** (Milligramm).

1 t = 1000 kg
1 kg = 1000 g
1 g = 1000 mg

1 Ordne den Tieren das richtige Gewicht zu.

Stier ◆	◆ 10 g
Zwergkaninchen ◆	◆ 1 t
Biene ◆	◆ 1 g
Schwein ◆	◆ 1 kg
Meise ◆	◆ 100 kg

2 Schreibe in der angegebenen Einheit.

Beispiel: 2 kg 500 g = 2500 g

a) 40 t 300 kg = ____________ kg

b) 3 kg 46 g = ____________ g

c) 6 g 750 mg = ____________ mg

d) 1 kg 50 g = ____________ g

e) 4 t 2000 g = ____________ kg

f) 35 kg = ____________ g

3 Gib in gemischten Maßeinheiten an.

Beispiel: 61 372 g = 61 kg 372 g

a) 3400 mg = ____________________

b) 6738 kg = ____________________

c) 350 090 mg = ____________________

d) 4 000 600 g = ____________________

4 Vergleiche und setze > oder < ein.

Beispiel: 7500 g < 8 kg

a) 12 000 mg ☐ 122 g

b) 17 t ☐ 2000 kg

c) 45 kg ☐ 4700 g

d) 9999 kg ☐ 10 t

5 Merke: Erst gleiche Maßeinheit, dann rechnen!

Beispiel: 9 kg + 500 g = 9000 g + 500 g = 9500 g

a) 2 kg + 100 g = ____________ = ____________

b) 3 g + 50 mg = ____________ = ____________

c) 70 kg + 20 g = ____________ = ____________

6 (Rechne auf der Rückseite.)
Familie Müller fährt in den Urlaub. Ihr Auto hat ein Leergewicht (= ohne Gepäck oder Insassen) von 1340 kg. Das zulässige Gesamtgewicht (= Gewicht, das vollbeladen noch erlaubt ist) beträgt 2 t.
Wie schwer darf das Gepäck sein, wenn auch noch Vater (80 kg), Mutter (65 kg), Sohn (45 kg) und Tochter (35 kg) mitfahren möchten?

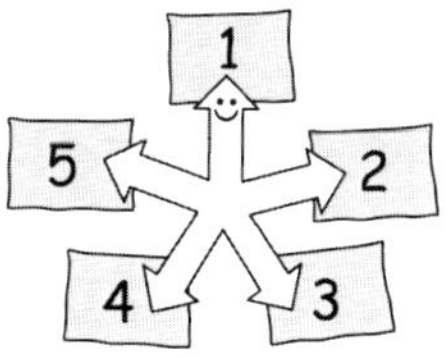

Längenangaben

Eine **Längenangabe** besteht wie jede Größenangabe aus einer Maßzahl und einer Maßeinheit.

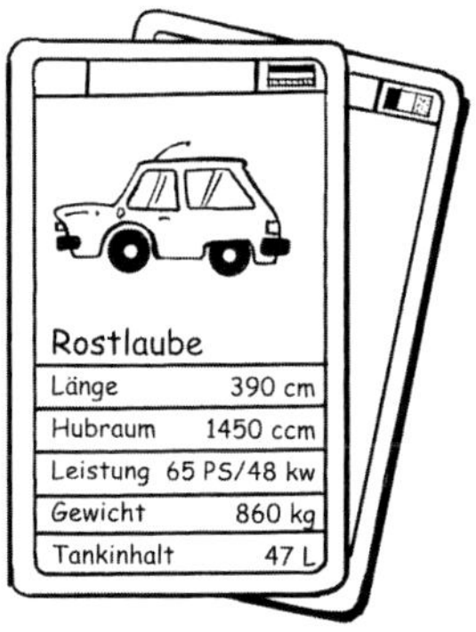

390 cm

Maßzahl — Maßeinheit

Längen misst man in den Maßeinheiten **km** (Kilometer), **m** (Meter), **dm** (Dezimeter), **cm** (Zentimeter) und **mm** (Millimeter).

1 km = 1000 m
1 m = 10 dm
1 dm = 10 cm
1 cm = 10 mm

1 Ist dir aufgefallen, dass in jeder Maßeinheit das Wort „Meter" vorkommt? Eine Vorsilbe gibt an, welches Vielfache oder welcher Teil eines Meters gemeint ist.
Verbinde jede Vorsilbe mit ihrer Bedeutung.

kilo ◆	◆ „ein Tausendstel"
dezi ◆	◆ „ein Hundertstel"
zenti ◆	◆ „Tausend"
milli ◆	◆ „ein Zehntel"

2 Rechne in die angegebene Einheit um.

Beispiel: 5 cm = 50 mm

a) 3 km = ______________ m

b) 7 cm = ______________ mm

c) 35 m = ______________ cm

d) 6700 mm = ______________ dm

e) 34 000 cm = ______________ m

3 Schreibe in der angegebenen Maßeinheit.

Beispiel: 3 m 40 cm = 340 cm

a) 7 m 85 cm = ______________ cm

b) 30 cm 4 mm = ______________ mm

c) 3 dm 4 mm = ______________ mm

d) 7 km 84 m = ______________ m

4 Vergleiche und setze > oder < ein.

Beispiel: 340 mm > 5 cm

a) 700 cm ☐ 8 m

b) 73 dm ☐ 80 cm

c) 4650 dm ☐ 5 km

d) 2 m 64 cm ☐ 3000 mm

5 Merke: Erst gleiche Maßeinheit, dann rechnen!

Beispiel: 9 m + 30 cm = 900 cm + 30 cm = 930 cm

a) 4 cm + 3 mm = ______________ = __________

b) 12 km + 40 m = ______________ = __________

c) 3 m + 50 mm = ______________ = __________

6 (Rechne auf der Rückseite.)
Petra liebt es, aus Wolle Armbänder zu flechten. Für ein Armband benötigt sie drei Fäden mit je 25 cm Länge. Sie hat ein Wollknäuel mit 50 m.
a) Wie viel Wolle verbraucht Petra für ein Armband?
b) Wie viele Armbänder kann sie aus dem Wollknäuel herstellen?
c) Wie lang ist der Rest, der übrig bleibt?

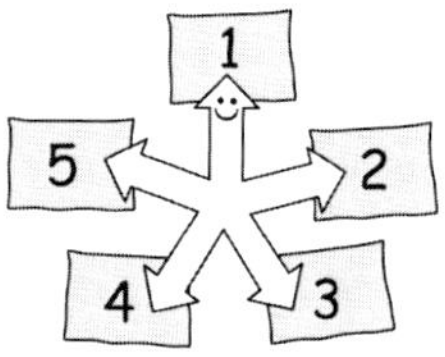

Warum gibt es verschiedene Maßeinheiten?

Im Alltag werden in unterschiedlichen Situationen auch unterschiedliche Maßeinheiten verwendet. Der Apotheker rechnet gern in Gramm, der Lastwagenfahrer in Tonnen.
Das muss so sein. Denn stell dir mal vor, es gäbe für jede Größe nur eine Maßeinheit. Beispielsweise für Gewichte nur Kilogramm. Dann könnten zwei Probleme auftreten:
1. Die Maßzahl wird sehr groß.
Beispiel: Mein Laster wiegt 40 000 kg.
2. Die Maßzahl wird sehr klein.
Beispiel: Diese Tablette wiegt 0,002 kg.
Um beide Probleme zu vermeiden, gibt es verschiedene Maßeinheiten. Wenn man die Maßeinheit geeignet wählt, ergibt sich eine vernünftige Maßzahl.

1 Rechne die Größenangaben in dieser Erzählung in vernünftige Einheiten um.
Ein Bergsteiger erzählt:

Vor 120 h (_______) bin ich zu einer Bergtour aufgebrochen. Nach $\frac{1}{4}$ Tag (_______) war ich schon auf 1 750 000 mm (_______) Höhe. Das war sehr anstrengend, denn mein Rucksack wog 12 000 000 mg (______). Dort stellte ich fest, dass ich kaum noch Trinkwasser hatte. Ich machte mich daher zu einem etwa 300 000 cm (________) entfernten See auf, den ich vom Gipfel aus sehen konnte. Aber an einer glatten Stelle rutschte ich aus und fiel 2000 mm (______) in die Tiefe. Dabei verstauchte ich mir den Knöchel. Ich musste 180 min (______) ausharren, bis Hilfe kam. Zusammen stiegen wir bis zur nächsten Hütte ab. Der Höhenunterschied betrug 10 000 cm (_______) , aber wir benötigten dafür ganze 7200 s (_______).

2 Wähle die Maßeinheit so, dass die Maßzahl möglichst klein wird und du kein Komma brauchst.

Beispiele: 0,1 g = 100 mg; 2000 g = 2 kg

a) 40 000 mg = ____________________

b) 3400 cm = ____________________

c) 10 500 mm = ____________________

d) 0,5 km = ____________________

e) 180 min = ____________________

3 In welchen Maßeinheiten würdest du die folgenden Größen angeben?

a) Körpergewicht eines Menschen: _________

b) Dauer eines 100-m-Sprints: _________

c) Länge eines Nagels: _________

d) Länge eines Fadens auf einer Rolle: _________

4 Manchmal lassen sich große Maßzahlen allerdings kaum vermeiden. Kreuze an.

a) Wie weit ist es bis zum Mond?
- O etwa 40 000 km
- O etwa 380 000 km
- O etwa 21 000 000 km

b) Welche Flugstrecke benötigen Bienen für 500 g Honig?
- O etwa 20 000 km
- O etwa 50 000 km
- O etwa 100 000 km

5 Was ist hier falsch? Erfinde für das rechte Schild eine Größenangabe mit der richtigen Maßeinheit.

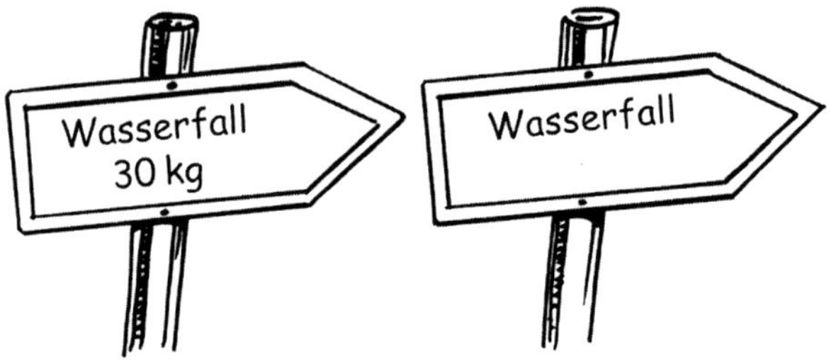

978-3-12-740457-9 Schnittpunkt Serviceblätter 5/6

Ernst Klett Verlag GmbH, Stuttgart 2007

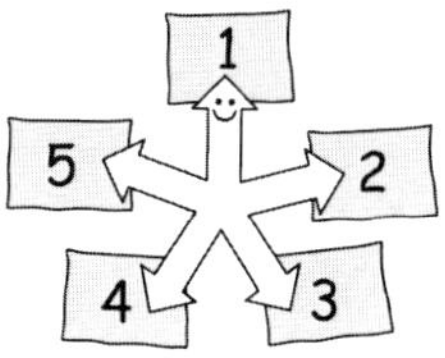

Größenangaben mit Komma

Was wird hier wohl angezeigt? Schreibe die vollständigen Größen unter den Tachometer und über die Personenwaage.

____

____

Anmerkung: In England schreibt man statt des Kommas einen Punkt. Dies findet man oft bei Produkten, die weltweit verkauft werden.

1 Trage die Längenangaben in die Tabelle ein und gib sie anschließend mit Komma in der angegebenen Maßeinheit an.

Beispiele: 4 500 m = 4,500 km; 730 cm = 7,30 m

km			m			dm	cm	mm
100	10	1	100	10	1	100	10	1
		4	5	0	0			
					7	3	0	

5000 cm = ______________ m

35 mm = ______________ cm

1250 m = ______________ km

200 m = ______________ km

450 mm = ______________ m

2 Trage die Größenangaben in die Tabelle ein und gib sie anschließend mit Komma in der angegebenen Maßeinheit an.

Beispiele: 9400 g = 9,400 kg; 600 mg = 0,600 g

kg			g			mg		
100	10	1	100	10	1	100	10	1
		9	4	0	0			
						6	0	0

2500 g = ______________ kg

125 g = ______________ kg

1600 mg = ______________ g

30 mg = ______________ g

3 Schreibe ohne Komma.

Beispiele: 2,5 km = 2500 m; 0,5 kg = 500 g

a) 1,2 km = ______________

b) 4,50 m = ______________

c) 1,5 kg = ______________

d) 0,400 g = ______________

Zum Rechnen formen wir Größen so um, dass sie die gleiche Maßeinheit haben.

Beispiel: 38 dm + 5,1 m = 38 dm + 51 dm = 89 dm

4 (Rechne auf der Rückseite.)
Rudis Pausenbrot besteht aus zwei 1,3 cm dicken Brotscheiben, die 1 mm dick mit Butter beschmiert und mit zwei 0,2 cm dicken Wurstscheiben und einer 0,4 cm dicken Käsescheibe belegt sind. Wie dick ist sein Pausenbrot?

† Einzel-/Partnerarbeit

Schätzen und Messen

Material: großes Lineal oder Meterstab, Küchenwaage, Personenwaage

Um Längen oder Gewichte gut abschätzen zu können, ist es hilfreich, wenn du zu jeder Maßeinheit ein gutes Beispiel kennst. Viele nehmen einen großen Schritt für einen Meter.

1 Überlege dir zu jeder Maßeinheit ein Beispiel, dessen Länge oder Gewicht der Größenangabe entspricht.

Beispiele: Finger, Münze, Lebensmittel, Stifte, ...

1 mm → ______________________

1 cm → ______________________

1 dm → ______________________

1 m → ______________________

1 g → ______________________

10 g → ______________________

100 g → ______________________

1 kg → ______________________

2 Schätze erst und miss dann nach.

Objekt	geschätzt	gemessen
Tischlänge (cm)		
Zimmerbreite (m)		
Schultasche (kg)		
Geldbeutel (g)		

Wie genau eine Messung ist, hängt vom Messgerät ab. Mit der Personenwaage lässt sich das Gewicht einer Münze nicht bestimmen, da die Anzeige einer Personenwaage viel zu grob ist.

3 Spiel zu zweit
Jeder notiert für sich ein paar Gegenstände aus dem Klassenzimmer, die zusammen die gesuchte Länge oder das gesuchte Gewicht ergeben (z. B. 50 cm). Dabei darf keiner den Platz verlassen. Anschließend wird gemessen. Wer am besten geschätzt hat, erhält einen Punkt.
Folgende Längen und Gewichte sind gesucht:

a) 50 cm b) 15 cm c) 6 mm
d) 2 kg e) 250 g f) 50 g

4 Oft ist es sinnvoll, die Maßzahl zu runden. Im Backrezept steht beispielsweise nicht 254 g Mehl, sondern 250 g Mehl. Manchmal muss man aber auch genau sein. Runde die Größenangaben im folgenden Text, wenn es sinnvoll ist.

Kunde: Ich hätte gern 104 g (________) Lyoner.

Verkäuferin: Oh, es sind leider 106 g (________).

Kunde: Das ist mir wurst. Was kostet die Salami?

Verkäuferin: Heute nur 8,99 € (________) pro Kilo.

Kunde: Dann nehme ich gleich 314 g (________).

Verkäuferin: Was darf es sonst noch sein?

Kunde: Danke, das ist alles.

Der Euro

Material: Broschüren, Spielbanknoten (von Sparkassen und Banken), Lexika

Die Euro-Banknoten (= Geldscheine) zeigen keine tatsächlichen Bauwerke, sondern wichtige europäische Baustile. Auf den Vorderseiten sind Fenster oder Tore dargestellt. Sie stehen für die Offenheit Europas. Die Brücken auf den Rückseiten symbolisieren die enge Verbundenheit zwischen den Ländern Europas.

1 Ordne jedem Geldschein den richtigen Baustil zu.

5 Euro ◆	◆ Gotik (1250–1500)
10 Euro ◆	◆ Barock (1650–1770)
20 Euro ◆	◆ Renaissance (1420–1650)
50 Euro ◆	◆ Romanik (um 1000)
100 Euro ◆	◆ Klassik (Antike)
200 Euro ◆	◆ Moderne (20. Jahrhundert)
500 Euro ◆	◆ Stahl und Glas (um 1900)

Die Euro-Münzen werden aus unterschiedlichen Metallen hergestellt.
Die 1-, 2- und 5-Cent-Münzen bestehen aus einem Stahlkern mit Kupferauflage.
Die 10-, 20- und 50-Cent-Münzen enthalten kein Gold, sondern eine Mischung (= Legierung) aus Kupfer, Aluminium, Zink und Zinn.
Die 1- und 2-Euro-Münzen werden im „silbernen" Teil aus Kupfer und Nickel hergestellt und im „goldenen" Teil aus Nickel und Messing.

2 Die Vorderseiten der Münzen sind einheitlich. Die Rückseiten sind in jedem Land anders. Weißt du, aus welchem Land diese Münzen kommen?

____

____

____

____

Wusstest du schon, dass der Herstellungsort jeder Münze an einem kleinen Buchstaben zu erkennen ist? Suche ihn auf den Münzen. In Deutschland gibt es Prägeanstalten in Berlin (A), Hamburg (J), Karlsruhe (G), Stuttgart (F) und München (D).

3 Großherzog Henri von Luxemburg will dich für deine Rechenkünste großherzig belohnen. Er will so viele 1-Euro-Münzen auf eine Waage häufen, bis diese gleich viel wiegen wie du. Eine Münze wiegt 7,5 g. Wie viel Euro wären das?

4 Von den 120 mm langen 5-Euro-Scheinen sind 2 400 000 000 (2,4 Mrd.) im Umlauf.
a) Welche Strecke würde sich ergeben, wenn man alle 5-Euro-Scheine hintereinander legte?
b) Wie oft reicht dies um die Erde (der Umfang der Erde beträgt 40 000 km)?

978-3-12-740457-9 Schnittpunkt Serviceblätter 5/6

Winkelgrößen

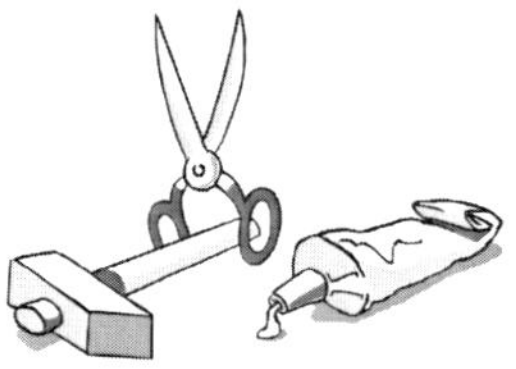

Material: Schere, Klebstoff

1 Herr Dübler dreht den Kranausleger bis zum Lkw nach links.
Färbe das durch den Kranausleger überstrichene Gebiet.

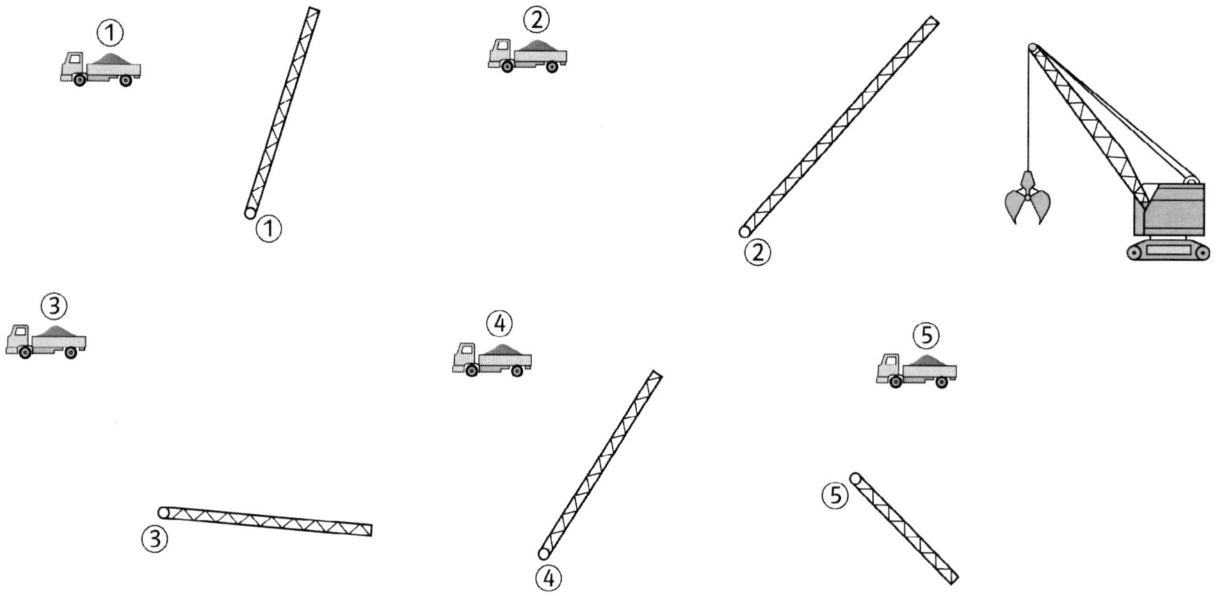

2 Schneide die gefärbten Flächen aus. Klebe die entstandenen Winkel der Größe nach in dein Heft.

3 Ordne die Winkel der Größe nach (W_1<...)
Prüfe durch Ausschneiden und klebe die Winkel in dein Heft.

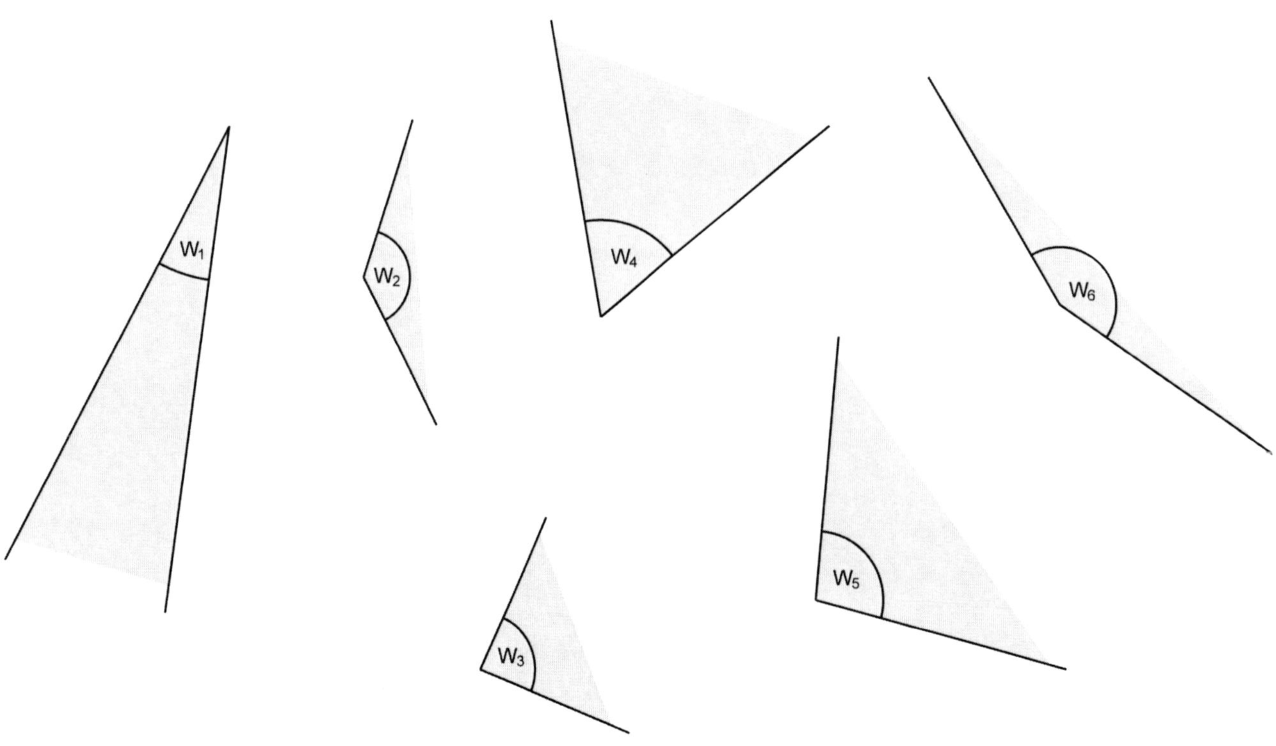

978-3-12-740457-9 Schnittpunkt Serviceblätter 5/6

Volltreffer – Wer trifft ins Schwarze?

Material: Geodreieck

1 Spieler A sucht sich eine Zielscheibe aus und schätzt den Winkel (immer gegen den Uhrzeigersinn), um den der Pfeil gedreht werden muss, damit die Zielscheibe getroffen wird.
2 Spieler B notiert den Schätzwert in der Tabelle und zeichnet anschließend mit diesem Wert den Winkel.
3 Trifft der neue Schenkel den äußersten Rand, erhält A einen Punkt, beim zweiten Ring zwei Punkte und beim inneren Ring drei Punkte.
4 Jetzt ist Spieler B an der Reihe.
Gewonnen hat, wer die meisten Punkte erreicht.

	Name		Name	
	Schätzung	Punkte	Schätzung	Punkte
Scheibe 1				
Scheibe 2				
Scheibe 3				
Scheibe 4				
Scheibe 5				
Scheibe 6				
Summe				

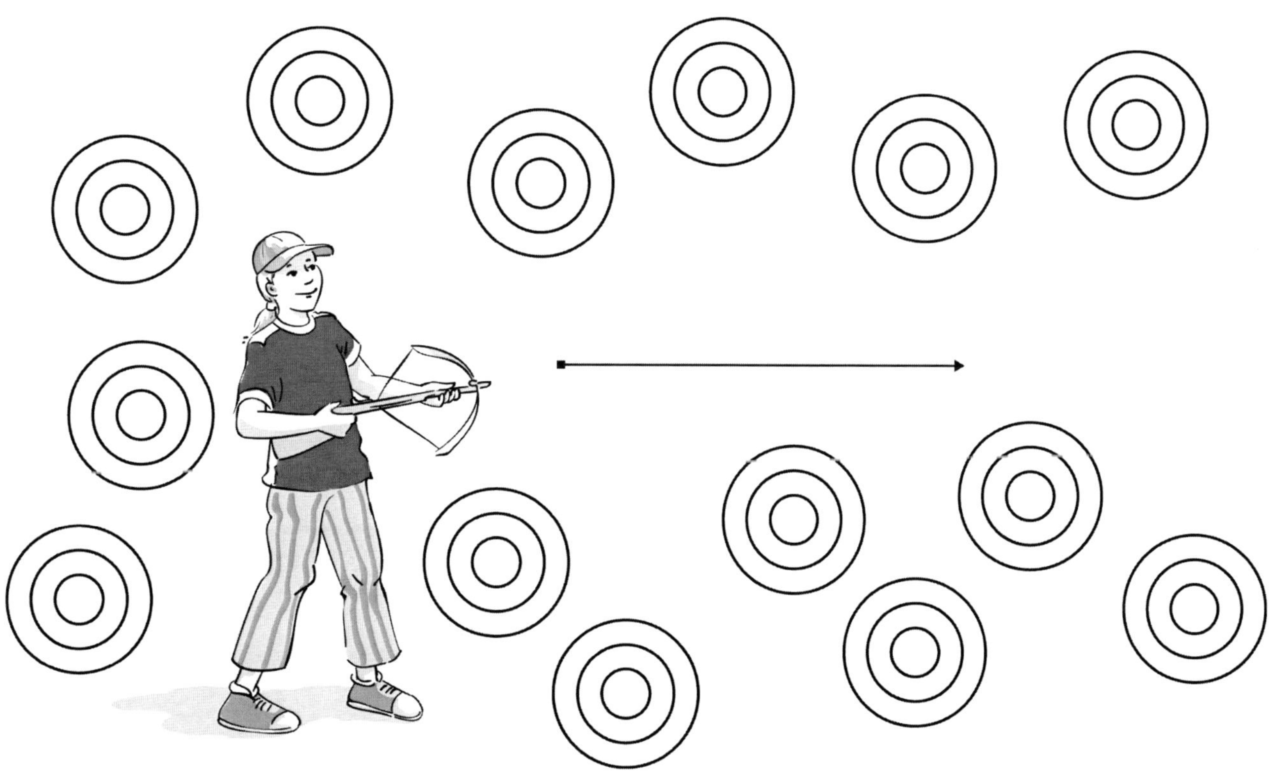

978-3-12-740457-9 Schnittpunkt Serviceblätter 5/6

Ernst Klett Verlag GmbH, Stuttgart 2007

Haus an der Sonne

In dieser Zeichnung sind sehr viele Winkel versteckt.

1 Markiere alle Winkel, die du findest, mit einem Winkelbogen.
Bestimme nun die Größe aller Winkel. Trage die Winkelgröße in den entsprechenden Winkelbogen ein.

2 Färbe alle spitzen Winkel gelb, alle stumpfen Winkel rot, alle rechten Winkel blau, alle überstumpfen Winkel grün und alle Vollwinkel orange ein.

978-3-12-740457-9 Schnittpunkt Serviceblätter 5/6

Ernst Klett Verlag GmbH, Stuttgart 2007

Die Winkelscheibe – Ein Spiel für zwei

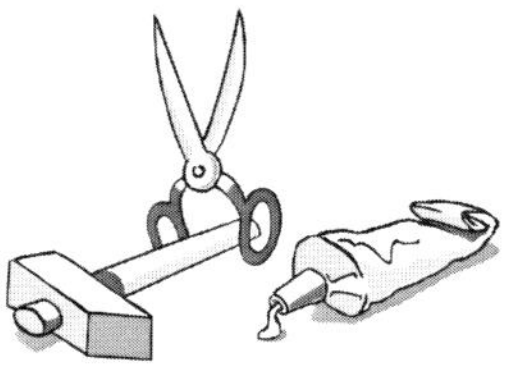

Material: Schere, bunter Karton/Tonpapier in zwei Farben oder Buntstifte

Bastelanleitung: Klebt eure beiden Kreisscheiben auf unterschiedlichen farbigen Karton/Tonpapier oder malt sie auf der Rückseite farbig an. Schneidet die beiden Kreisscheiben an der gestrichelten Linie bis zum Mittelpunkt ein. Steckt sie dann so ineinander, dass die beiden Winkelskalen auf einer Seite liegen.

Spielbeschreibung: Einer von euch beiden beginnt. Er oder sie hält die Winkelscheibe so, dass der Partner oder die Partnerin die Winkelskala nicht sehen kann. Nacheinander stellt er oder sie zehn unterschiedliche Winkel ein. Der Mitspieler oder die Mitspielerin schätzt die Größe des eingestellten Winkels. Er oder sie notiert die Schätzung und daneben die tatsächliche Winkelgröße, die der Partner oder die Partnerin nach jeder Schätzung bekannt gibt. Nach zehn Durchgängen werden die Rollen getauscht. Am Ende werden die Abweichungen addiert. Derjenige hat gewonnen, dessen Summe am kleinsten ist.
Viel Spaß beim Einstellen und Schätzen!

geschätzte Winkelgröße	tatsächliche Winkelgröße	Abweichung
70°	55°	15°
115°	105°	10°

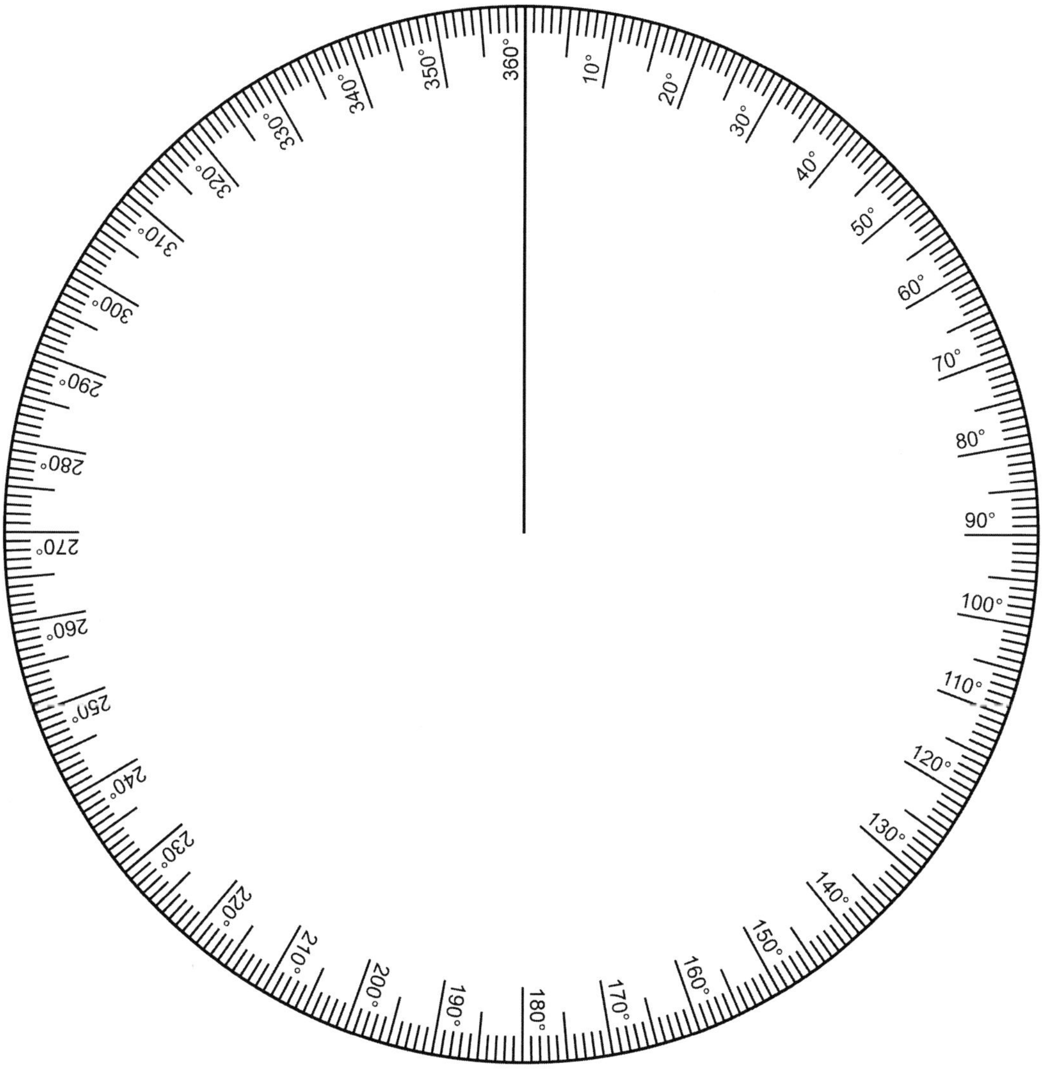

978-3-12-740457-9 Schnittpunkt Serviceblätter 5/6

Ernst Klett Verlag GmbH, Stuttgart 2007

Winkel berechnen

1 Berechne die gesuchten Winkel.
Kannst du alle berechnen? Begründe! Es gilt a ∥ b.

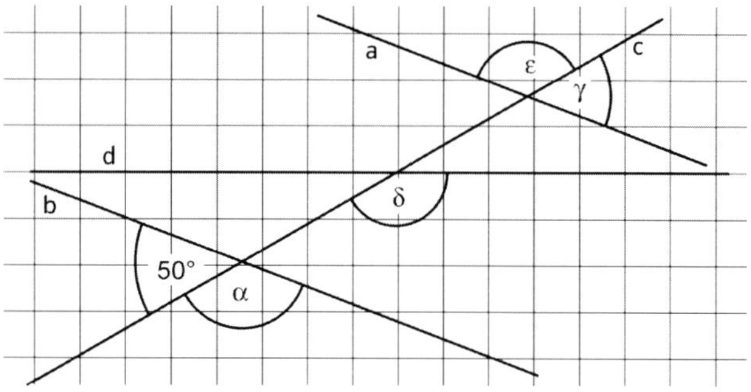

2 Welche Winkel sind Scheitelwinkel?
Welche beiden Winkel ergeben zusammen einen Nebenwinkel zu ß?
Notiere weitere solcher Beispiele.

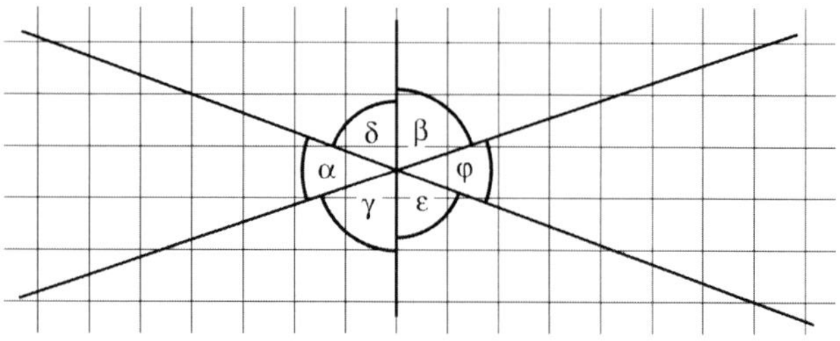

3 Berechne alle Winkel.

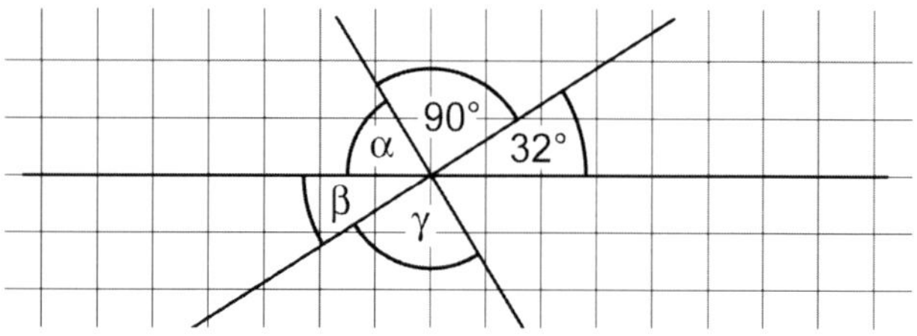

4 Begründe die folgenden Aussagen mithilfe einer Rechnung und einer entsprechenden Zeichnung.
a) Wenn an einer Geradenkreuzung ein Winkel 90° hat, dann sind alle Winkel rechte Winkel.

b) Wenn zwei Geraden sich nicht senkrecht schneiden, ist einer der Nebenwinkel ein stumpfer und der andere ein spitzer Winkel.

5 Begründe, weshalb α und β keine Nebenwinkel sind.

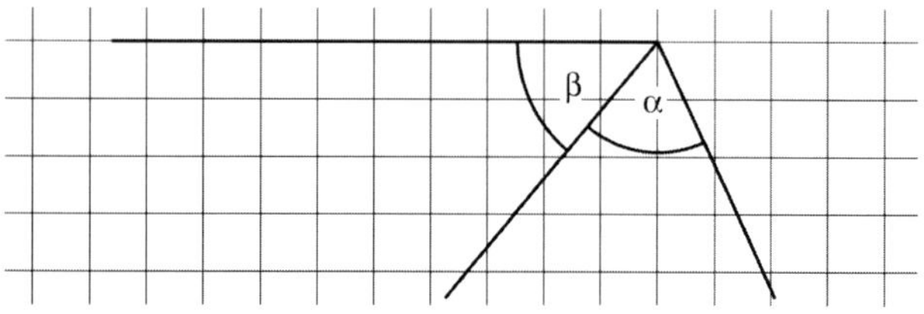

Der Winkeldetektiv

Material: Schere

Spielbeschreibung: Schneidet das Rechteck aus, faltet es an der gestrichelten Linie und klebt es zusammen. Schneidet danach die kleinen Quadrate entlang der Linie aus.
Dann werden die Karten unter euch aufgeteilt. Es wird abwechselnd gespielt.
Zeige deiner Partnerin oder deinem Partner die Aufgabenseite einer deiner Karten. Wird die Aufgabe richtig gelöst, bekommt sie oder er die Karte. Wird sie nicht richtig gelöst, bekommst du sie.
Die Lösung findest du jeweils auf der Rückseite der Karte. Es wird so lange gespielt, bis alle Karten vom ursprünglichen Stapel benutzt wurden.
Sieger ist derjenige, der die meisten Karten erspielt hat.

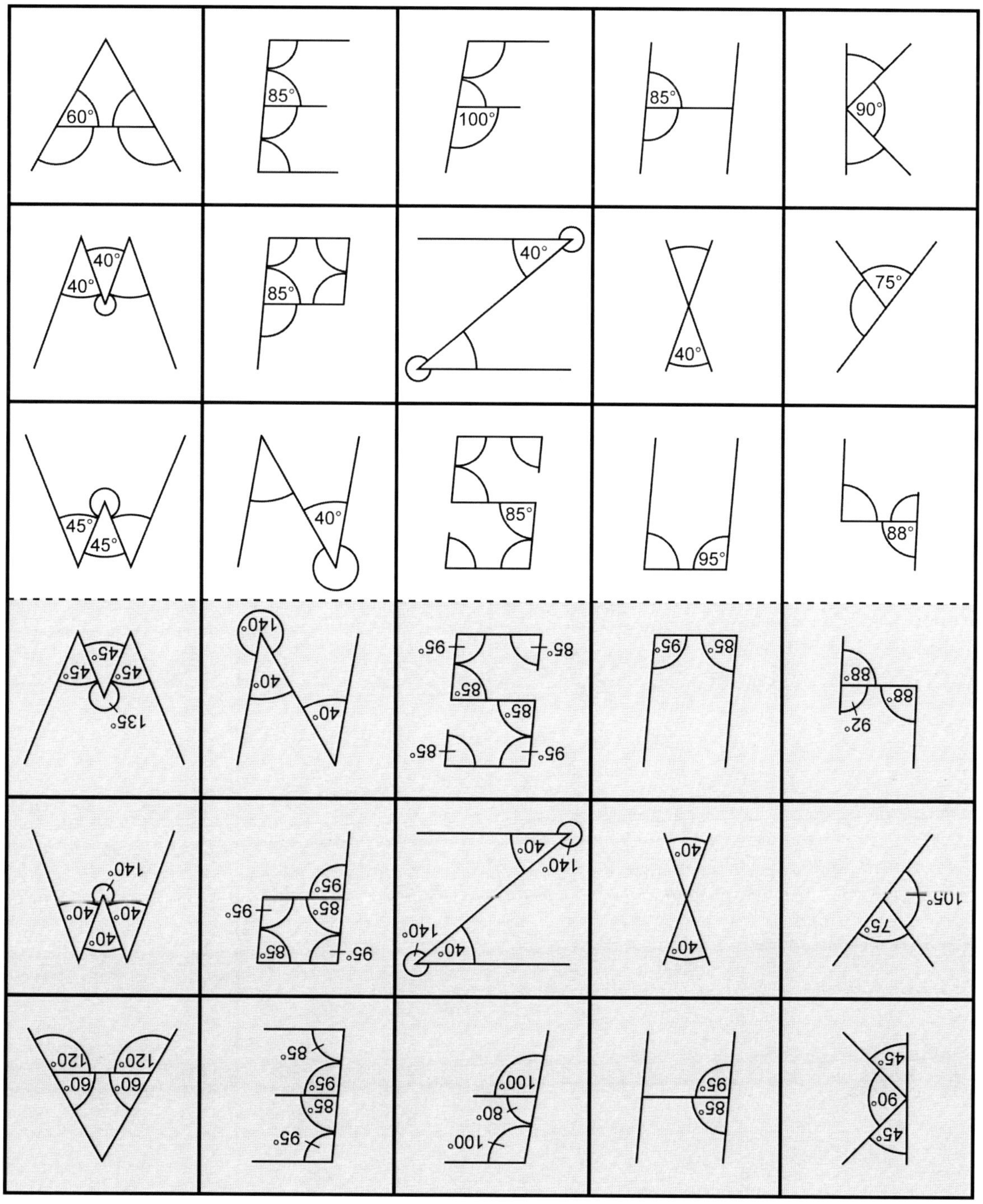

Winkelmemory

Material: Schere

Spielbeschreibung: Gespielt wird zu zweit: Schneidet die 20 quadratischen Karten entlang der dicken Linien aus. Legt alle Karten verdeckt auf den Tisch und mischt sie. Es wird abwechselnd gespielt. Jeder, der an der Reihe ist, darf zwei Karten aufdecken. Wenn die beiden Karten zusammenpassen, darf die Spielerin oder der Spieler sie behalten und ist noch einmal dran. Passen sie nicht, werden sie wieder herumgedreht und der nächste ist an der Reihe. Derjenige, der den größten Kartenstapel sammelt, hat gewonnen.

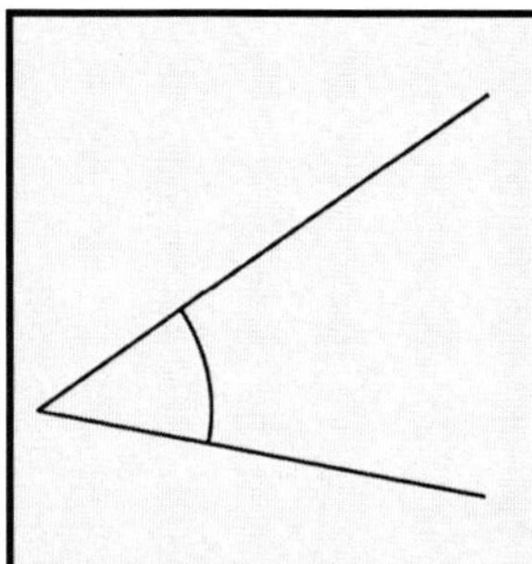	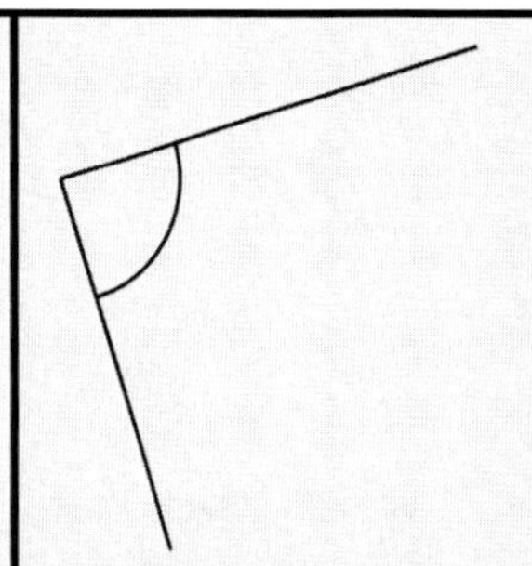	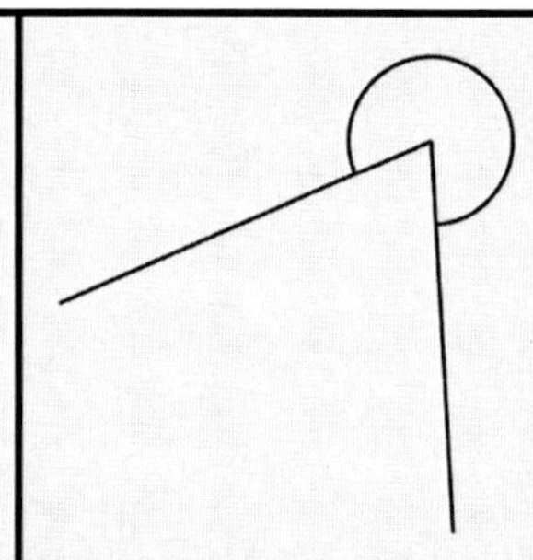	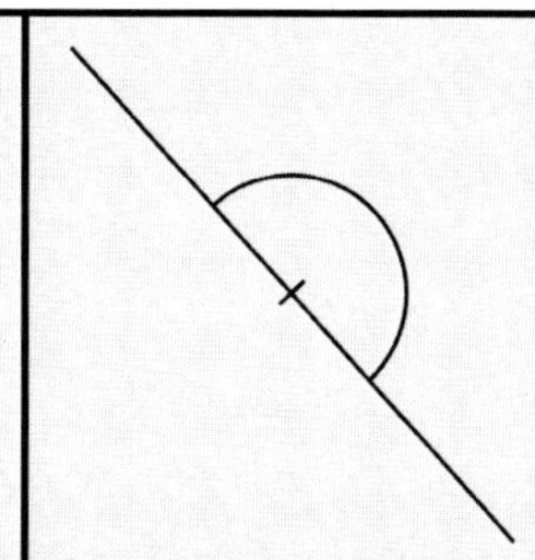
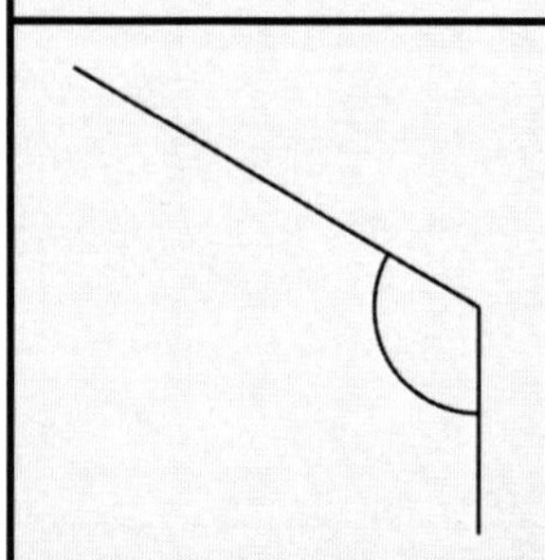	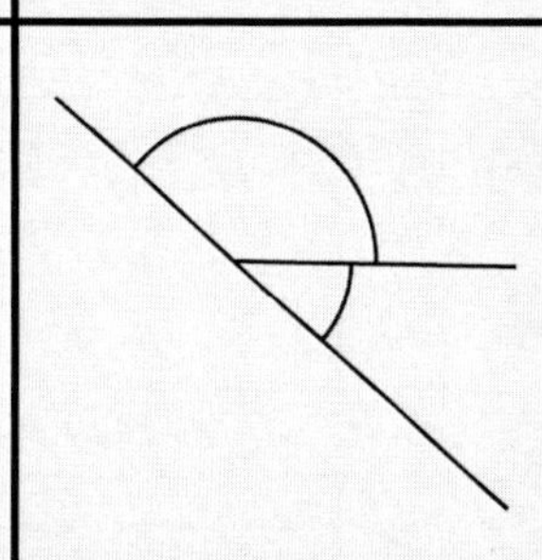	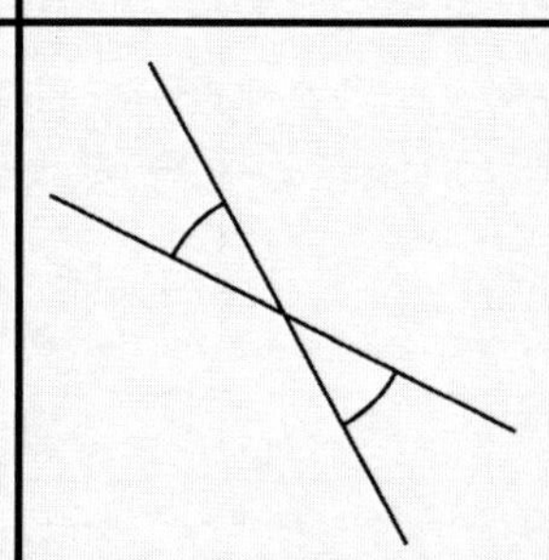	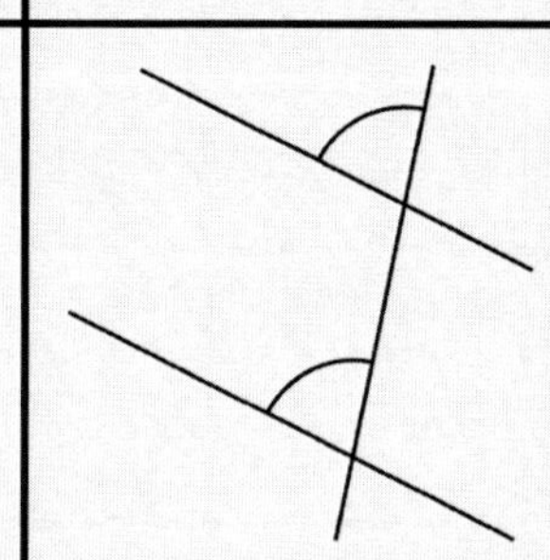
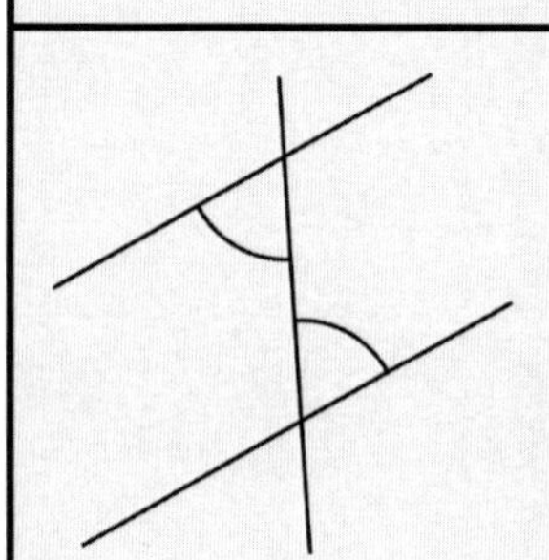	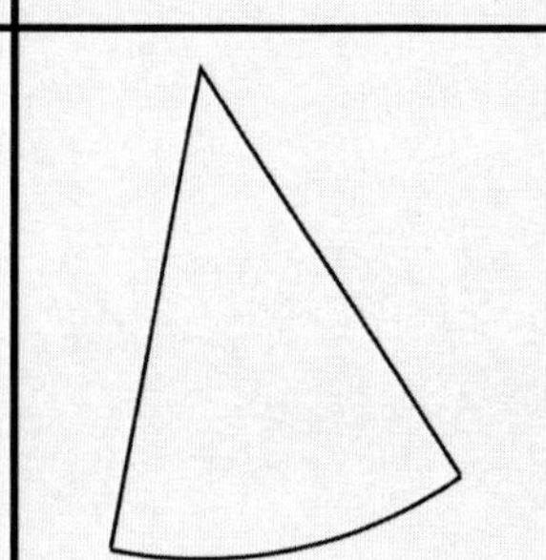	Wechselwinkel	Kreisausschnitt
Nebenwinkel	Scheitelwinkel	stumpfer Winkel	spitzer Winkel
überstumpfer Winkel	Stufenwinkel	rechter Winkel	gestreckter Winkel

978-3-12-740457-9 Schnittpunkt Serviceblätter 5/6

Ernst Klett Verlag GmbH, Stuttgart 2007

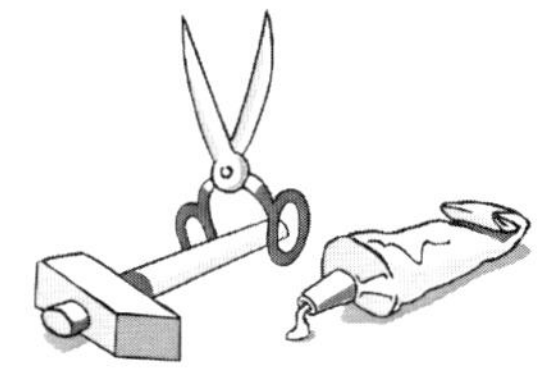

Ein Messgerät für Steigungswinkel

Material: Schere, Pappe/Karton, Klebstoff, Briefklammer, Locher, ein Stück Wolle/Faden, Gewicht (alternativ Radiergummi o. Ä.)

Bastelanleitung: Klebe die unten stehende Abbildung auf ein Stück Pappe oder Karton.
Befestige am markierten Punkt A mit einer Briefklammer ein Stück Wolle bzw. Faden (Schlinge formen und diese zwischen Briefklammer und Pappe befestigen).
Binde an das Ende des Fadens ein leichtes Gewicht. Du kannst auch ein Radiergummi oder etwas Ähnliches verwenden.

Verwendung: Mit diesem Messgerät kannst du die Steigungswinkel verschiedener Gegenstände messen.
Wie „steil" ist das Treppengeländer?
Wie groß ist der Steigungswinkel bei einer Rampe?
Suche möglichst viele verschiedenen Gegenstände, bei denen du den Steigungswinkel messen kannst.

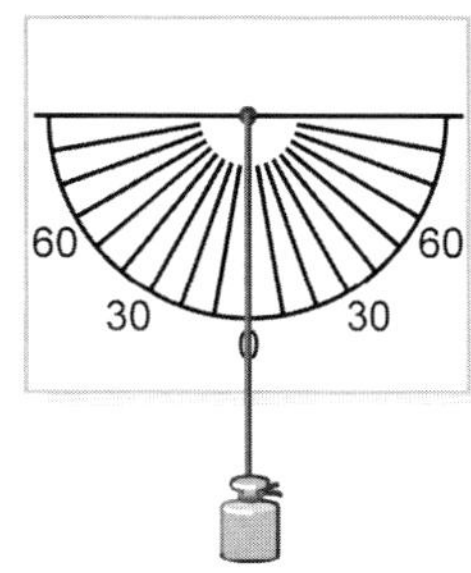

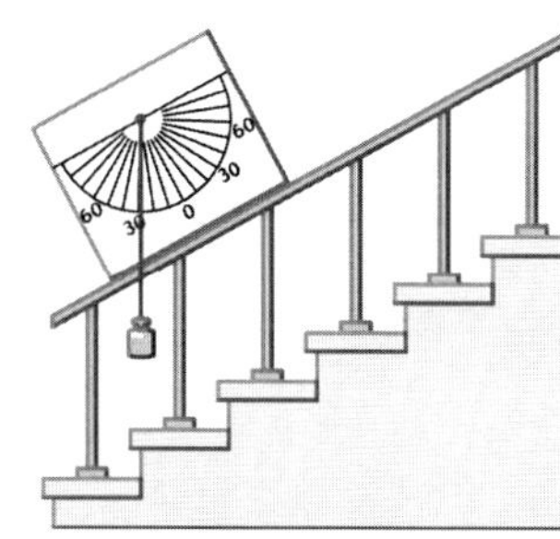

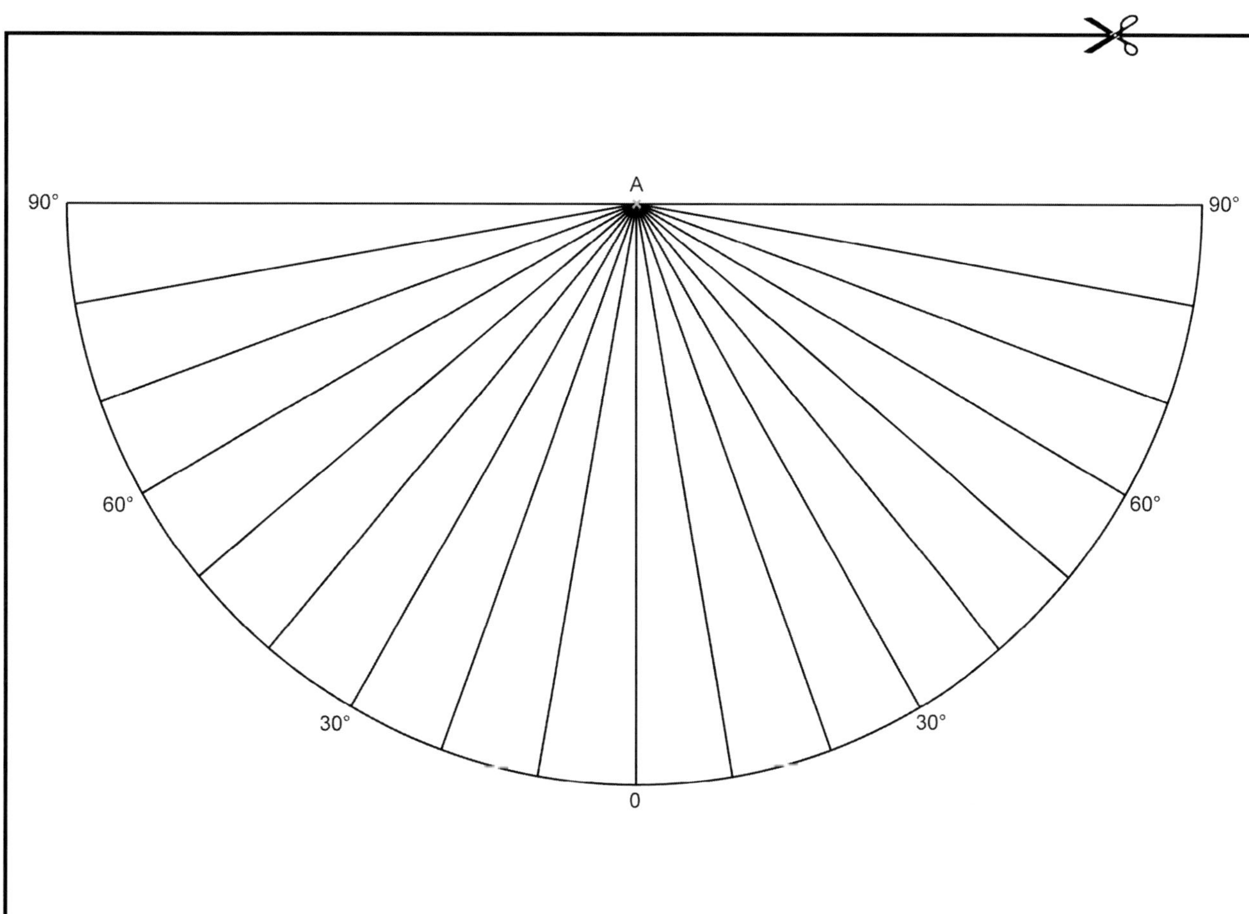

Tandembogen Flächeneinheiten

Aufgaben für Partner B

1 Wie viele Hektar sind ein Quadratkilometer?

2 Wie viele Quadratmillimeter passen in einen Quadratzentimeter?

3 700 a = ☐ ha

4 7000 cm^2 = ☐ dm^2

5 300 ha = ☐ a

6 6 dm^2 80 cm^2 = ☐ cm^2

7 70 cm^2 9 mm^2 = ☐ mm^2

8 56 a 9 m^2 = ☐ a

9 45 ha = ☐ km^2

10 2 m^2 9 dm^2 = ☐ m^2

11 7,3 a − 200 m^2 = ☐ a

12 0,6 m^2 + 500 dm^2 = ☐ m^2

Lösungen für Partner A

1 100
2 100
3 3 dm^2
4 7000 cm^2
5 30 km^2
6 60 000 mm^2
7 790 dm^2
8 1607 a
9 45,18 a
10 4,01 m^2
11 60 a
12 45 cm^2

Hier knicken

Hier knicken

Tandembogen Flächeneinheiten

Aufgaben für Partner A

1 Wie viele Ar sind 1 Hektar?

2 Wie viele Quadratzentimeter passen in einen Quadratdezimeter?

3 300 cm^2 = ☐ dm^2

4 70 dm^2 = ☐ cm^2

5 3000 ha = ☐ km^2

6 600 cm^2 = ☐ mm^2

7 7 m^2 90 dm^2 = ☐ dm^2

8 16 ha 7 a = ☐ a

9 45 a 18 m^2 = ☐ a

10 4 m^2 1 dm^2 = ☐ m^2

11 0,8 ha − 20 a = ☐ a

12 0,4 dm^2 + 500 mm^2 = ☐ cm^2

Lösungen für Partner B

1 100
2 100
3 7 ha
4 70 dm^2
5 30 000 a
6 680 cm^2
7 7009 mm^2
8 56,09 a
9 0,45 km^2
10 2,09 m^2
11 5,3 a
12 5,6 m^2

Der Kaninchenkäfig – Übungen zu Umfang und Flächeninhalt

Peter möchte seinem Kaninchen einen Käfig mit einer rechteckigen Grundfläche bauen. Er hat 16 m Maschendraht zur Verfügung.

a) Zeichne vier unterschiedliche Entwürfe im Maßstab 1 : 100.

b) Vergleiche jeweils den Flächeninhalt.

c) Welchen Entwurf soll er wählen? Begründe deine Entscheidung.

d) Prüfe mit einem selbst gewählten Umfang, ob bei Rechtecken immer das Quadrat den größten Flächeninhalt besitzt. Wähle zunächst den Umfang so, dass du leicht ein Quadrat zeichnen kannst.

978-3-12-740457-9 Schnittpunkt Serviceblätter 5/6

Kleine Bäume und große Menschen

Welche Figur hat den größten Flächeninhalt? Schätze und ordne die Figuren nach der Größe ihres Inhalts. Bestimme dann ihren Flächeninhalt (Anzahl der Kästchen), indem du sie in geschickte Teilflächen zerlegst. Zeichne die Zerlegungen in die Figuren ein.

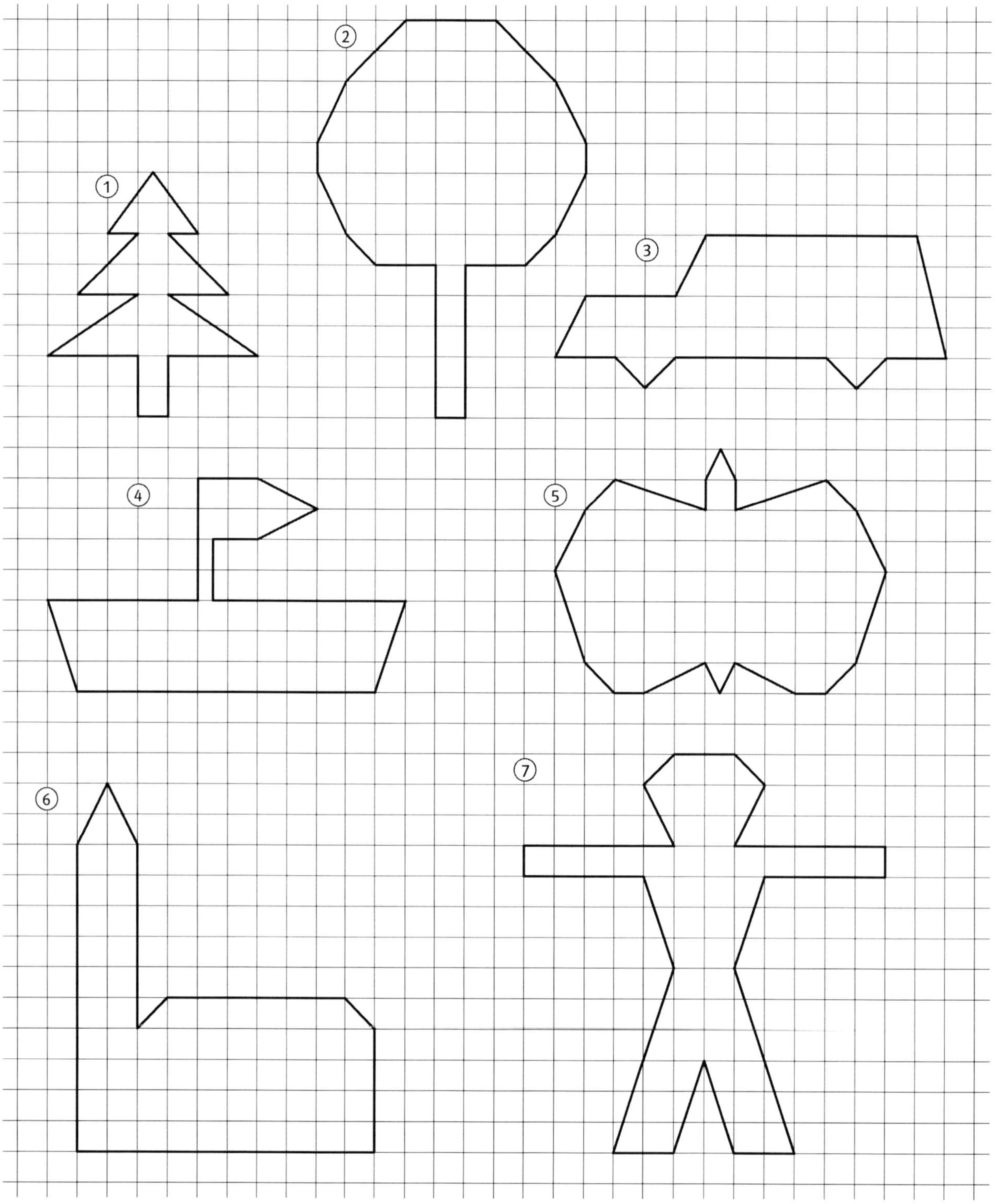

Flächen-Trimono

Materialbedarf: Schere

Schneide die Dreiecke aus und setze sie richtig zusammen.
Die gleichen Größen müssen immer aneinander stoßen.

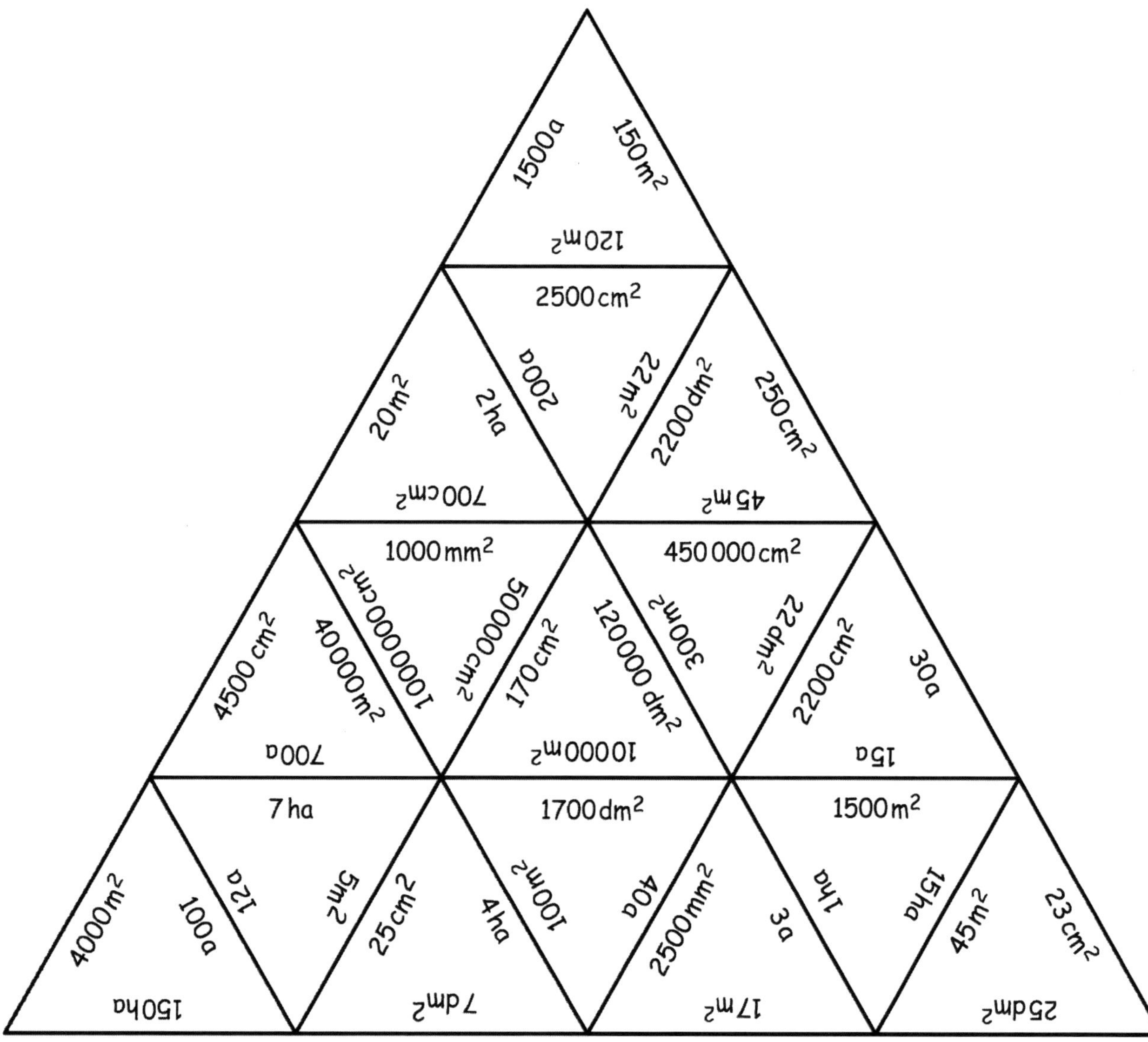

Einheiten-Domino

Material: Schere

Spielbeschreibung: Schneide die Dominosteine entlang der dickeren Linien aus. Lege die Steine dann so aneinander, dass die beiden Teile, die aneinander stoßen, zusammen passen. So erhältst du eine schöne Dominoschlange mit einem Anfangs- und einem Endpunkt.

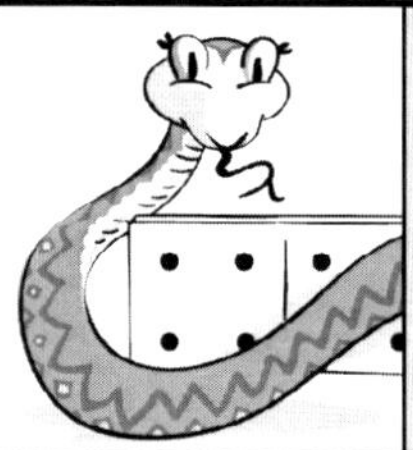	Umwandlungszahl bei Volumeneinheiten:	4000 mm^2	0,4 cm^3
3 m^2 9 dm^2	3,9 m^3	1000	4 cm^3
4 mm^2	3,09 m^3	4000 mm^3	Umwandlungszahl bei Flächeneinheiten:
3090 Liter	3,09 m^2	3 m^3 900 dm^3	3,9 m^2
400 mm^3	0,04 cm^3	40 mm^3	0,04 cm^2
100	40 cm^2	390 dm^2	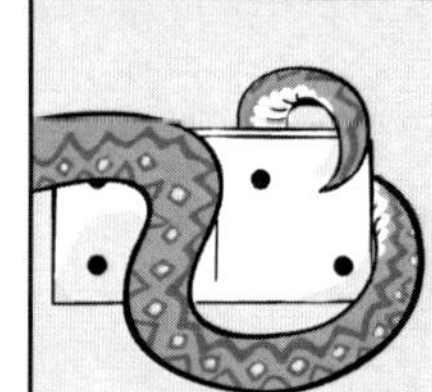

Der Quader – Aufgaben zum Überlegen und Begründen

1 a) Für einen Quader gilt die Formel V = a · b · c.
Erläutere sie mit deinen eigenen Worten am Beispiel des folgenden Quaders:
a = 4 cm; b = 2 cm; c = 3 cm.
Ergänze dazu auch die nebenstehende Skizze.

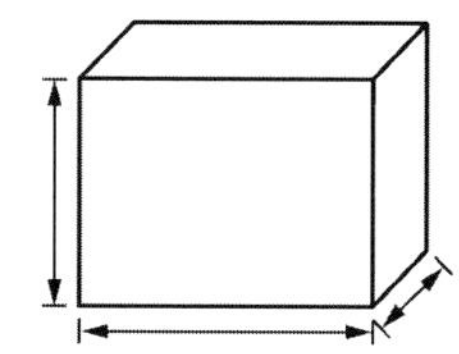

b) Gilt diese Formel auch für nebenstehenden Körper? Begründe.

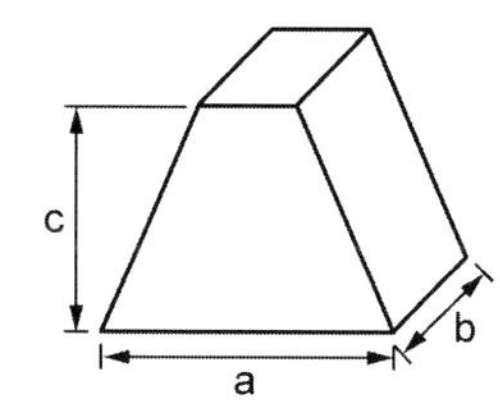

2 a) Bei einem Quader wird die Höhe verdoppelt. Breite und Länge bleiben gleich.
Wie ändert sich das Volumen?

b) Höhe und Länge werden verdreifacht. Die Breite bleibt gleich.
Wie ändert sich das Volumen?

3 a) Eine quadratische Säule (vgl. Skizze) hat als Grundfläche ein Quadrat.
Klara bezeichnet Länge und Breite mit demselben Buchstaben a.
Ist das korrekt? Begründe.

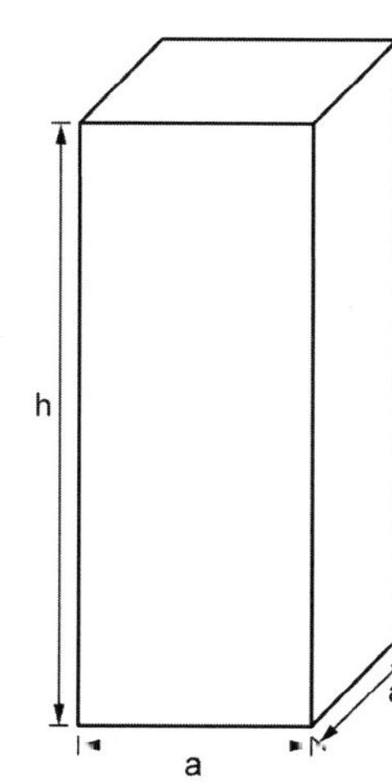

b) Stelle eine Formel für die Volumenberechnung der quadratischen Säule auf.

V = ______________________

4 Klaus möchte einen Quader mit einem Volumen von 20 cm^3 basteln. Er nimmt für die Länge sechs und für die Breite vier Kubikzentimeterwürfel. Nimm Stellung.

Rechtecke aus Draht

1 Aus Draht wird ein Rechteck gebastelt. Berechne die Länge des Drahtes (D), wenn eine Seite 7 cm und die andere Seite 5 cm lang ist.
a) Notiere zuerst eine Rechnung.

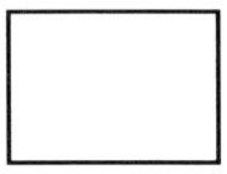

D = ________________________ = ________________________

b) Bezeichne die längere Seite des Rechtecks mit x und die kürzere mit y.
Stelle einen **Term** zur Berechnung der Drahtlänge D auf, der für **alle Rechtecke** verwendet werden kann.

D = ________________________

c) Vervollständige mithilfe deines Terms die Tabelle.

Länge x	8,1 cm	13 cm		0,6
Breite y	2 cm		120 cm	3,2
Drahtlänge D		30 cm	300 cm	

2 Zur Verbesserung der Stabilität wird in der Mitte der langen Rechtecksseite noch ein Drahtstück eingezogen. Wie viel Draht benötigt man jetzt für das Rechteck mit den gleichen Seitenlängen wie das aus Aufgabe 1a)?
a) Löse zuerst mithilfe eines Zahlenterms.

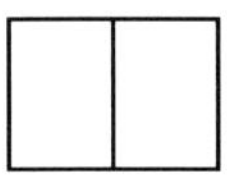

D = ________________________ = ________________________

b) Stelle einen Term für alle Rechtecke auf. Nenne die längere Seite x und die andere y.

D = ________________________

c) Vervollständige die Tabelle.

x	24 cm		1,8 cm
y	6 cm	3 cm	
Drahtlänge D		17 cm	6,9 cm

3 Gib einen Term zur Berechnung der Gesamtdrahtlänge an. Vervollständige die Tabelle.
Die längere Seite ist x, die kürzere y.

a)

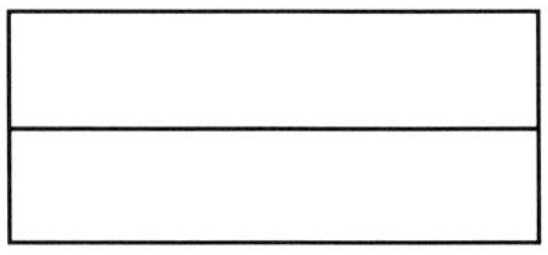

D = ____________

x	4 cm		1,5 cm
y	2 cm	3 cm	
Drahtlänge D		27 cm	6,1 cm

b)

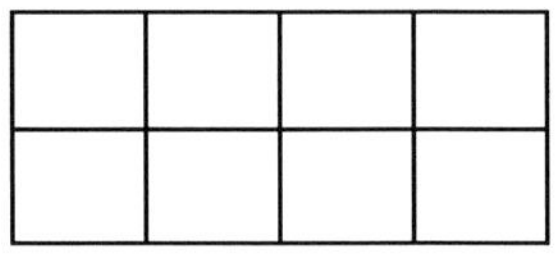

D = ____________

x	5 cm		1,8 cm
y	4 cm	4 cm	
Drahtlänge D		41 cm	7,9 cm

Noch mehr Rechtecke

1 Zeichne in das Rechteck Zentimeterquadrate ein. Überlege anhand der Zeichnung, wie du den Flächeninhalt berechnen kannst.
a) Notiere die Rechenvorschrift in Worten und als Zahlenterm.

____

____

____

____

b) Bezeichne die Rechtecklänge mit l und die Breite mit b. Notiere einen allgemeinen Term zur Flächenberechnung.

A = ______________________________

c) Berechne die fehlenden Größen.
Alle Flächen sind Rechtecke.

Länge (l)	3,2 cm		25 cm
Breite (b)	3 cm	4 cm	
Fläche (A)		48 cm^2	175 cm^2

d) Überlege, welche Vorteile eine solche Rechenvorschrift hat. Notiere Stichworte.

____

____

____

e) Untersuche mithilfe der Formel, welche Auswirkung das Verdoppeln einer oder beider Seitenlängen auf den Flächeninhalt hat. Trage deine Werte in die Tabelle ein. Notiere die Feststellung.

	Originalgröße	l verdoppelt	b verdoppelt	beide verdoppelt
Länge (l)				
Breite (b)				
Fläche (A)				

____

f) Lea möchte ein Kaninchengehege bauen, das 2,4 m lang ist und eine Fläche von 3,6 m^2 haben soll. Sie überlegt sich die Breite. Erkläre ihr die notwendige Rechnung. Verwende dazu die Rechenformel.

____

____

2 Stelle eine entsprechende Formel für den Flächeninhalt eines Quadrats auf.
Benötigst du wieder zwei unterschiedliche Variable? Begründe auf der Rückseite.

____

978-3-12-740457-9 Schnittpunkt Serviceblätter 5/6

Ernst Klett Verlag GmbH, Stuttgart 2007

Zahlenrätsel und Terme

1 Denke dir eine Zahl. Addiere 3. Verdopple das Ergebnis. Subtrahiere 4. Dividiere das Ergebnis durch 2. Subtrahiere die ursprünglich gedachte Zahl.
Welche Zahl erhältst du? Experimentiere anhand mehrerer Ausgangszahlen.

Zur Begründung der Lösung denken wir uns die von einem Schüler gedachte (unbekannte) Zahl durch
a) ein Säckchen dargestellt, das eine unbekannte Anzahl an Kugeln enthält
b) die Variable x dargestellt.

	a)	b)
Denke dir eine Zahl.		x
Addiere 3.	 □□□	$x + 3$
Verdopple das Ergebnis.		
Subtrahiere 4.		
Dividiere das Ergebnis durch 2 (halbiere das Ergebnis).		
Subtrahiere die gedachte Zahl.		

2 Begründe die folgenden zwei Zahlenrätsel wie oben.

a) Denke dir eine Zahl. Addiere 1. Verdreifache das Ergebnis. Subtrahiere das Dreifache der gedachten Zahl. Du erhältst 3!

b) Denke dir eine Zahl. Vervierfache sie. Addiere 4. Dividiere das Ergebnis durch 4. Du erhältst eine um eins größere Zahl.

3 Stelle selber eine „Termkette“ auf, die wieder zu der gedachten Zahl führt. Überlege dir ein dazu passendes Rätsel. Du kannst das Rätsel auch zu einem Zaubertrick ausbauen. Vielleicht fällt dir ein passender Zauberspruch ein.

Rauten und mehr

1 Unten siehst du eine Raute.

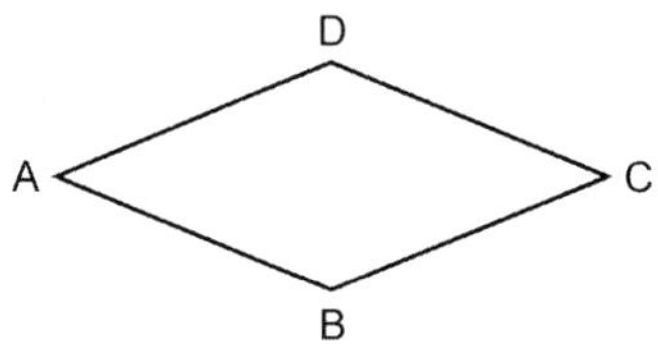

a) Darfst du alle vier Seiten mit dem gleichen Buchstaben bezeichnen? Begründe.

b) Stelle eine Formel zur Umfangsberechnung auf.

U = ______________________

c) Berechne mit der Formel die fehlenden Werte für eine Raute.

Seitenlänge	3 cm	1,2 cm	12 cm	4,8 cm
Umfang				

d) Wie ändert sich der Umfang, wenn die Seitenlänge vervierfacht wird? ______________________

e) Welche Seitenlänge muss eine Raute mit Umfang 220 cm haben? Erläutere deinen Rechenweg.

____

2 Welches Viereck hat dieselbe Umfangsformel wie die Raute?

a) Zeichne es (a = 3,0 cm).

b) Zähle einige besondere Eigenschaften dieses Vierecks auf.

3 Unten siehst du ein Parallelogramm.

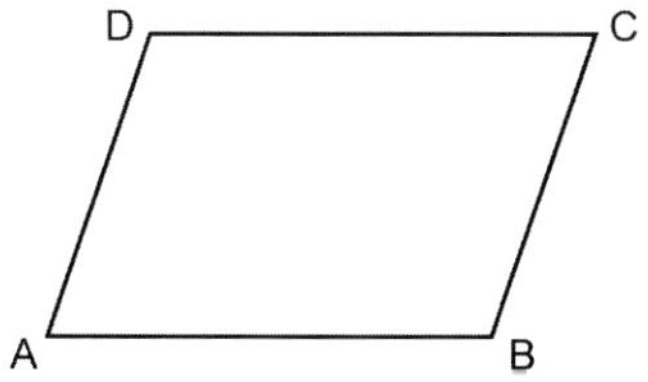

a) Darfst du alle Seiten mit dem gleichen Buchstaben bezeichnen? Begründe.

b) Stelle eine Formel zur Umfangsberechnung auf:

U = ______________________

c) Ein Parallelogramm soll den Umfang 30 cm und die Länge 7 cm haben. Berechne die Breite. Notiere deine Rechnungen ausführlich.

____

____

978-3-12-740457-9 Schnittpunkt Serviceblätter 5/6

Ernst Klett Verlag GmbH, Stuttgart 2007

Rund um den Würfel

Gegeben ist ein Würfel mit der Kantenlänge 4,0 cm.

1 a) Zeichne das Schrägbild.

b) Zeichne das Netz im Maßstab 1:4.

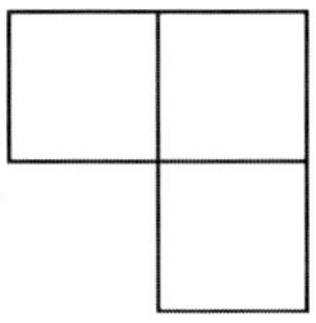

c) Berechne die Oberfläche.

____

____

____

____

____

____

2 a) Stelle einen Zahlenterm für die Berechnung der Oberfläche auf: O = ______________

b) Stelle einen Buchstabenterm für die Berechnung der Oberfläche auf, der für alle Würfel gilt. Wie viele unterschiedliche Variablen benötigst du? Begründe.

______________________________ O = ______________

3 Erinnere dich! Wie wurde das Volumen eines Würfels berechnet?
a) Stelle einen Zahlenterm auf. Die Skizze hilft dir bei der Lösung.

V = ______________________________

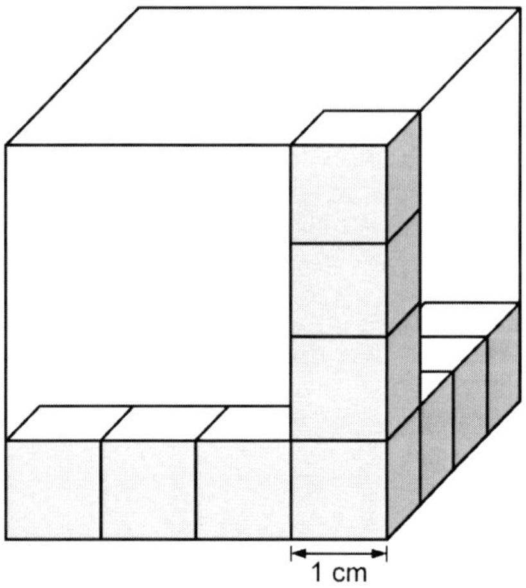

b) Stelle einen Buchstabenterm auf:

V = ______________________________

c) Berechne das Volumen für die Kantenlänge 4 cm.

V = ______________________________

4 a) Vervollständige die Tabelle mithilfe der Formeln.

Kantenlänge	2 cm	8 cm		
Oberfläche			54 cm²	
Volumen				1 000 cm³

b) Wie ändert sich die Oberfläche bzw. das Volumen, wenn die Kantenlänge verdoppelt wird?

____

Verschnürungen

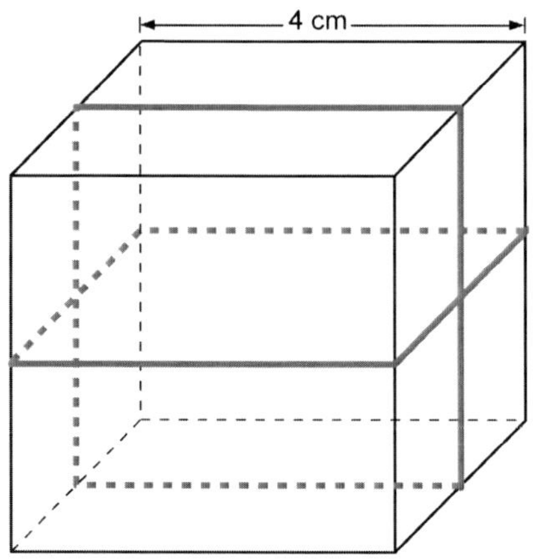

1 a) Ein würfelförmiges Paket wird verschnürt. Stelle einen Zahlenterm zur Berechnung der Schnurlänge auf.

S = ______________________________

Stelle eine Zahlenterm auf, wenn für die Schlaufe 5 cm hinzukommen.

S = ______________________________

b) Bezeichne die Kantenlänge des Paketes mit a. Stelle einen Buchstabenterm für die Schnurlänge S auf (ohne Schlaufe).

S = ______________________________

Ergänze den Buchstabenterm um die für die Schlaufe benötigte Schnurlänge.

S = ______________________________

c) Berechne die Schnurlänge für a = 9 cm mithilfe deiner Formel.

S = ____________________ = ____________________

d) Stelle für die Kantenlänge a einen Buchstabenterm zur Berechnung der Gesamtkantenlänge K des Würfels auf.

K = ______________________________

e) Die Gesamtkantenlänge eines Würfels beträgt K = 72 cm. Wie lang ist eine Kante? Berechne sie mit deiner eben aufgestellten Formel. Wie viel Schnur wird jetzt benötigt?

____

____

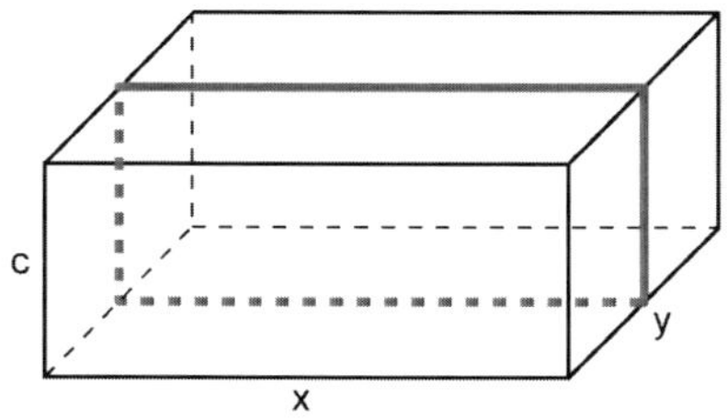

2 Die Schachtel ist ein Quader.
a) Berechne die Schnurlänge S und die gesamte Kantenlänge K. Die Schachtel hat die Länge x = 5 cm, die Breite y = 4 cm und die Höhe c = 2 cm.

S = ____________ K = ____________

b) Stelle Formeln für die Schnurlänge (S) und die Gesamtkantenlänge (K) auf. Bezeichne die Länge mit x, die Breite mit y und die Höhe mit c.

S = ____________ K = ____________

c) Welche Maße sind bei einer Schnurlänge von 30 cm möglich? Überlege mithilfe der Formel.

____

____

d) Für eine weitere Verschnürung gilt: S = 4 x + 4 y + 4 c. Ergänze die Skizze entsprechend.

978-3-12-740457-9 Schnittpunkt Serviceblätter 5/6

Ernst Klett Verlag GmbH, Stuttgart 2007

Temperaturunterschiede in Fantasiedorf

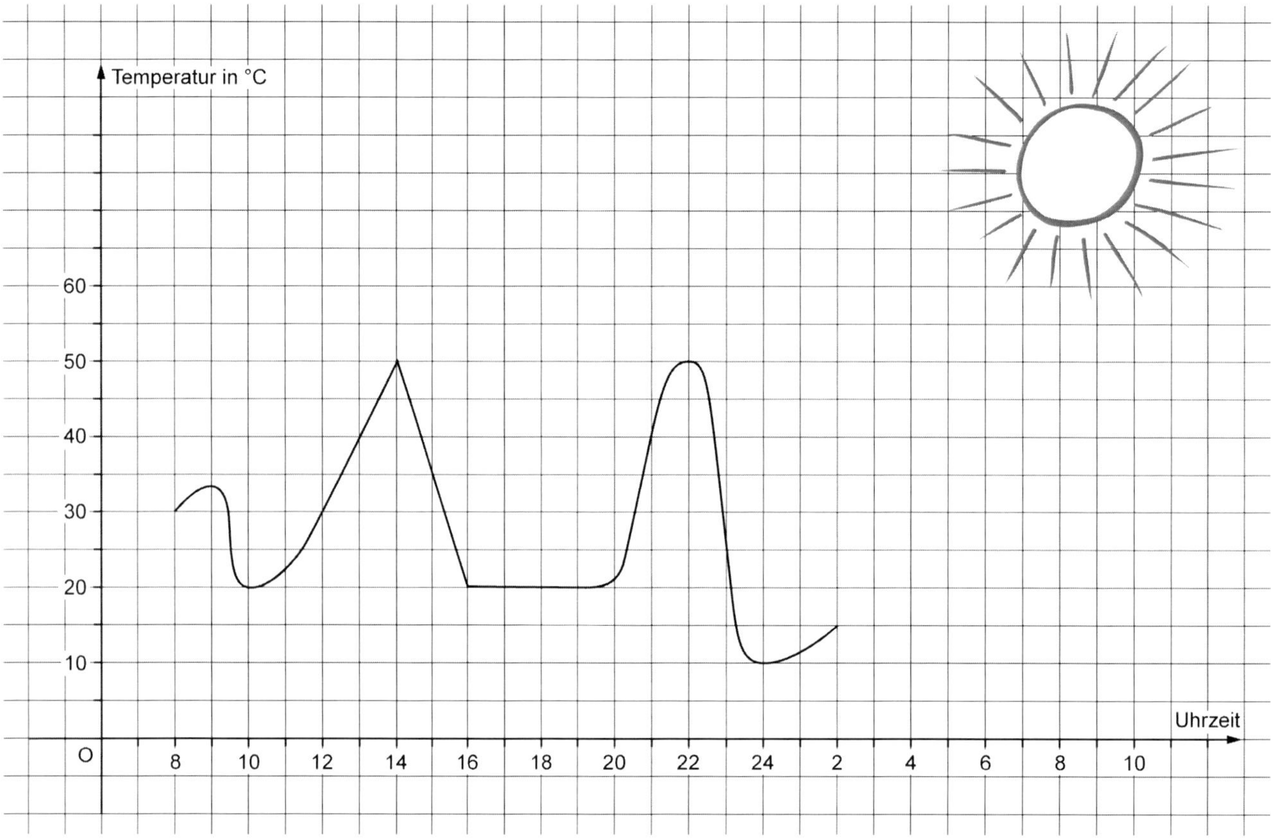

Der obige Graph gibt den Temperaturverlauf an einem Tag in Fantasiedorf wieder.

1 Welche Aussagen sind richtig? Notiere r (richtig) oder f (falsch).

1. Die Temperatur war um 12 Uhr über 20 °C. ☐
2. Um 10 Uhr waren es 20 °C. ☐
3. Um 23 Uhr war es wärmer als um 10 Uhr. ☐
4. Zwischen 10 und 18 Uhr stieg die Temperatur immer an. ☐
5. Zwei Mal betrug die Temperatur 50 °C. ☐
6. Von 16 bis 24 Uhr ist die Temperatur um 40 °C gefallen. ☐
7. Von 20 bis 22 Uhr ist die Temperatur gleichmäßig angestiegen. ☐
8. Von 14 bis 16 Uhr ist die Temperatur gleichmäßig gefallen. ☐
9. Von 16 bis 19 Uhr blieb die Temperatur gleich. ☐
10. Zwischen 8 und 12 Uhr waren es nie über 40 °C. ☐

2 Wann war die tiefste Temperatur in Fantasiedorf?
Notiere das Wertepaar (Uhrzeit und Temperatur). ____________________

3 Erläutere, wie du die Temperatur um 11.30 Uhr ablesen kannst.

____

____

4 Nach 2 Uhr nachts wurde folgendes festgestellt: Die Temperatur stieg von 2 bis 8 Uhr gleichmäßig an. Um 8.00 Uhr waren es 30 °C. Von 8 bis 10 Uhr blieb die Temperatur gleich. Ergänze den Graphen.

Ernst Klett Verlag GmbH, Stuttgart 2007

Schraubenpreise – Graphen interpretieren

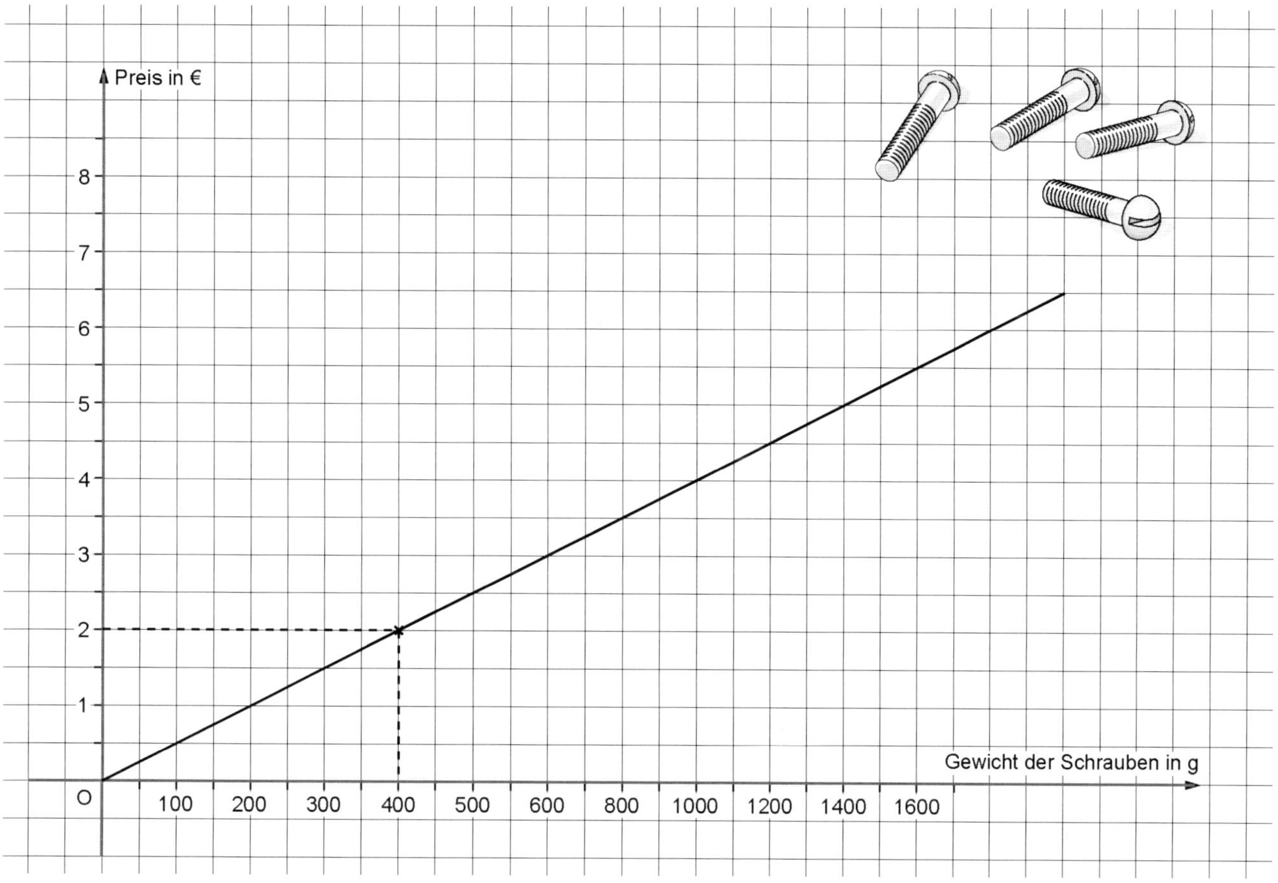

1 In diesem Graphen ist die Zuordnung von zwei Größen dargestellt. Welche Größen werden hier einander zugeordnet?

______________________ → ______________________

2 In der Zeichnung ist die Zuordnung eines Größenpaares hervorgehoben. Wie heißt dieses Größenpaar?

____

3 Markiere auf dem Graphen zwei weitere Größenpaare und notiere sie.

____

4 a) Lies aus dem Graphen ab, wie viel 600 g Schrauben kosten. ______________________

b) Welche Schraubenmenge kann für 1 Euro bzw. für 4,50 Euro gekauft werden?

1 € ______________________ 4,50 € ______________________

5 Wie ändert sich der Preis, wenn doppelt so viel gekauft wird? Prüfe an mindestens drei Beispielen.

Beispiele: ____

Feststellung: ____

____

978-3-12-740457-9 Schnittpunkt Serviceblätter 5/6

Ernst Klett Verlag GmbH, Stuttgart 2007

Verständnisaufgaben

1

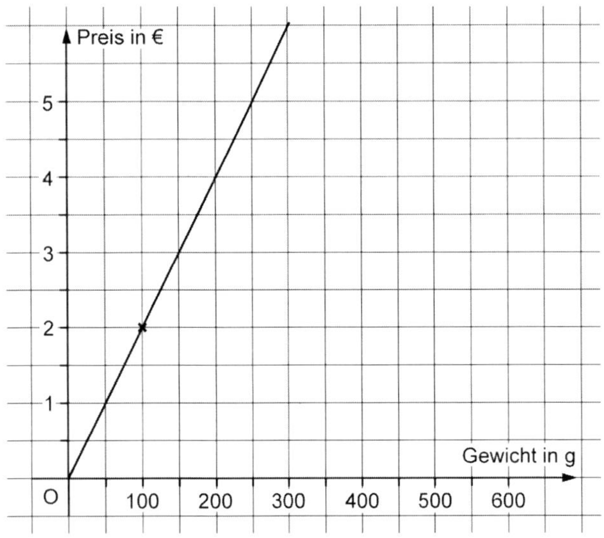

Stellt der Graph eine proportionale Zuordnung dar? Begründe deine Antwort mit mehreren Aussagen.

2 Vervollständige die Tabelle mit den Zahlen so, dass eine proportionale Zuordnung entsteht.

Größe x					2
Größe y	1	2	3	4	

(K) 12 (L) 10 (U) $\frac{2}{3}$ (A) $\frac{4}{3}$ (H) $\frac{1}{2}$ (W) $\frac{2}{9}$ (R) $\frac{1}{6}$ (O) $\frac{1}{3}$

Die **nicht** in die Tabelle einsetzbaren Zahlen ergeben ein Lösungswort.

3 Sind die Aussagen für proportionale Zuordnungen richtig oder falsch? Kreuze an.

Aussage	richtig	falsch
4 kg kosten 6,40 €. 500 g kosten den achten Teil von 6,40 €.		
1 kg einer Ware kostet 4,50 €. $\frac{1}{4}$ kg davon kostet viermal so viel.		
250 g kostet 3,45 €. 1 kg kostet viermal so viel.		
Klaus überlegt: Wenn 200 g 4 € kosten, dann kostet 450 g $2 \cdot 4€ + 1€ = 9€$. Wie hat Klaus überlegt?		
1,6 kg einer Ware kosten 8 €. Wie viel kosten 1,2 kg? Marc überlegt so: $8€ - 1€ = 7€$. Wie hat er überlegt?		

4 Proportional, näherungsweise proportional oder nicht proportional? Entscheide und begründe.
a) Karin lernt in der Realschule sechs Jahre Englisch. Im ersten Jahr lernt sie 300 englische Wörter. Wie viele lernt sie in den sechs Jahren?
b) Gerd läuft beim 5000-m-Lauf den ersten Kilometer in vier Minuten. Wie lange benötigt er für 5 km?
c) Zwei Arbeiter benötigen für den Aushub eines Grabens acht Stunden. Wie lange benötigen vier Arbeiter?
d) Ein Füller kostet 4,50 €. Wie viel kosten drei dieser Füller?

Das Schneckenrennen – Lehrerinformation

Die Bearbeitung der ► Serviceblätter „Das Schneckenrennen (1) bis (5)", Seiten 120 bis 124, kann das Verständnis für die unterschiedlichen Darstellungsformen von Zuordnungen starten (nach einer Idee von Dr. M. Vogel, PH Ludwigsburg).

Unterrichtsverlauf:

Die Schüler werden erzählerisch in das Szenario eines „Schneckenrennens" eingeführt, in dem sechs Schnecken auf einer 50 cm langen Rennstrecke gegeneinander antreten. Jeder Rennverlauf ist durch eine Reporterbeschreibung, eine Renntabelle und ein Weg-Zeit-Diagramm dargestellt.

Die Schülerinnen und Schüler, die sich in Vierergruppen aufgeteilt haben, erhalten nun die Aufgabe, die verschiedenen Rennverläufe zu sortieren, indem sie die Tabellen, Schaubilder und Rennbeschreibungen einander zuordnen. Sie müssen dazu die in Bezug auf Tabelle und Schaubild unwesentlichen Angaben der Verbalbeschreibungen bei der Sortierung aussondern, oder anders gesagt, die wesentlichen Angaben herauspicken. Angesichts der zum Teil sehr ausführlichen Rennkommentare muss man genügend Zeit für diese Phase einplanen. Als Ergebnis halten die einzelnen Gruppen die Ergebnisse ihrer Zuordnung über die Merkmale Schneckenname, Startnummer und Trikotfarbe fest.

Zur Differenzierung können die Gruppen, die früher fertig sind, bereits überlegen, welche Schnecke den Lauf bis zur 50-cm-Marke unter Beibehaltung der letztgenannten Geschwindigkeit gewinnen wird.
Die Ergebnisse der Gruppenarbeit werden gemeinsam in der Klasse besprochen. Hier können offene Fragen und Unklarheiten thematisiert werden.
Auch in dieser Phase ist darauf zu achten, dass die Lernenden ihre Antworten ausführlich begründen.
In der anschließenden Einzelarbeit sollen die Schülerinnen und Schüler die unterschiedlichen Bewegungsmerkmale des Schneckenrennens in Tabelle, Text und Schaubild farbig markieren: stehen bleiben – am Start schummeln – schneller werden – langsamer werden – zurücklaufen – den Start verpassen – Zeitstrafe absitzen – Wegstrafe erhalten.
Die anschließende Besprechung dient in diesem Fall dazu, die sprachlichen Umschreibungen mit den entsprechenden Veränderungen in Tabelle und Schaubild in Verbindung zu bringen und bei Verständnisfragen gegebenenfalls zu problematisieren.

Nach der intensiven Auseinandersetzung mit den vorgegebenen Rennverläufen in Sprache, Bild und Tabelle sind die Schülerinnen und Schüler nun in der Lage, neue Rennverläufe sinnvoll zu konstruieren. Hierzu entwerfen sie auf Millimeterpapier das Schaubild des Rennverlaufes eines weiteren Rennteilnehmers. Anschließend tauschen jeweils die Tischnachbarn ihre Schaubilder aus. Jeder schreibt nun zu dem erhaltenen Schaubild die zugehörige Tabelle und einen passenden Rennkommentar. Wenn die Schülerinnen und Schüler mit dieser Aufgabe fertig sind, tauschen sie ihre Arbeiten wieder mit demselben Tischnachbarn zurück und vergleichen die Ausführungen ihres Nachbarn mit dem eigenen konstruierten Rennverlauf.

Als inhaltlich anspruchsvollste Aufgabe erhalten die Schülerinnen und Schüler nach diesem Vorlauf eine fertige Verbalbeschreibung einer weiteren Rennschnecke. Sie sollen diese auf ihren mathematischen Gehalt hin interpretieren und durch eine entsprechende Darstellung in Tabelle und Schaubild selbst mathematisieren. Im Anschluss daran können die Schülerinnen und Schüler ihre Ergebnisse mit einer vorgegebenen Lösungskopie selbst überprüfen. Nur wenn Unklarheiten bestehen bleiben, erfolgt eine Besprechung im Klassenverband, ansonsten soll hier durch die Selbstkontrolle die Eigenverantwortlichkeit gefördert werden.

Der Rennsieger unter Beibehaltung der letztgenannten Geschwindigkeit kann über verschiedene Lösungswege ermittelt werden. Zwei sehr anschauliche Lösungswege sind in der geeigneten Schaubild- bzw. Tabellenfortsetzung zu sehen. Die Lösung über das Dreisatzverfahren ist zu diesem Zeitpunkt noch nicht möglich.

Noch einige Bemerkungen zum Schluss: Die hier skizzierte Unterrichtssequenz ist in ihrer unterrichtlichen Umsetzung, auch was die zeitliche Einteilung anbelangt, variabel handhabbar. Die Abfolge ist nicht zwingend, sondern dient als Vorschlag für eigene didaktisch-methodische Entscheidungen. Wesentlicher als die Abfolge ist die unterrichts-situative Passung, welcher im Sinne eines verständnis-, zum Beispiel schülerorientierten Zugangs zur Thematik oberste Priorität eingeräumt werden sollte.
Eine mögliche Erweiterung dieser Unterrichtseinheit in Richtung Entwicklung des Proportionalitätsbegriffs wird an der Schnecke „Gustav" deutlich.
Außerdem bieten ähnliche Aufgabenstellungen, die über ein Tabellenkalkulationsprogramm durch die Schüler selbst entwickelt werden, gute Möglichkeiten für einen computergestützten Mathematikunterricht.

Das Schneckenrennen (1)

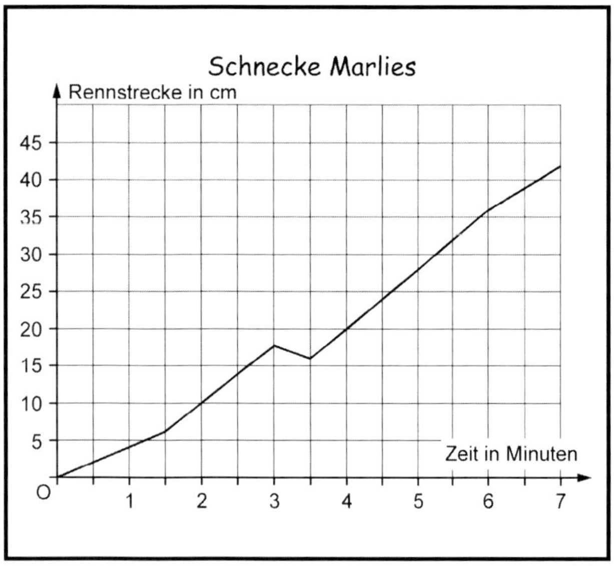

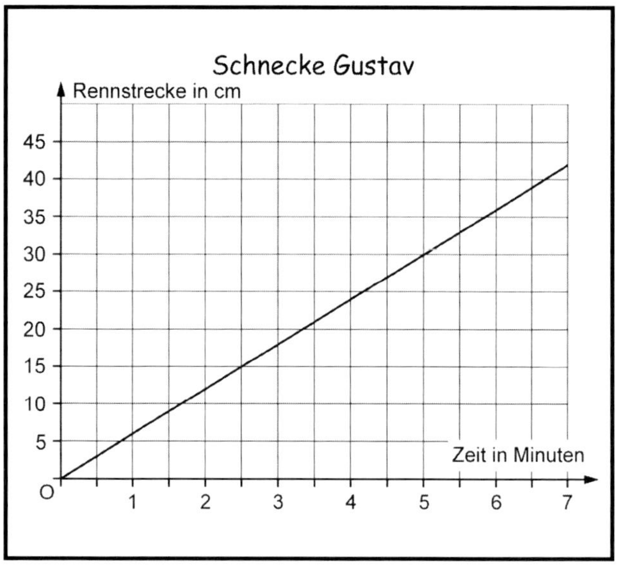

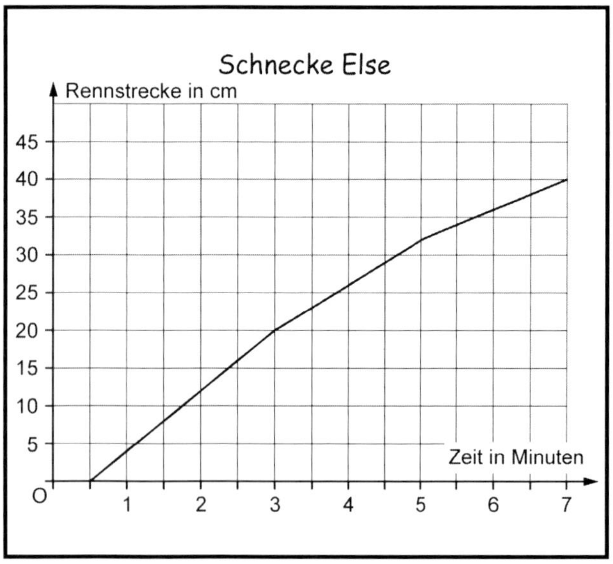

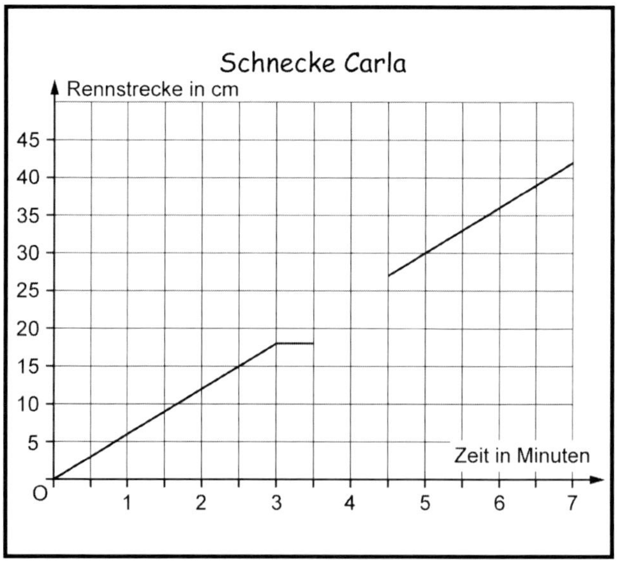

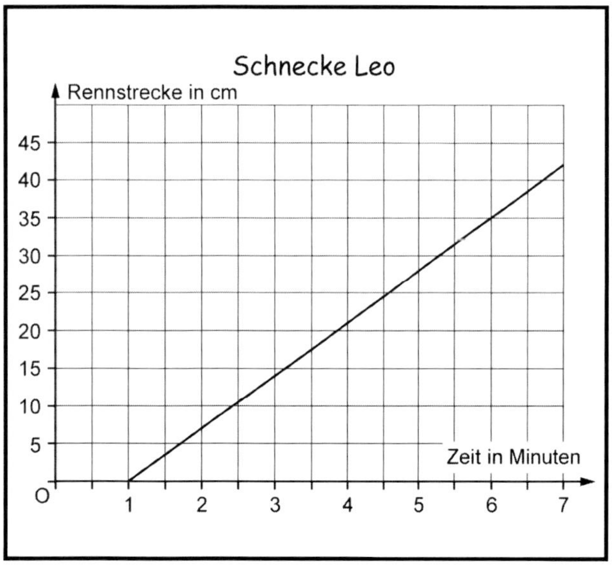

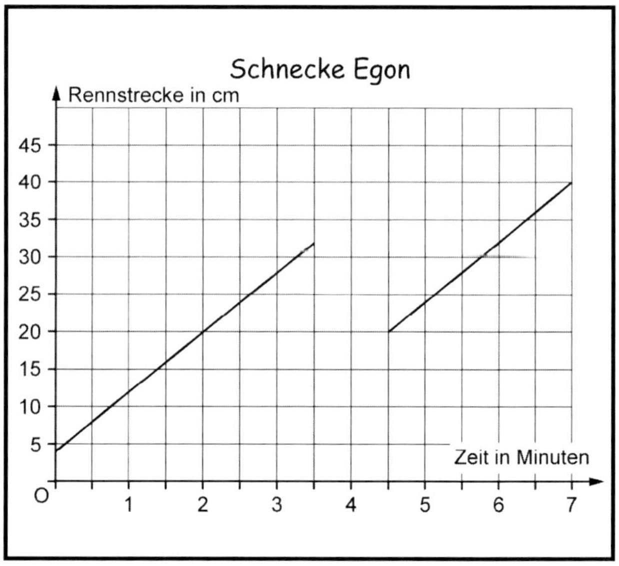

† Gruppenarbeit

Das Schneckenrennen (2)

Schnecke mit der Startnummer 1															
Zeit in min.	0	0,5	1	1,5	2	2,5	3	3,5	4	4,5	5	5,5	6	6,5	7
Strecke in cm	0,0	2,0	4,0	6,0	10,0	14,0	18,0	16,0	20,0	24,0	28,0	32,0	36,0	39,0	42,0

Schnecke mit der Startnummer 2															
Zeit in min.	0	0,5	1	1,5	2	2,5	3	3,5		4,5	5	5,5	6	6,5	7
Strecke in cm	0,0	3,0	6,0	9,0	12,0	15,0	18,0	18,0		27,0	30,0	33,0	36,0	39,0	42,0

Schnecke mit der Startnummer 3															
Zeit in min.	0	0,5	1	1,5	2	2,5	3	3,5	4	4,5	5	5,5	6	6,5	7
Strecke in cm	0,0	0,0	4,0	8,0	12,0	16,0	20,0	23,0	26,0	29,0	32,0	34,0	36,0	38,0	40,0

Schnecke mit der Startnummer 4															
Zeit in min.	0	0,5	1	1,5	2	2,5	3	3,5	4	4,5	5	5,5	6	6,5	7
Strecke in cm	0,0	0,0	0,0	3,5	7,0	10,5	14,0	17,5	21,0	24,5	28,0	31,5	35,0	38,5	42,0

Schnecke mit der Startnummer 5															
Zeit in min.	0	0,5	1	1,5	2	2,5	3	3,5	4	4,5	5	5,5	6	6,5	7
Strecke in cm	0,0	3,0	6,0	9,0	12,0	15,0	18,0	21,0	24,0	27,0	30,0	33,0	36,0	39,0	42,0

Schnecke mit der Startnummer 6															
Zeit in min.	0	0,5	1	1,5	2	2,5	3	3,5		4,5	5	5,5	6	6,5	7
Strecke in cm	4,0	8,0	12,0	16,0	20,0	24,0	28,0	32,0		20,0	24,0	28,0	32,0	36,0	40,0

† Gruppenarbeit

Das Schneckenrennen (3)

Rennbeschreibungen

Die Schnecke mit dem **grünen** Trikot ist eine bedächtige Schnecke und sie glaubt an die Gleichmäßigkeit der Geschwindigkeit, die zum Sieg verhelfen wird. Deshalb wählt sie mit dem Startschuss eine Geschwindigkeit, mit der sie in 1 min 6 cm zurücklegt, weil sie weiß, dass sie diese Geschwindigkeit über den gesamten Rennverlauf halten kann. Und tatsächlich, nach 2 min des Rennens liegt sie gleichauf mit der Verfolgergruppe der führenden Schnecke, die allerdings beim Start geschummelt hat und sicher noch disqualifiziert werden wird. Sie will sich gerade Sorgen über die Schnecke mit dem gelben Trikot machen, die sich aus dem Verfolgerfeld gelöst hat, als die neben ihr laufende Schnecke 1 auf einmal umkehrt. Besorgt, ob etwas passiert ist, bleibt sie stehen und bietet der umkehrenden Schnecke ihre Hilfe an. Als sie sich vergewissert hat, dass keine Hilfe vonnöten ist, will sie gerade ihr Rennen wieder aufnehmen, als die große Hand der Rennleitung sie zur Belohnung für ihre Hilfsbereitschaft auf die Stelle setzt, an die sie bei gleich bleibender Geschwindigkeit nach 1 min Rennunterbrechung gelangt wäre. „Das ist fair.", denkt sie und setzt das Rennen mit ihrer Anfangstaktik fort. Tatsächlich überquert sie mit der Führungsgruppe aus drei weiteren Schnecken damit zum gleichen Zeitpunkt die 42-cm-Marke.

Die Schnecke mit dem **roten** Trikot ist vor dem Start beleidigt, weil man ihr die Außenbahn zugewiesen hat, obwohl sie als stärkste Läuferin im Teilnehmerkreis gilt. „Na wartet,", denkt sie sich, „ich werde heute nicht nur gewinnen, sondern auch noch das ganze Feld durch einen absolut überlegenen Sieg deklassieren." Still und heimlich lässt sie ihren Startblock auf der Außenbahn um 4 cm nach vorne verschieben und mit dem Startschuss spurtet sie mit dem mörderischen Tempo von 8 cm in einer Minute los. „Läuft ja alles glatt.", denkt sie sich nach 2,5 min, als sie das Verfolgerfeld schon weit hinter sich sieht und rennt in gleichem Tempo weiter. Plötzlich merkt sie nach einer weiteren Minute, wie sie vom Boden hochgehoben und 1 min in der Luft gehalten wird. Unter sich sieht sie, wie das Feld immer weiter zieht, sie strampelt und schreit, aber erst nach 1 min in der Luft wird sie wieder abgesetzt und dann auch noch bei der 20-cm-Marke. „Frechheit!", denkt sie sich, weiß aber, dass sie eigentlich im Unrecht war.Trotzdem gibt sie nicht auf: mit einer unglaublich hohen Anfangsgeschwindigkeit von 4 cm in einer halben Minute zieht sie abermals los und holt tatsächlich immer mehr auf. 7 min nach Rennbeginn hat sie wieder zur Schnecke mit dem gelben Trikot aufgeschlossen. Ob es ihr gelingt, die anderen auch noch einzuholen?

Die Schnecke mit dem **gelben** Trikot steht wie die anderen gespannt an der Startlinie, als sie plötzlich merkt, dass einer ihrer Rennschuhe offen ist. „Verflixt!", denkt sie und bückt sich schnell, um ihre Schuhe zu binden. Als sie wieder aufblickt, sind die anderen schon gestartet. „Noch mal verflixt!", entfährt es ihr und sie spurtet mit der gleichen Geschwindigkeit wie die Schnecke, die zu diesem Zeitpunkt in Führung liegt, los. Mit diesem Tempo hat sie nach 2 min des Rennverlaufs gut zu den anderen Schnecken aufgeschlossen. „Weiter so!", denkt sie, aber bereits 1 min später muss sie ihrem hohen Anfangstempo Tribut zollen und verlangsamt sich auf die Geschwindigkeit von 6 cm in 1 min. Als sie mit diesem Tempo die 30-cm-Marke überquert und feststellt, dass sie zu diesem Zeitpunkt in Führung liegt, denkt sie: „Jetzt schaukeln wir das Rennen noch gemütlich nach Hause.", und verringert ihr Tempo ab der 5. Rennminute auf die Geschwindigkeit von 8 cm in 2 min. Damit ist sie allerdings zusammen mit der roten Rennschnecke auf den letzten Platz zurückgefallen, als sie die 40-cm-Marke erreicht.

† Gruppenarbeit

Das Schneckenrennen (4)

Rennbeschreibungen

Die Schnecke mit dem **braunen** Trikot ist eine taktisch gewiefte Schnecke und sie startet das Rennen beim Startschuss mit dem Vorhaben, erst langsam zu beginnen und dann durch die gesparten Kraftreserven das Feld von hinten aufzurollen. Als sie auch noch sieht, wie zwei Renngegner zunächst am Startplatz zurückbleiben, ist sie sich ihrer Taktik erst recht sicher und beschleunigt nach 1,5 Rennminuten auf das Doppelte ihrer Anfangsgeschwindigkeit. Als sie sich nach weiteren 1,5 min gerade freuen will, dass die nächste vor ihr liegende Schnecke gerade langsamer wird, verliert sie ihren Schuh und muss 2 cm zurückkriechen, um diesen anzuziehen. Gerade als sie wieder umdreht, um mit ihrer hohen Geschwindigkeit von 8 cm pro Minute die Verfolgung wieder aufzunehmen, sieht sie, wie die führende Schnecke wegen Schummelns am Start ihre Weg- und Zeitstrafe erhält. Sie glaubt mit ihrem hohen Tempo wieder an eine Siegmöglichkeit, muss aber nach 2,5 min feststellen, dass ihr die Kräfte mit diesem Tempo nicht ins Ziel reichen und sie verlangsamt auf eine Geschwindigkeit von 3 cm in einer halben Minute.

Die Schnecke mit dem **schwarzen** Trikot konzentriert sich ganz auf den Start, als sie plötzlich bemerkt, wie die neben ihr startende Schnecke sich den Schuh bindet. „So was Blödes!“, schießt ihr unwillkürlich durch den Kopf und sie fängt an zu lachen, bis ihr die Tränen in die Augen schießen. Als sie wieder aufblickt, sind die andern schon lange weg. Auch die „Schuh-bind-Schnecke“ ist schon beinahe 5 cm entfernt, als sie schließlich mit der zu diesem Zeitpunkt zweitschnellsten Geschwindigkeit startet. „Wenn ich dieses Tempo beibehalte, werde ich die anderen bestimmt einholen.“, denkt sie sich gerade, als sie sieht, wie die braune Schnecke ihren Schuh verliert und ein kurzes Stück zurück muss. Obwohl die schwarze Schnecke zu diesem Zeitpunkt hinten liegt, wird sie durch dieses Ereignis in dem Glauben an ihre Renntaktik bestärkt und als sie nach einer weiteren halben Minute sieht, wie die derzeit führende Schnecke eine Zeit- und eine Weg-Strafe erhält, scheint ihr sogar noch ein Sieg möglich zu werden. Und tatsächlich: Nach weiteren 3,5 min hat sie zur Spitzengruppe aufgeschlossen.

Ernst Klett Verlag GmbH, Stuttgart 2007

Das Schneckenrennen (5)

Rennbeschreibungen

Die Schnecke mit dem **blauen** Trikot ist der Zwillingsbruder der Schnecke mit dem grünen Trikot und natürlich haben sie sich die gleiche Renntaktik zurechtgelegt. Mit dem Startschuss kriecht sie daher mit einer Geschwindigkeit von 3 cm in einer halben Minute los, da sie aus ihren Trainingsläufen weiß, dass sie diese Geschwindigkeit mindestens 8 Minuten lang halten kann. „Den Rest werde ich dann auch noch schaffen!", denkt sie sich. Nach 2 min stellt sie befriedigt fest, dass ihre Geschwistertaktik aufzugehen scheint, da sie gleichauf in der Verfolgungsgruppe zur roten Schnecke liegen, die heute allerdings uneinholbar zu sein scheint. „Na ja, ein zweiter Platz wäre auch noch gut.", denkt sie sich, um aber erschreckt festzustellen, dass die gleichauf liegende gelbe Schnecke eine um 2 cm pro Minute höhere Geschwindigkeit hat und sich gerade aus dem Verfolgerfeld löst. Besorgt schaut sie ihr hinterher, beschließt aber das eigene Tempo nicht zu erhöhen, um bei einem Endspurt nicht einzubrechen. Nach 3 min des Rennens wird dann auch die gelbe Schnecke langsamer und die blaue Schnecke fühlt sich bestätigt, als sie erschreckt feststellt, dass ihre Zwillingsschwester stehen bleibt. Sie will gerade stehen bleiben, als diese ihr zuruft, dass sie weiterkriechen soll, um wenigstens einen Medaillenplatz in der Familie zu sichern. Auf einmal, nach weiteren 1,5 min, sieht sie im Augenwinkel wie die große Hand der Rennleitung ihre Schwester wieder auf die 27-cm-Marke setzt, an der sie sich gerade befindet. Gemeinsam setzen sie ihr Rennen mit der gleichen Geschwindigkeit fort.

Erweiterungsschnecke

Als die Schnecke **Immerzuspät** noch später auf der Bahn 7 neben der roten Schnecke nachplatziert wird, bemerkt sie deren Betrug. „Wollen wir doch mal sehen, wer hier schlauer ist.", denkt sie sich und verschiebt ihren Startblock ebenfalls nach vorn, allerdings nur um 2 cm. „Das fällt neben der viel auffälligeren Schummelei bestimmt nicht auf und wenn einer erwischt und bestraft wird, dann höchstens Schummel-Schnecke rot." Um nicht so sehr aufzufallen, beginnt sie auch mit einer unauffälligen Geschwindigkeit von 6 cm in einer Minute. Diese Geschwindigkeit erhöht sie nach einer Rennminute auf 4 cm pro halbe Minute. Nach 30 Sekunden bekommt sie aber starkes Seitenstechen und bleibt eine halbe Minute stehen, um sich ein bisschen zu erholen. Danach nimmt sie das Rennen wieder auf und legt in den folgenden 1,5 min sehr gute 12 cm zurück. Schon voller Zuversicht auf einen möglichen Sieg erschrickt sie, als sie plötzlich feststellen muss, dass offensichtlich auch ihre Startschummelei bemerkt wurde: Die große Hand der Rennleitung hebt sie hoch und so sehr sie auch strampelt, sie kommt in der Zeitstrafe von 1 min keinen Zentimeter weiter. „Wenigstens darf ich an der Stelle weiterlaufen, an der ich vor der Zeitstrafe war.", denkt sie sich, als sie feststellt, dass Schummel-Schnecke rot nicht nur ebenfalls 1 min aussetzen musste, sondern auch noch nach hinten gesetzt wurde. Sie versucht noch einmal mit einer Geschwindkeit von 8 cm in 1 min vorzulegen, verliert aber bereits nach einer halben Minute den Mut und rennt ab der fünften Rennminute nur noch mit einer Geschwindigkeit von 6 cm pro Minute. Nach 6,5 Rennminuten gibt sie schließlich auf und läuft langsam zurück zum Start.

Vorlage für eine Schülerbefragung

Fragebogen

Name: ______________________________

Vorname: ______________________________

○ Junge ○ Mädchen

Welches ist deine Lieblingsfarbe? ______________________________

Welches ist dein Lieblingstier? ______________________________

Kannst du schwimmen? ○ Ja ○ Nein

Bist du Rechts- oder Linkshänder? ○ Rechts ○ Links

Wie lange brauchst du morgens für den Schulweg? ______ Minuten

Was ist deine Lieblingssportart? ______________________________

Wie viele Geschwister hast du?
- ○ keine
- ○ 1 Schwester oder Bruder
- ○ 2 Schwestern oder Brüder
- ○ 3 Schwestern oder Brüder
- ○ mehr als 3 Geschwister

Fragebogen

Name: ______________________________

Vorname: ______________________________

○ Junge ○ Mädchen

Welches ist deine Lieblingsfarbe? ______________________________

Welches ist dein Lieblingstier? ______________________________

Kannst du schwimmen? ○ Ja ○ Nein

Bist du Rechts- oder Linkshänder? ○ Rechts ○ Links

Wie lange brauchst du morgens für den Schulweg? ______ Minuten

Was ist deine Lieblingssportart? ______________________________

Wie viele Geschwister hast du?
- ○ keine
- ○ 1 Schwester oder Bruder
- ○ 2 Schwestern oder Brüder
- ○ 3 Schwestern oder Brüder
- ○ mehr als 3 Geschwister

Schülerumfrage – Was fällt euch beim Lernen leicht?

Beim alltäglichen Lernen gibt es Dinge, die einem leichter oder weniger leicht fallen. Führt in eurer Klasse die Schülerbefragung mit dem abgebildeten Fragebogen durch.
Wertet das Ergebnis eurer Befragung aus. Zeichne dazu für jede Zeile der Tabelle ein Diagramm.

Aufgabe	sehr schwer	schwer	geht so	leicht	sehr leicht
Lernstoff behalten					
Klassenarbeiten vorbereiten					
regelmäßig üben und wiederholen					
Texte lernen und verstehen					
Nachschlagewerke benutzen					
Hefte ordentlich führen					

Schülerumfrage – Was fällt euch beim Lernen leicht?

Beim alltäglichen Lernen gibt es Dinge, die einem leichter oder weniger leicht fallen. Führt in eurer Klasse die Schülerbefragung mit dem abgebildeten Fragebogen durch.
Wertet das Ergebnis eurer Befragung aus. Zeichne dazu für jede Zeile der Tabelle ein Diagramm.

Aufgabe	sehr schwer	schwer	geht so	leicht	sehr leicht
Lernstoff behalten					
Klassenarbeiten vorbereiten					
regelmäßig üben und wiederholen					
Texte lernen und verstehen					
Nachschlagewerke benutzen					
Hefte ordentlich führen					

Zahlen in Bildern (1)

1 Die Strichliste zeigt die Schulwegzeiten der Schüler aus der Klasse 6b. Zeichne ein Säulendiagramm.

Zeit (in min)	Anzahl der Schüler
0 bis 5	~~IIII~~ I
6 bis 10	~~IIII~~ III
11 bis 15	~~IIII~~ II
16 bis 20	I
21 bis 25	~~IIII~~
26 bis 30	II

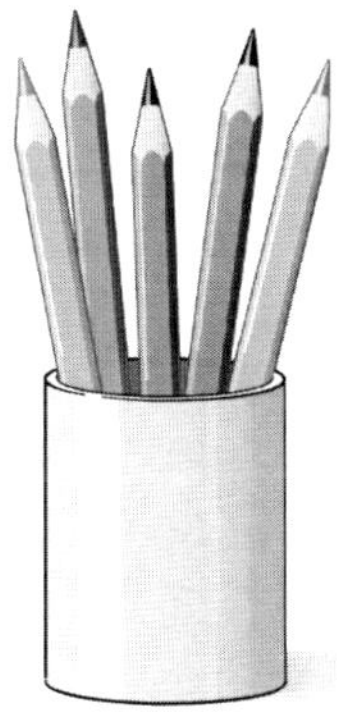

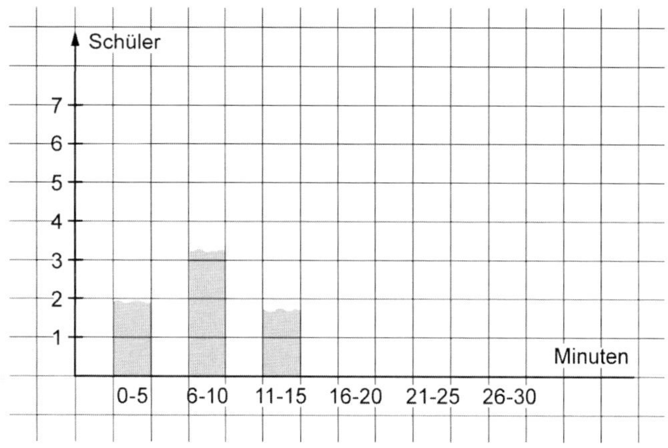

2 So kommen die Schüler der Klasse 6c zur Schule:

Verkehrsmittel	Anzahl der Schüler
Bus/Bahn	8
zu Fuß	12
Fahrrad	5
Auto	4

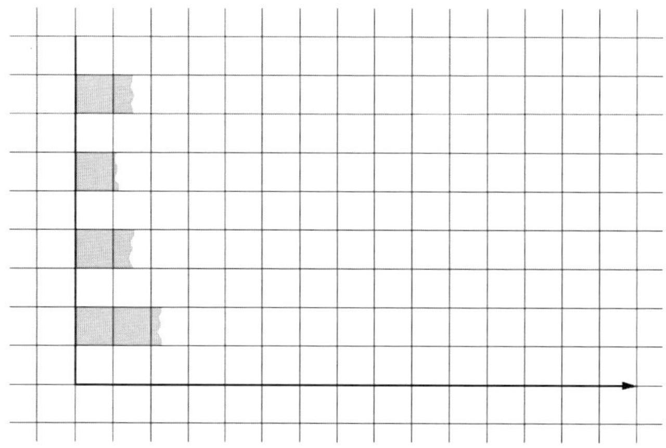

Erstelle ein Balkendiagramm.
Achte auf die richtige Beschriftung der Achsen.

3 Für ein Klassenfest der 6a mit 28 Schülern hat die Klassensprecherin eine Umfrage bezüglich des Lieblingsessens ihrer Mitschüler gestartet. Das Ergebnis siehst du hier in einem Kreisdiagramm dargestellt.

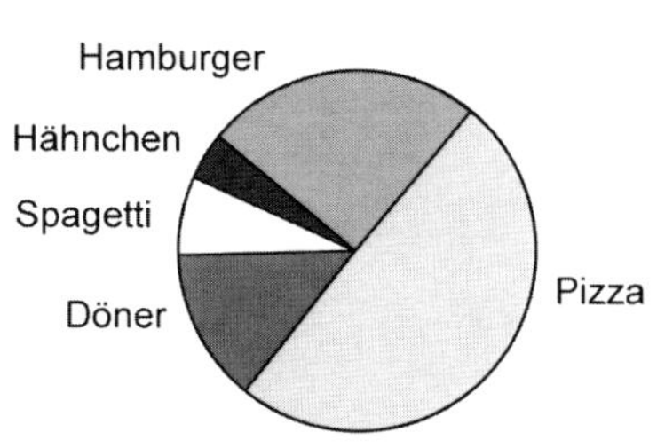

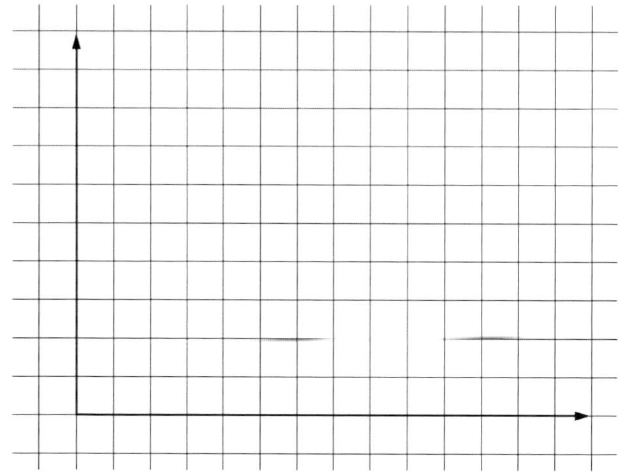

a) Welches ist die „unbeliebteste" Lieblingsspeise?

____

b) Wie viele Kinder essen am liebsten

Pizza? ____________ Hamburger? ____________

c) Am Tag des Klassenfestes werden Pizza und Hamburger angeboten. Wie viele Kinder der Klasse sind

jetzt enttäuscht? ____________________________

d) Übertrage die Ergebnisse der Umfrage in ein Säulen- oder Balkendiagramm.
(Hähnchen/Döner/Spagetti = 1 Balken oder 1 Säule).

Zahlen in Bildern (2)

4 a) Schreibe in Stichworten auf, was du aus den beiden Diagrammen ablesen kannst.

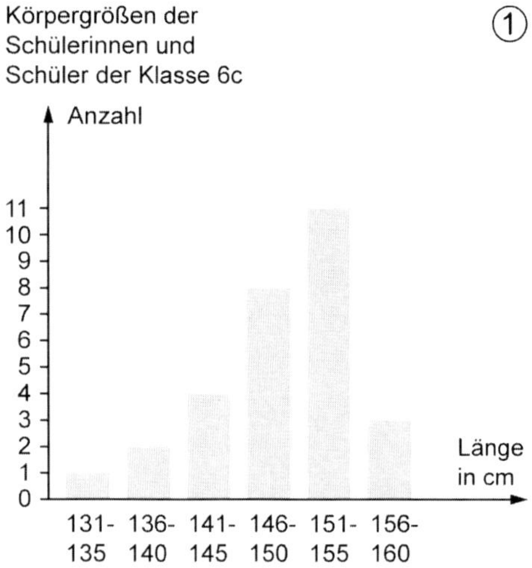

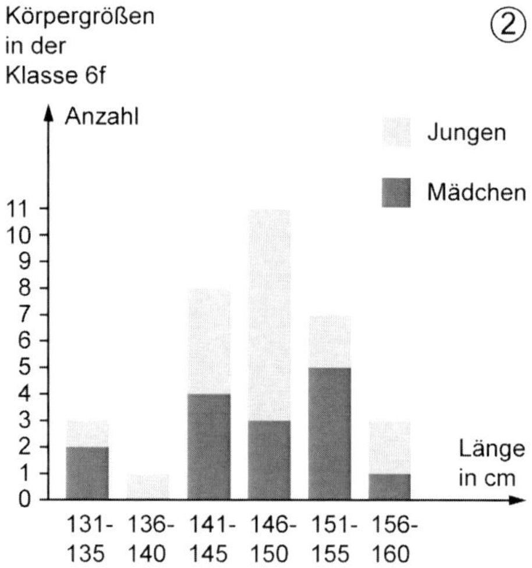

Diagramm 1: ____

____

Diagramm 2: ____

____

b) Kannst du aus den Diagrammen ablesen, wie viele Kinder 1,47 m groß sind? ______________

Begründe deine Antwort. ____

5 Was ist bei den folgenden Diagrammen falsch bzw. was fehlt?

a)
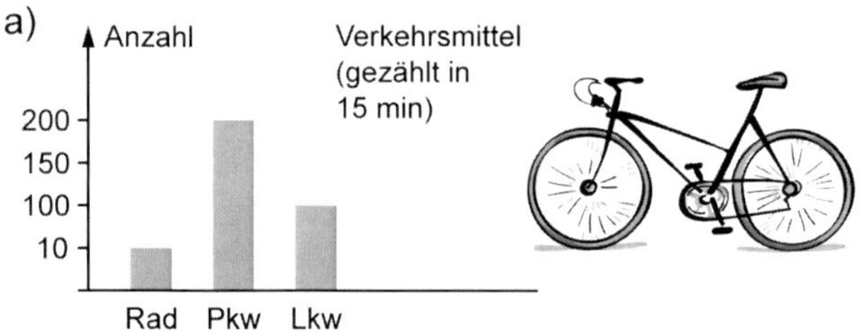

b)
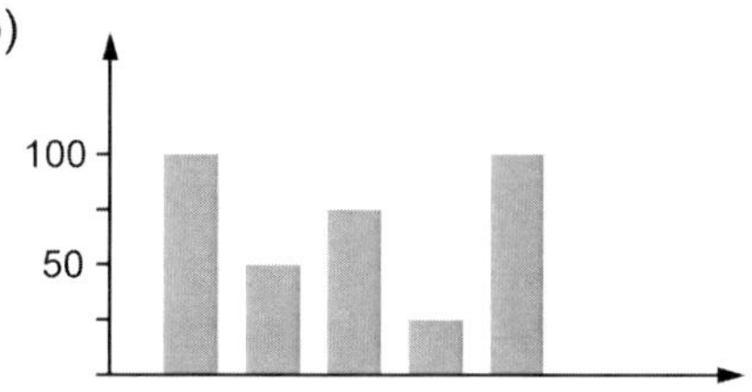

c)
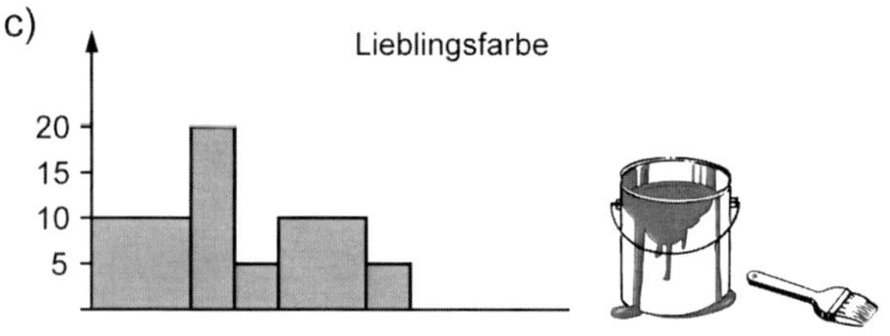

d)
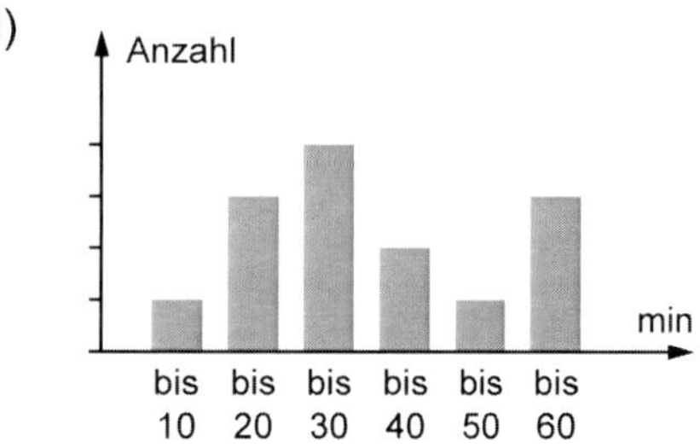

a) ______________________________ b) ______________________________

c) ______________________________ d) ______________________________

Berichtige die Fehler oder ergänze Fehlendes farbig.

978-3-12-740457-9 Schnittpunkt Serviceblätter 5/6

Ernst Klett Verlag GmbH, Stuttgart 2007

Im Tierreich – Diagramme

1 Die Säugetiere bilden eine der fünf Klassen des Tierstamms der Wirbeltiere. Ihren Namen haben sie erhalten, weil die Weibchen ihre Jungen säugen, d. h. sie mit Milch aus Milchdrüsen ernähren.

a) Welche maximale Körperlänge können diese Säugetiere erreichen?
Notiere die Länge in cm.

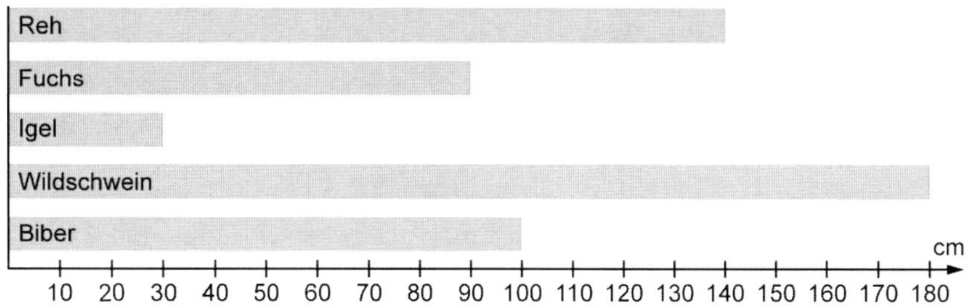

Igel: ___________ Fuchs: ___________ Biber: ___________ Reh: ___________ Wildschwein: ___________

b) Ein Wildschwein kann ein Höchstalter von ungefähr 30 Jahren erreichen. Ein Biber wird bis zu 25 Jahre alt. Ein Reh erreicht manchmal ein Alter von 16 Jahren. Das Höchstalter von Fuchs und Igel liegt bei 14 Jahren.
Stelle diese Angaben in einem Säulendiagramm dar.

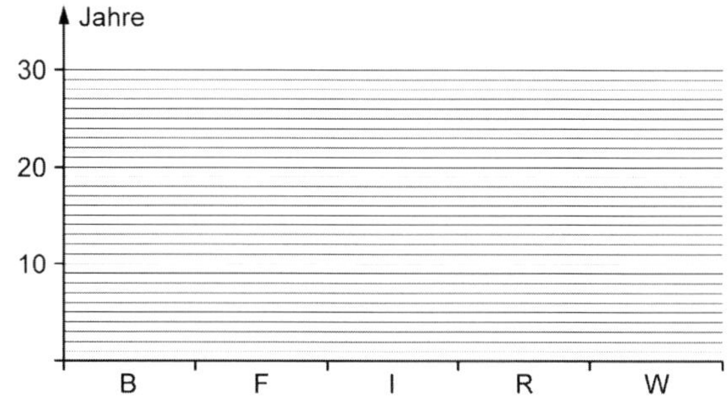

2 Das Bilddiagramm zeigt dir die ungefähre (gerundete) Zahl der in Deutschland lebenden Wirbeltierarten. Dabei steht ein Symbol für zehn Arten.
a) Setze es in ein Streifendiagramm um. (3 mm für 10 Arten)

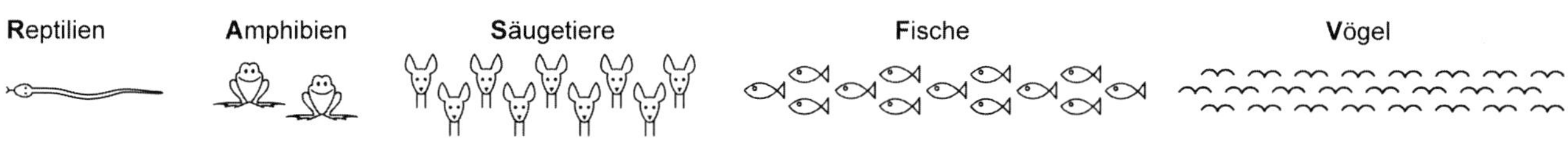

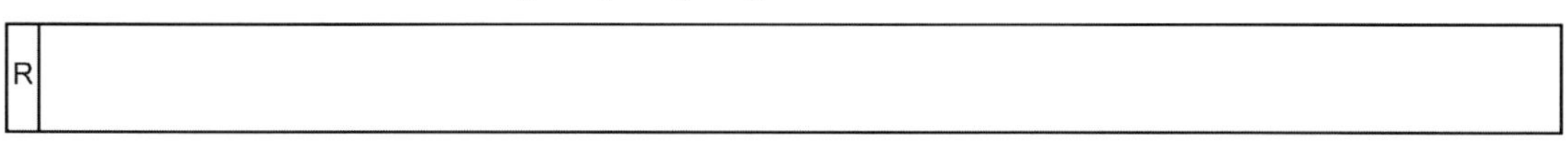

b) Weltweit kennt man folgende Mengen dieser Wirbeltierarten: Fische: 20 600; Amphibien: 2500; Reptilien: 6300; Vögel: 8600; Säugetiere: 3700.
Stelle die Zahlen in einem Kreisdiagramm dar.

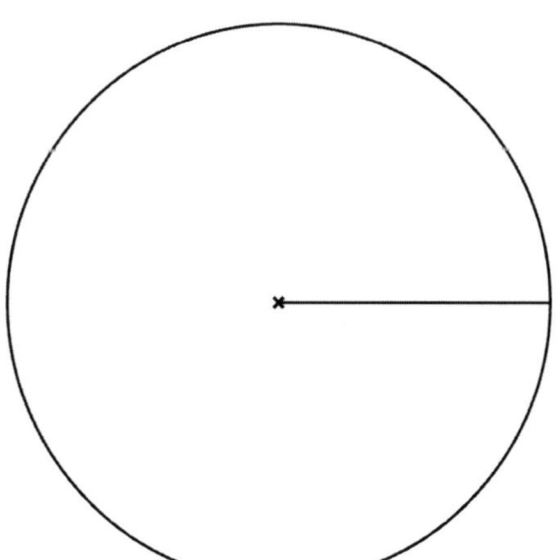

Tipp: Summe aller Arten entsprechen 360°

_______________ entsprechen 360°

100 entsprechen ________

20 600 entsprechen ________

2500 entsprechen ________

6300 entsprechen ________

8600 entsprechen ________

3700 entsprechen ________

360°

Das Glücksrad

Das unten abgebildete Glücksrad wurde 80-mal gedreht. Für die „Stopps“ wurde folgende Strichliste angefertigt.

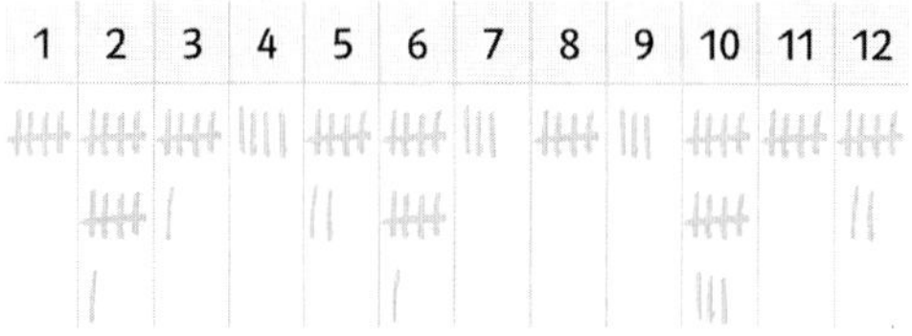

a) Notiere die absoluten Häufigkeiten.
b) Trage in das abgebildete Glücksrad mit einem Farbstift die Anzahl der Ausfälle ein.
c) Welche sechs benachbarten Felder kamen besonders oft vor?
d) Stelle deiner Nachbarin oder deinem Nachbarn ähnliche Fragen.

e) Du kannst dir auch selbst ein solches Glücksrad basteln.
Hast du eine Idee, wie du es – gemeinsam mit einer Partnerin oder einem Partner – herstellen kannst?
Ein Stück Pappe und eine Briefklammer helfen euch sicher weiter. Wenn ihr es geschafft habt, könnt ihr auch eigene Versuche durchführen.

Viel Erfolg beim Basteln und Spielen!

978-3-12-740457-9 Schnittpunkt Serviceblätter 5/6

Ernst Klett Verlag GmbH, Stuttgart 2007

Kopfrechenblatt 1

1 Vervollständige die Tabellen.

	: 7
42	
420	
21	
	9
	3
	8

	· 6
8	
7	
	24
2	
	54
	540

2 Ermittle die fehlende Zahl.

☐ · 5 = 30	☐ : 8 = 5	☐ + 12 = 20	18 – ☐ = 9
9 · ☐ = 54	40 : ☐ = 8	45 – ☐ = 12	☐ – 9 = 13
☐ · 3 = 21	☐ : 4 = 9	67 + ☐ = 89	78 + ☐ = 100
6 · ☐ = 18	45 : ☐ = 9	☐ – 14 = 76	☐ + 78 = 100

3 Addiere zur größten zweistelligen Zahl die größte einstellige Zahl. ______________________

4 Klaus kauft fünf Brötchen zu je 30 ct und ein Brot zu 3,20 €. Er bezahlt mit einem Fünf-Euro-Schein.

Was bekommt er zurück? ______________________

5 Berechne den Wert der Rechenkreise. Beginne bei der markierten Zahl, rechne mit dem Ergebnis weiter.

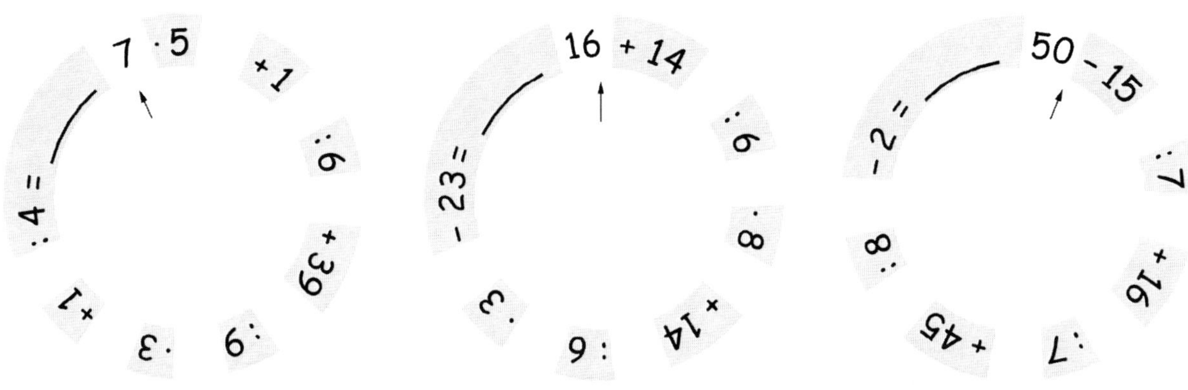

Knack-die-Nuss-Ecke

Ich denke mir eine Zahl. Wie lautet sie?

a) Wenn ich sie verdopple und 3 subtrahiere, erhalte ich 17.

b) Wenn ich zuerst 6 addiere und dann durch 5 dividiere, erhalte ich 8.

Kopfrechenblatt 2

1 Vervollständige die Tabellen.

	: 4
32	
320	
400	
88	
560	

	– 14
70	
700	
65	
54	
112	

	· 6
12	
9	
14	
18	
22	

2 a) Schreibe im Zehnersystem.

CXXXVIII = ________ CDLXVII = ________

MCDXXVI = ________ CMXCIV = ________

CXLVII = ________ MMCMX = ________

b) Schreibe mit römischen Zahlzeichen.

126 = ____________ 1442 = ____________

1422 = ____________ 798 = ____________

44 = ____________ 2090 = ____________

3 Schreibe in Ziffern.

vier Milliarden zwanzigtausend ______________________________

dreihundert Milliarden siebzig ______________________________

fünf Billionen sechstausend ______________________________

siebenhundert Milliarden zehn ______________________________

4 Löse wie in den beiden Beispielen.

$5^4 = 5 \cdot 5 \cdot 5 \cdot 5 = 625$

$3^3 =$ ____________ = ________

$2^4 =$ ____________ = ________

$4^3 =$ ____________ = ________

$5^3 =$ ____________ = ________

$7 \cdot 7 \cdot 7 \cdot 7 = 7^4 = 2401$

$10 \cdot 10 \cdot 10 =$ _____ = ______

$2 \cdot 2 \cdot 2 \cdot 2 \cdot 2 =$ _____ = ______

$8 \cdot 8 =$ _____ = ______

$3 \cdot 3 \cdot 3 \cdot 3 =$ _____ = ______

5 Berechne.

$8 \cdot 13 =$ ________ $118 - 22 =$ ________ $1200 : 4 =$ ________ $7 \cdot 14 =$ ________

$75 + 34 =$ ________ $1200 : 400 =$ ________ $11 \cdot 15 =$ ________ $78 - 17 =$ ________

$1200 : 40 =$ ________ $12 \cdot 16 =$ ________ $78 + 143 =$ ________ $4800 : 60 =$ ________

$9 \cdot 13 =$ ________ $217 - 25 =$ ________ $4900 : 70 =$ ________ $193 + 84 =$ ________

Kopfrechenblatt 3

1 Mache einen Überschlag. Runde dafür auf eine oder zwei Stellen und rechne dann im Kopf.

Beispiel: $128 : 34 \approx 120 : 30 = 4$

$241 : 79 \approx$ ____________________

$89 \cdot 19 \approx$ ____________________

$124 \cdot 12 \approx$ ____________________

$1246 : 32 \approx$ ____________________

$7187 \cdot 83 \approx$ ____________________

$109 \cdot 18 \approx$ ____________________

$219 \cdot 98 \approx$ ____________________

2 Beachte die Rechenregeln.

$28 + 12 : 4 =$ __________

$76 - 6 \cdot 5 + 2 =$ __________

$7 \cdot 5 - 3 \cdot 4 =$ __________

$76 - 6 \cdot (5 + 2) =$ __________

$36 - (15 + 7) =$ __________

$(76 - 6) \cdot (5 + 2) =$ __________

$7 \cdot (5 - 3) \cdot 4 =$ __________

$(76 - (6 \cdot 5) + 2) =$ __________

$240 - (8^2 - 5 \cdot 12) + 6 =$ __________

3 Schreibe in Ziffern.

siebzig Millionen siebenhundert ______________________________

achthundert Milliarden zehntausend ______________________________

drei Billionen drei Millionen drei ______________________________

4 Löse wie im Beispiel.

$2^3 \cdot 3^2 = 8 \cdot 9 = 72$

$2^2 \cdot 3^2 =$ __________ $=$ __________

$5^2 - 4^2 =$ __________ $=$ __________

$2^4 + 3^2 =$ __________ $=$ __________

$4^2 : 2^3 =$ __________ – __________

5 Ermittle die fehlende Zahl.

$5 \cdot \square = 60$

$\square + 67 = 100$

$\square : 8 = 30$

$\square \cdot 90 = 450$

$231 - \square = 198$

$45\,000 : \square = 900$

$12 \cdot \square = 108$

$\square - 24 = 98$

$\square : 200 = 90$

$\square \cdot 11 = 330$

$136 + \square = 201$

$5600 : \square = 8$

978-3-12-740457-9 Schnittpunkt Serviceblätter 5/6

Ernst Klett Verlag GmbH, Stuttgart 2007

Kopfrechenblatt 4

Berechne die Aufgaben möglichst im Kopf. Die Beispiele geben dir einen Tipp.

1 Subtraktion

Beispiel: 218 – 25 = 218 – 18 – 7 = 200 – 7 = 193

121 – 25 = ________	111 – 21 = ________	419 – 21 = ________
219 – 127 = ________	418 – 22 = ________	215 – 122 = ________
118 – 25 = ________	129 – 31 = ________	329 – 131 = ________

2 Addition

Beispiel: 136 + 45 = 136 + 40 + 5 = 176 + 5 = 181

137 + 35 = ________	228 + 34 = ________	167 + 24 = ________
69 + 104 = ________	307 + 88 = ________	108 + 109 = ________
178 + 107 = ________	167 + 93 = ________	226 + 78 = ________

3 Multiplikation

Beispiele: $12 \cdot 18 = 10 \cdot 18 + 2 \cdot 18 = 180 + 36 = 216$

$8 \cdot 15 = 8 \cdot 10 + 8 \cdot 5 = 80 + 40 = 120$

$11 \cdot 12 =$ ________	$11 \cdot 19 =$ ________	$11 \cdot 41 =$ ________
$11 \cdot 13 =$ ________	$12 \cdot 13 =$ ________	$8 \cdot 15 =$ ________
$6 \cdot 17 =$ ________	$9 \cdot 14 =$ ________	$5 \cdot 19 =$ ________

4 Rechenausdrücke

Beispiel: (27 + 3) : 10 = 30 : 10 = 3

$(5^2 - 7) : 3 =$ ________	$5 \cdot 11 - 2^2 =$ ________	$6^2 : 3^2 - 1 =$ ________
$47 - 7 \cdot 5 =$ ________	$48 + 2 \cdot 6 =$ ________	$48 : (36 - 28) =$ ________
$(9^2 - 1) : 20 =$ ________	$3^2 \cdot 2^2 + 4 =$ ________	$4 \cdot 12 - 2 \cdot 6 =$ ________

Kopfrechenblatt 5

1 Vervollständige die Tabellen.

	· 6
8	
4	
9	
5	

	: 8
40	
24	
64	
56	

	· 9
6	
9	
4	
8	

2 Beachte die Rechengesetze und rechne im Kopf.

49 + 16 + 4 = ______

78 + 19 + 2 = ______

97 + 79 + 3 = ______

78 + 36 + 4 = ______

299 + 87 + 1 = ______

13 · 50 · 2 = ______

78 + 196 + 4 = ______

5 · 4 · 7 = ______

16 · 4 · 5 = ______

209 · 5 = ______

5 · 8 · 3 = ______

87 + 6 + 13 = ______

67 + 13 + 9 = ______

5 · 7 · 20 = ______

Vertauschungsgesetz

89 + 47 + 11 = 89 + 11 + 47
= 100 + 47
= 147

5 · 19 · 2 = 5 · 2 · 19
= 10 · 19
= 190

Verbindungsgesetz

49 + 16 + 4 = 49 + 20 = 69
14 · 5 · 2 = 14 · 10 = 140

3 Knobeln.
Addiere zur größten vierstelligen Zahl die kleinste dreistellige Zahl.

____

Subtrahiere die größte einstellige Zahl von der größten dreistelligen Zahl.

____

Ich denke mir eine Zahl. Der dritte Teil dieser Zahl vermehrt um 23 gibt 28. Wie heißt meine Zahl?

____

4 Ermittle die fehlende Zahl

5 · □ = 45	□ · 9 = 54	7 · □ = 56	8 · 9 = □
12 · □ = 60	□ : 6 = 8	64 : □ = 8	□ · 7 = 56
6 · □ = 24	□ : 7 = 5	81 : □ = 9	□ : 9 = 15
□ · 7 = 21	□ · 6 = 48	45 : □ = 3	□ + 56 = 108
□ – 16 = 91	□ + 12 = 100	118 – □ = 99	□ +17 = 23

Einzelarbeit

978-3-12-740457-9 Schnittpunkt Serviceblätter 5/6

Ernst Klett Verlag GmbH, Stuttgart 2007

Kopfrechenblatt 6

1 Verwandle in die angegebene Einheit.

80 cm = ________ dm	600 m = ________ km
80 cm = ________ m	60 000 m = ________ km
80 cm = ________ mm	6000 m = ________ km
900 dm = ________ m	45 m = ________ km
900 dm = ________ cm	5 m = ________ km
9000 dm = ________ m	5004 m = ________ km

Umrechnungen
1 km = ________ m
1 m = ________ dm
1 m = ________ cm
1 dm = ________ cm
1 cm = ________ mm

2 Schreibe in Ziffern.

fünf Milliarden sechshundert ________________

neunzig Billionen zehn ________________

siebenhundert Millionen siebenhundert ________________

3 Löse wie in den beiden Beispielen.

68 cm = 6 dm 8 cm = 6,8 dm	9,4 m = 9 m 4 dm = 94 dm
26 cm = ________ = ____ dm	7,9 m = ________ = ____ dm
84 mm = ________ = ____ cm	11,8 dm = ________ = ____ cm
43 dm = ________ = ____ m	9,008 km = ________ = ____ m
2 dm = ________ = ____ m	9,08 km = ________ = ____ m
4301 m = ________ = ____ km	0,8 km = ________ = ____ m

4 Verwandle in die angegebene Einheit.

2,07 km = 2 km 70 m = 2070 m
1,08 m = 1 m 8 cm = 108 cm
7,3 cm = 7 cm 3 mm = 73 mm

4,006 km = ________ m	0,7 cm = ________ mm	
4,6 km = ________ m	9,8 dm = ________ mm	
4,06 km = ________ m	1,04 m = ________ cm	
9,99 km = ________ m	1,4 m = ________ cm	140 m = ________ km
1,6 dm = ________ cm	0,14 m = ________ cm	1400 m = ________ km

Ernst Klett Verlag GmbH, Stuttgart 2007

Kopfrechenblatt 7

1 Berechne.

$16 \cdot 5 =$ ______	$10^2 - 2^2 \cdot 3 =$ ______	$100:25 =$ ______
$118 - 24 =$ ______	$16 + 4 \cdot 8 =$ ______	$1000:25 =$ ______
$11 \cdot 16 =$ ______	$72 - 28 + 2 =$ ______	$161 - 98 - 2 =$ ______
$219 - 122 =$ ______	$(5 + 4^2):3 =$ ______	$158 + 96 + 4 =$ ______
$9 \cdot 17 =$ ______	$9 \cdot 3 - 5 \cdot 5 =$ ______	$5 \cdot 3 \cdot 20 =$ ______

2 Welches besondere Viereck ist beschrieben?

Vier gleich lange Seiten, vier rechte Winkel. ______

Vier rechte Winkel und zwei gleich lange Seiten. ______

Die Diagonalen sind zueinander senkrecht und gleich lang. ______

3 Vervollständige die Tabelle für ein Quadrat.

Seitenlänge	6 cm			
Umfang		40 cm	64 cm	
Flächeninhalt				49 cm²

4 Vervollständige die Tabelle für ein Rechteck.

Seite a	6 cm	10 cm	4 cm	
Seite b	2 cm	8 cm		5 cm
Umfang			20 cm	
Fläche				40 cm²

5 Verwandle in die angegebene Einheit.

1 cm 8 mm = ______ mm	90 cm = ______ dm	0,2 km = ______ m
1 m 1 dm = ______ dm	3 m 5 cm = ______ m	8 m = ______ km
2 m 3 dm = ______ m	3 m 5 cm = ______ cm	7090 m = ______ km
7 km 80 m = ______ m	100 dm = ______ cm	2,2 dm = ______ cm

6 Vervollständige die Tabellen.

	:12
72	
720	
36	
3600	

	·9
8	
800	
60	
13	

	−26
50	
100	
119	
219	

Kopfrechenblatt 8

1 Stelle dir die folgenden Konstruktionen vor und beantworte die Fragen ohne zu zeichnen.

a) Zu einer Geraden g wird eine senkrechte Gerade k gezeichnet. Dann wird eine zu k senkrechte Gerade t gezeichnet. Welche Lage haben t und g zueinander?

____

b) Die Geraden g und h sind parallel. Gezeichnet wird eine zu h senkrechte Gerade k. Wie liegen k und g?

____

c) Die Geraden g und h sind parallel und haben einen Abstand von 6 cm. Man zeichnet eine Parallele r zu g im Abstand 4 cm. Welche Abstände zur Gerade h kann r haben?

____

2 Verwandle in die angegebene Längeneinheit.

700 cm = ________ mm	8000 m = ________ km
700 cm = ________ dm	5,08 m = ________ cm
6 m 8 cm = ________ cm	0,9 km = ________ m
6 m 8 cm = ________ m	90 m = ________ km
3000 mm = ________ dm	8070 m = ________ km
670 cm = ________ m	7 mm = ________ cm

Längeneinheiten	
1 km = ________	m
1 m = ________	dm
1 m = ________	cm
1 dm = ________	cm
1 cm = ________	mm

3 Verwandle in die angegebenene Flächeneinheit.

200 a = ________ m^2	100 cm^2 = ________ dm^2
200 a = ________ ha	500 cm^2 = ________ m^2
2000 a = ________ ha	500 m^2 = ________ a
3200 m^2 = ________ a	4000 mm^2 = ________ cm^2

Flächeneinheiten	
1 km^2 = ________	m^2
1 m^2 = ________	dm^2
1 m^2 = ________	cm^2
1 dm^2 = ________	cm^2
1 cm^2 = ________	mm^2

4 Verwandle in die angegebenene Volumeneinheit.

8000 cm^3 = ________ dm^3	78 cm^3 = ________ mm^3
80 000 dm^3 = ________ m^3	70 m^3 = ________ dm^3
7 dm^3 800 cm^3 = ________ cm^3	70 000 cm^3 = ________ dm^3

Volumeneinheiten	
1 km^3 = ________	m^3
1 m^3 = ________	dm^3
1 m^3 = ________	cm^3
1 dm^3 = ________	cm^3
1 cm^3 = ________	mm^3

Kopfrechenblatt 9

1 Schreibe als Bruch.

a) ein Drittel ________ b) drei Viertel ________ c) zwei Fünftel ________

2 Welcher Bruchteil ist gefärbt?

a) 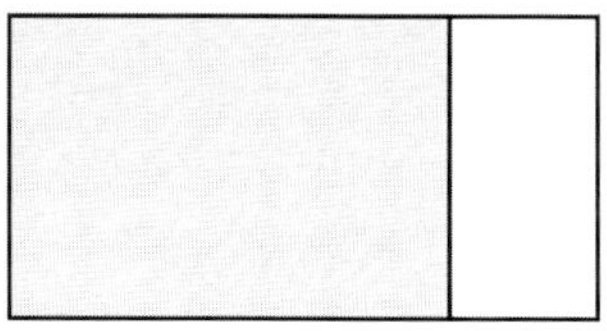 b) 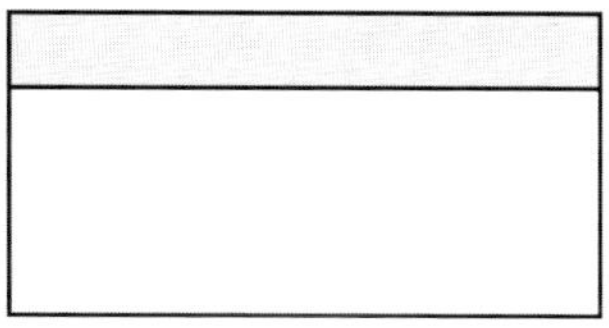 c) 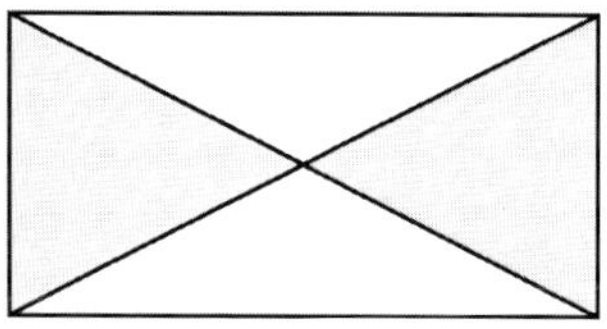

________ ________ ________

3 Gib in der geforderten Einheit an.

a) 7 m 8 cm = ________ cm 7 m 8 dm = ________ dm 8 km 5 m = ________ m

b) 6 kg 80 g = ________ g 2 h 5 min = ________ min 5 € 6 ct = ________ ct

4 a) $\frac{1}{10}$ kg = ____ g $\frac{7}{10}$ kg = ____ g

b) $\frac{2}{5}$ kg = ____ g $\frac{4}{5}$ kg = ____ g

c) $\frac{6}{5}$ kg = ____ g $\frac{9}{5}$ kg = ____ g

d) $\frac{1}{500}$ kg = ____ g $\frac{17}{500}$ kg = ____ g

5 Berechne im Kopf

a) 5 · 12 = ____ 8 · 2 · 5 = ____ 5 · ____ = 60

b) 80 : 16 = ____ 123 – 97 – 3 = ____ 107 – ____ = 89

c) 9 · 15 = ____ 86 + 25 + 14 = ____ 630 : ____ = 70

Knack-die-Nuss-Ecke

Gib die Größen als Bruch in der größeren Einheit an.

a) 400 g = ____ kg b) 300 g = ____ kg c) 13 ct = ____ €

d) 90 ct = ____ € e) 375 g = ____ kg f) 700 m = ____ km

g) 5 dm = ____ m h) 10 min = ____ h i) 50 min = ____ h

Kopfrechenblatt 10

1 a) $\frac{5}{6} = \frac{10}{\square}$ $\frac{7}{12} = \frac{\square}{36}$ $\frac{1}{5} = \frac{5}{\square}$ $\frac{2}{9} = \frac{\square}{45}$

b) $\frac{2}{\square} = \frac{8}{16}$ $\frac{2}{18} = \frac{\square}{36}$ $\frac{5}{6} = \frac{\square}{30}$ $\frac{1}{\square} = \frac{3}{12}$

c) $\frac{8}{9} = \frac{\square}{27}$ $\frac{16}{24} = \frac{2}{\square}$ $\frac{2}{5} = \frac{\square}{30}$ $\frac{\square}{7} = \frac{3}{21}$

Teilbarkeitsregeln

durch 2: Die letzte Ziffer muss durch ______ teilbar sein.

durch 5: Die letzte Ziffer muss eine ______ oder ______ sein.

durch 10: Die letzte Ziffer muss eine ______ sein.

durch 3 und 9: Die ______ muss durch ______ teilbar sein.

2 a) Kürze die Bruchzahlen mit 8.

$\frac{8}{16} =$ ______ $\frac{24}{8} =$ ______ $\frac{80}{48} =$ ______

b) Kürze die Bruchzahlen mit 6.

$\frac{6}{12} =$ ______ $\frac{30}{36} =$ ______ $\frac{60}{6} =$ ______

c) Kürze die Brüche soweit wie möglich.

$\frac{8}{18} =$ ______ $\frac{8}{10} =$ ______ $\frac{12}{24} =$ ______

$\frac{48}{16} =$ ______ $\frac{24}{25} =$ ______ $\frac{36}{54} =$ ______

3 Gib in der kleineren Einheit an.

a) $\frac{2}{5}$ kg = ______ $\frac{1}{8}$ kg = ______ $\frac{3}{5}$ h = ______ $\frac{7}{10}$ km = ______

b) $\frac{3}{20}$ € = ______ $\frac{3}{12}$ h = ______ $\frac{9}{100}$ km = ______ $\frac{1}{4}$ m = ______

4 Erweitere die Brüche auf den kleinsten gemeinsamen Nenner wie im Beispiel.

a) $\frac{2}{5} =$ ______ b) $\frac{3}{4} =$ ______ c) $\frac{5}{16} =$ ______

$\frac{7}{10} =$ ______ $\frac{4}{5} =$ ______ $\frac{1}{2} =$ ______

Beispiel

$\frac{5}{6} = \frac{10}{12}$

$\frac{1}{4} = \frac{3}{12}$

d) $\frac{1}{3} =$ ______ e) $\frac{7}{9} =$ ______ f) $\frac{2}{15} =$ ______ g) $\frac{1}{3} =$ ______

$\frac{5}{6} =$ ______ $\frac{1}{4} =$ ______ $\frac{7}{30} =$ ______ $\frac{1}{4} =$ ______

$\frac{1}{2} =$ ______ $\frac{1}{12} =$ ______ $\frac{9}{60} =$ ______ $\frac{1}{2} =$ ______

Kopfrechenblatt 11

1 a) $\frac{1}{4}+\frac{2}{10}=\frac{\square}{20}+\frac{\square}{20}=\frac{\square}{\square}$

b) $\frac{5}{6}-\frac{1}{4}=\frac{\square}{12}-\frac{\square}{12}=\frac{\square}{\square}$

c) $\frac{1}{8}+\frac{1}{6}=\frac{\square}{24}+\frac{\square}{\square}=$ ______

d) $\frac{5}{9}-\frac{1}{3}=\frac{\square}{9}-\frac{\square}{\square}=$ ______

e) $\frac{4}{5}-\frac{1}{10}=$ ______

f) $\frac{3}{10}+\frac{1}{5}=$ ______

g) $\frac{1}{4}+\frac{1}{6}=$ ______

h) $\frac{5}{8}-\frac{1}{2}=$ ______

i) $\frac{5}{6}-\frac{3}{4}=$ ______

Addieren

1. Auf denselben Nenner erweitern.
2. Zähler addieren und den Nenner beibehalten.

$\frac{2}{9}+\frac{1}{6}=\frac{4}{18}+\frac{3}{18}=\frac{7}{18}$

2 a) Um wie viel ist $\frac{3}{5}$ mehr als $\frac{1}{2}$? ______

b) Um wie viel ist $\frac{1}{6}$ weniger als $\frac{1}{4}$? ______

c) Was ist mehr? $\frac{3}{5}$ kg oder $\frac{7}{20}$ kg? ______

3 a) $\frac{3}{5}+\frac{\square}{\square}=\frac{4}{5}$

b) $\frac{\square}{\square}-\frac{3}{8}=\frac{1}{8}$

c) $\frac{2}{5}+\frac{\square}{10}=\frac{7}{10}$

d) $\frac{7}{5}-\frac{\square}{10}=\frac{7}{10}$

e) $\frac{4}{\square}+\frac{1}{3}=\frac{7}{9}$

f) $\frac{5}{8}-\frac{1}{\square}=\frac{3}{8}$

4 Gerd spart auf ein Fahrrad. Von seinen Eltern erhält er ein Viertel und von seinen Großeltern zwei Fünftel des Fahrradpreises.

a) Welchen Bruchteil bekommt er insgesamt geschenkt? ______

b) Was kostet das Fahrrad, wenn seine Eltern ihm 125 € geben? ______

c) Welchen Betrag bekommt er von den Großeltern? ______

d) Welchen Bruchteil muss er selbst bezahlen? ______

Knack-die-Nuss-Ecke

Setze die Ziffern richtig ein.

a) 1; 2; 3; 5; 5 und 5

$\frac{\square}{\square}-\frac{\square}{\square}=\frac{\square}{\square}$

b) 1; 1; 2; 3; 5 und 6

$\frac{\square}{\square}+\frac{\square}{\square}=\frac{\square}{\square}$

c) 1; 2; 3; 4; 5 und 6

$\frac{\square}{\square}+\frac{\square}{\square}=\frac{\square}{\square}$

Kopfrechenblatt 12

1 a) $\frac{4}{5} \cdot \frac{1}{8} =$ ______

b) $\frac{5}{16} \cdot \frac{8}{9} =$ ______

c) $\frac{7}{10} \cdot \frac{2}{7} =$ ______

d) $\frac{8}{9} \cdot \frac{3}{4} =$ ______

e) $\frac{3}{4} \cdot 5 =$ ______

Multiplikationsregel

______

______

______

______

2 a) $12\frac{2}{3} + 11\frac{1}{6} =$ ______

b) $16\frac{4}{5} - 11\frac{3}{10} =$ ______

c) $34\frac{3}{5} + 12\frac{1}{2} =$ ______

d) $7\frac{5}{6} + 15\frac{2}{9} =$ ______

e) $23\frac{1}{4} - 12\frac{5}{6} =$ ______

3 Gib in der geforderten Einheit an.

a) $\frac{3}{5}$ km = ______ m b) $\frac{1}{12}$ h = ______ min c) $\frac{1}{250}$ kg = ______ g d) $\frac{1}{4}$ a = ______ m^2

$\frac{7}{25}$ m = ______ cm $\frac{4}{15}$ h = ______ min $\frac{17}{50}$ € = ______ ct $\frac{3}{5}$ l = ______ ml

4 a) Wie viel ist die Hälfte von $\frac{1}{2}$ Liter? ______ l = ______ ml

b) Berechne $\frac{3}{5}$ von $\frac{7}{20}$ kg. ______ kg = ______ g

5 Ordne die Brüche nach ihrer Größe. Verwende das Zeichen >.

a) $\frac{3}{4}$; $\frac{2}{5}$; $\frac{7}{10}$; $\frac{1}{20}$; $\frac{1}{4}$; $\frac{1}{5}$; $\frac{7}{20}$; $\frac{1}{10}$ ______

b) $2\frac{1}{4}$; $3\frac{1}{8}$; $1\frac{9}{10}$; 4; $\frac{19}{4}$; $\frac{7}{10}$; $\frac{60}{8}$ ______

Knack-die-Nuss-Ecke

a) $4 \cdot 4 =$ ______

$4 \cdot 2 =$ ______

$4 \cdot 1 =$ ______

$4 \cdot \frac{1}{2} =$ ______

$4 \cdot \frac{1}{4} =$ ______

b) $\frac{3}{4} \cdot 3 =$ ______

$\frac{3}{4} \cdot 1\frac{1}{2} =$ ______

$\frac{3}{4} \cdot \frac{3}{4} =$ ______

$\frac{3}{4} \cdot \frac{3}{8} =$ ______

$\frac{3}{4} \cdot \frac{3}{16} =$ ______

c) $\frac{1}{3} \cdot 18 =$ ______

$\frac{1}{3} \cdot 6 =$ ______

$\frac{1}{3} \cdot 2 =$ ______

$\frac{1}{3} \cdot \frac{2}{3} =$ ______

$\frac{1}{3} \cdot \frac{2}{9} =$ ______

Was fällt dir auf? ______

______

Kopfrechenblatt 13

1 a) $12\frac{3}{4} - 2\frac{1}{2} =$ ______ $6\frac{2}{3} + 3\frac{1}{6} =$ ______ $6\frac{1}{5} - 3\frac{1}{10} =$ ______

b) $56\frac{7}{8} - 2\frac{1}{6} =$ ______ $9\frac{3}{4} + 7\frac{5}{6} =$ ______ $9\frac{1}{4} - 7\frac{1}{2} =$ ______

c) $15\frac{2}{3} - 1\frac{5}{9} =$ ______ $2\frac{3}{8} + 5\frac{1}{12} =$ ______ $8\frac{1}{6} - 5\frac{2}{3} =$ ______

2 Rechne wie im Beispiel.

a) 5,9 km = ______ = ______

b) 8,2 € = ______ = ______

c) 1,1 h = ______ = ______

d) 4,98 kg = ______ = ______

e) 0,009 km = ______ = ______

f) $2\frac{3}{10}$ € = ______ = ______

g) $4\frac{7}{1000}$ kg = ______ = ______

3 a) Um wie viel sind 0,47 Liter mehr als 0,4 Liter? Um wie viel sind es weniger als 0,5 Liter? Gib das Ergebnis als Dezimalbruch und als gewöhnlichen Bruch an.

b) Um wie viel sind 0,73 kg mehr als 0,5 kg? Um wie viel sind es weniger als 1 kg? Notiere das Ergebnis in beiden Schreibweisen.

c) Um wie viel sind 1,7 km mehr als 1 km 570 m? Um wie viel sind es weniger als 1900 m? Notiere das Ergebnis in beiden Schreibweisen.

Multiplikation von Bruchzahlen

Zähler mal Zähler und Nenner mal Nenner. Kürze vor dem Rechnen!

a) $\frac{7}{8} \cdot 4 = \frac{7 \cdot 4}{8} = \frac{7 \cdot 1}{2} = \frac{7}{2} = 3\frac{1}{2}$

b) $\frac{2}{5} \cdot \frac{3}{4} = \frac{1 \cdot 3}{5 \cdot 2} = \frac{3}{10}$

4 a) $\frac{3}{5} \cdot \frac{1}{3} =$ ______ b) $1\frac{2}{3} \cdot \frac{1}{5} =$ ______ c) $4 \cdot \frac{3}{8} =$ ______

d) $\frac{5}{12} \cdot \frac{2}{5} =$ ______ e) $1\frac{1}{2} \cdot 1\frac{1}{4} =$ ______ f) $2 \cdot 1\frac{1}{3} =$ ______

g) $\frac{3}{8} \cdot \frac{2}{9} =$ ______ h) $2\frac{1}{4} \cdot \frac{2}{9} =$ ______ i) $6 \cdot \frac{2}{5} =$ ______

j) $\frac{5}{9} \cdot \frac{3}{5} =$ ______ k) $1\frac{1}{5} \cdot \frac{5}{6} =$ ______ l) $\frac{4}{7} \cdot 5 =$ ______

Kopfrechenblatt 14

1 Verwandle in die angegebene Einheit.

a) $\frac{9}{10}$ km = ______ m
b) $1\frac{3}{5}$ kg = ______ g
c) $\frac{7}{100}$ dm³ = ______ cm³
d) $\frac{1}{25}$ cm² = ______ mm²
e) $2\frac{1}{4}$ a = ______ m²
f) $\frac{17}{500}$ km = ______ m
g) $\frac{1}{20}$ h = ______ min
h) $5\frac{4}{5}$ cm = ______ mm
i) $\frac{1}{4}$ € = ______ ct

2 Wandle in einen Dezimalbruch um.

$\frac{7}{25}$ = ______
$\frac{9}{50}$ = ______
$\frac{9}{500}$ = ______
$\frac{3}{20}$ = ______
$\frac{3}{200}$ = ______
$\frac{9}{100}$ = ______

Umformen durch Erweitern

$\frac{4}{25} = \frac{16}{100} = 0{,}16$

Beachte: Es gibt bis 50 nur elf Zahlen, die du auf 10; 100 usw. erweitern kannst.

3 Zähle alle Nenner bis 50 auf, die du auf 10, 100 usw. erweitern kannst.

______

4 Wandle um.

a) 0,2 h = ______ min
b) 1,8 km = ______ m
c) 1,08 km = ______ m
d) 1,008 km = ______ m

Division von Bruchzahlen

Mit dem Kehrwert multiplizieren.
Kürze vor dem Rechnen.

a) $\frac{3}{5} : \frac{3}{4} = \frac{3}{5} \cdot \frac{4}{3} = \frac{1}{5} \cdot \frac{4}{1} = \frac{4}{5}$

b) $\frac{3}{4} : 5 = \frac{3}{4 \cdot 5} = \frac{3}{20}$

c) $1\frac{2}{3} : 2\frac{1}{2} = 1\frac{2}{3} \cdot \frac{2}{5} = \frac{5}{3} \cdot \frac{2}{5} = \frac{1}{3} \cdot \frac{2}{1} = \frac{2}{3}$

5 a) $\frac{1}{3} : \frac{2}{3}$ = ______
$1\frac{1}{2} : 3$ = ______
$1 : \frac{7}{8}$ = ______
$2\frac{2}{3} : 0$ = ______
$3 : 18$ = ______
$\frac{2}{5} : \frac{3}{10}$ = ______

b) $12\frac{3}{5} + 3\frac{1}{2}$ = ______
$16\frac{7}{8} - 1\frac{1}{4}$ = ______
$23\frac{1}{3} - 2\frac{5}{9}$ = ______
$13\frac{5}{8} + 1\frac{1}{4}$ = ______

c) $\frac{1}{3} \cdot 1\frac{1}{5}$ = ______
$4 \cdot \frac{5}{12}$ = ______
$1\frac{1}{2} \cdot 1\frac{1}{4}$ = ______
$2\frac{1}{4} \cdot 3$ ______

Knack-die-Nuss-Ecke

Herr Mayer erhält ein Fünftel eines Lottogewinns. Herr Müller erhält die Hälfte.

a) Wer erhält den größeren Bruchteil? Um wie viel erhält er mehr? ______

b) Herr Carstens erhält den Rest. Welchen Bruchteil erhält er? ______

c) Wie hoch ist der Gewinn, wenn Herr Mayer 20 000 € erhält? ______

Kopfrechenblatt 15

1 Vervollständige.

	10	100	1000
0,09			
0,019			
0,1007			

Multiplikation

1. Rechne ohne das Komma.
2. Trenne im Ergebnis durch das Komma so viele Stellen ab, wie beide Faktoren zusammen haben.

2 Berechne.

a) 0,4 · 0,3 = ______

0,04 · 3 = ______

b) 0,02 · 8 = ______

0,2 · 0,8 = ______

c) 10,1 · 0,2 = ______

1,01 · 0,02 = ______

d) 0,077 · 100 = ______

0,077 · 10 = ______

e) 12 · 0,4 = ______

12 · 0,04 = ______

f) 0,06 · 11 = ______

0,6 · 11 = ______

3 Setze das Komma in den zweiten Faktor richtig ein.

a) 3,4 · 406 = 138,04 b) 0,082 · 34 = 0,278 8 c) 5,6 · 1008 = 5,644 8

4 Finde drei passende Aufgaben.

a) ______ = 0,12

______ = 0,12

______ = 0,12

b) ______ = 1,2

______ = 1,2

______ = 1,2

Knack-die-Nuss-Ecke

Berechne.

a) 1,2 · 20 = ______

1,2 · 2 = ______

1,2 · 0,2 = ______

1,2 · 0,02 = ______

1,2 · 0,002 = ______

b) 14 · 3 = ______

14 · 1 = ______

14 · 0,2 = ______

14 · 0,03 = ______

14 · 0,02 = ______

c) 0,25 · 4 = ______

0,25 · 1 = ______

0,25 · 0,5 = ______

0,25 0,1 = ______

0,25 · 0,02 = ______

Was fällt dir auf? ______

Fitnesstest 1

Rechentechnik

1

a) 5 0 7 5 · 9 7 6

b) 8 7 4 0 0 5 : 5 5 =

2

2^5 ______ ______ ______

Gib die Fachbegriffe an und berechne die Potenzen!

______ ______ ______ 5^2

Rechentechnik

3 Klammerregeln

a) 6300 – (500 – (300 + 150)) = ______ = ______ = ______

b) 6300 – (500 – 300) + 150 = ______ = ______ = ______

4 Berechne vorteilhaft. Notiere auch die Zwischenschritte.

a) 8 · 37 = ______ = ______ = ______

b) 14 · 9 = ______ = ______ = ______

c) 12 · 16 = ______ = ______ = ______

Knack-die-Nuss-Ecke

Welche Aufgaben haben dasselbe Ergebnis?
Entscheide ohne zu rechnen und begründe.

a) 2712 + (4778 – 1273)
b) 2712 – (4778 + 1273)
c) 2712 + 4778 – 1273
d) 2712 – 4778 + 1273
e) 2712 – 4778 – 1273

978-3-12-740457-9 Schnittpunkt Serviceblätter 5/6

Ernst Klett Verlag GmbH, Stuttgart 2007

Fitnesstest 2

Wissen

1 Römische Zahlzeichen.

V = ____________ XIX = ____________ X = ____________

XLII = ____________ L = ____________ CMXL = ____________

C = ____________ M = ____________ D = ____________

46 = ____________ 24 = ____________ 909 = ____________

Rechentechnik

2

a) 8345 · 510

b) 70416 : 8 =

c)

	274809
–	46900
–	90346
–	4709

Wissen

3 Zeichne ein Säulendiagramm. Runde zuerst passend.

Berg	Zugspitze	Feldberg	Montblanc	Watzmann
Höhe	2963 m	1495 m	4810 m	2713 m
gerundete Höhe				

Rechentechnik

4 Klammern

a) 3400 – (600 + 450) – 350 = ____________ = ____________ = ____________

b) Setze eine Klammer richtig ohne die Aufgaben auszurechnen.

7245 – 3165 – 2099 = 6179;

32 345 – 6789 – 4055 + 3009 = 18 492

Knack-die-Nuss-Ecke

Setze die richtigen Zahlen ein.

a) 450 – (☐ – 200) = 400

b) 800 – 340 + ☐ = 500

c) 810 – (250 + ☐) – 400 = 100

d) 780 – (☐ – (560 – 40)) = 700

Fitnesstest 3

Geometrische Grundkonstruktionen

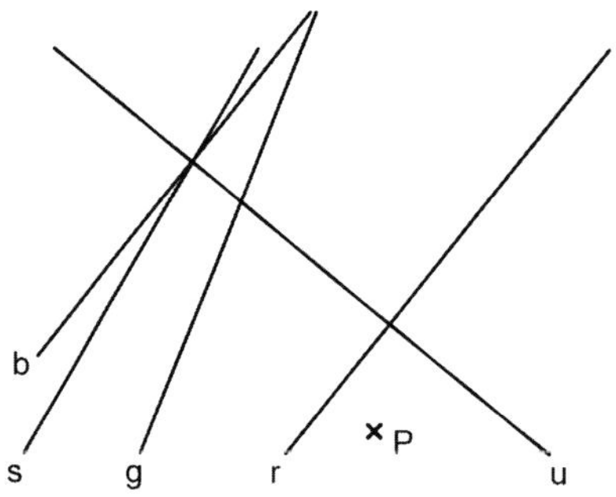

1 Parallel: ______________

Senkrecht: ______________

Ermittle den Abstand von P und g:

______________________ cm

Wissen

2 Gerade und Strecke. Beschreibe die Unterschiede und zeichne je ein Beispiel.

Geometrische Grundkonstruktionen

3 a) Zeichne zwei Parallelen a und b im Abstand von 1,5 cm. Zeichne nun eine Gerade g, die zu a senkrecht ist. Markiere einen Punkt P, der von g den Abstand 2 cm hat und auf b liegt.

b) Zeichne eine Gerade a und einen Punkt M, der nicht auf a liegt. Miss den Abstand von M von der Geraden a.
Zeichne nun eine Gerade g parallel zu a durch M.

Rechentechnik

4

a) 3 0 0 5 · 9 1 6

b) 2 3 4 0 0 : 2 5 =

c)
	2	3	4	8	0	9
–		4	5	9	0	0
–		8	0	3	4	6
–			4	0	0	7

978-3-12-740457-9 Schnittpunkt Serviceblätter 5/6

Fitnesstest 4

Raumvorstellung

1 Trage die Linien in das Würfelnetz ein.
Wo liegt im Netz der Punkt H?

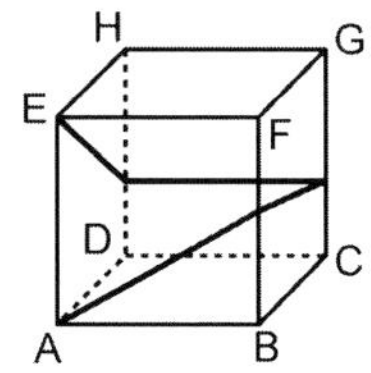

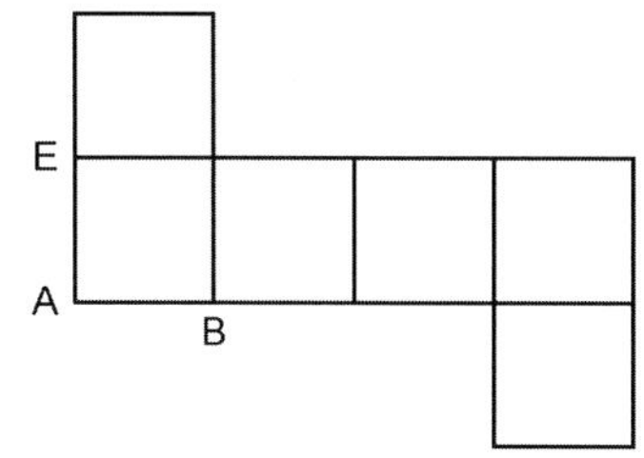

Rechentechnik

2 Berechne schriftlich.

a) 17 405 · 310

b) 600 300 : 29 =

c)
```
    734 899
  + 245 900
  +  80 346
  + 794 007
  _________
```

Wissen

3 Vervollständige die Schemata.

Sekunde —(: 60)→ Minute —( )→ [ ] —( )→ Tag —( )→ Jahr

Milligramm —( )→ [ ] —( )→ [ ] —(: 1000)→ Tonne

Geometrische Grundkonstruktionen

4 a) Zeichne jeweils ein Quadrat und eine Raute mit der Seitenlänge 3 cm. Bezeichne die Eckpunkte mit A, B, C und D.

b) Zeichne die Diagonalen ($\overline{AC}$ und $\overline{BD}$) ein.

c) Was kannst du über die Lage der beiden Diagonalen aussagen?

Knack-die-Nuss-Ecke

Mike behauptet: „Jedes Quadrat ist auch ein Rechteck“.
„Dann ist ja auch jedes Parallelogramm ein Rechteck.“, meint Ines. Was meinst du? Begründe.

Fitnesstest 5

Raumvorstellung

1 In den folgenden Vierecken werden die Seitenmitten verbunden.
Welches Viereck entsteht? Verbinde.

Quadrat •	• Parallelogramm
Raute •	• Raute
Parellelogramm •	• Rechteck
Rechteck •	• Quadrat
Drachen •	

Wissen

2 Welches besondere Viereck ist beschrieben?

Vier gleich lange Seiten, keine rechten Winkel. ______

Vier rechte Winkel und vier gleich lange Seiten. ______

Keine rechten Winkel, zwei Paare paralleler Seiten. ______

Die Diagonalen sind senkrecht zueinander. Keine Parallelen. ______

3 Große Zahlen. Schreibe mit Ziffern.

neun Milliarden zwölftausendzehn ______

siebzig Billionen dreihundertfünf ______

eine halbe Milliarde ______

Rechentechnik

4 Berechne schriftlich auf der Rückseite des Blattes.

a) $706 \cdot 6020$ b) $64\,377 : 23$ c) $450 - 6 \cdot (40 - 25)$

Geometrische Grundkonstruktionen

5 Zeichne eine Raute mit einer Seitenlänge von 3 cm.

Knack-die-Nuss-Ecke

a) Ich sehe jeder Zahl an, ob sie durch 10 teilbar ist.

______

b) Ich kann zu vier Billionen den Vorgänger und den Nachfolger von zwei Billionen im Kopf addieren.

______

Fitnesstest 6

Raumvorstellung

1 Der Würfel wird mehrfach über eine der Kanten gekippt. Das Kreuz ist am Anfang rechts. Wo liegt das Kreuz nach dem letzten Kippen? Vorne, hinten, rechts, links, oben oder unten?

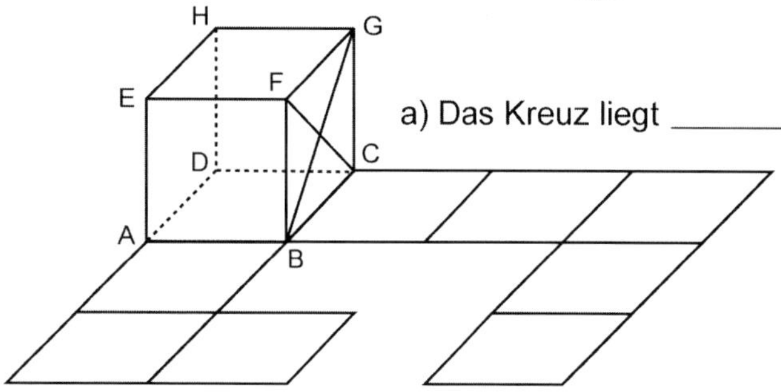

a) Das Kreuz liegt ________.

b) Das Kreuz liegt ________.

Wissen

2 Welche Rechenregeln musst du beachten? Notiere. Ermittle das Ergebnis im Kopf.

a) $245 - (125 + 90) =$ ________ Rechenregel: ______________________

b) $240 - 4 \cdot 25 =$ ________ Rechenregel: ______________________

c) $(50 - 35) \cdot 8 =$ ________ Rechenregel: ______________________

d) $100 - (35 - 29) \cdot 15 =$ ________ Rechenregel: ______________________

Rechentechnik

3 Berechne schriftlich.

a) <u>740 · 9126</u>

b) 74 340 : 9 =

c)

	934 899
–	☐
–	80 346
	194 607

Geometrische Grundkonstruktionen

4 Zeichne das Schrägbild eines Quaders mit folgenden Maßen:
Länge: 5,0 cm;
Breite: 4,0 cm;
Höhe: 3,0 cm

Knack-die-Nuss-Ecke

Ein Quader mit den Kantenlängen 6 cm; 4 cm und 3 cm kann in unterschiedlichen Lagen gezeichnet werden:

1. Vorderfläche: 6 cm; 3 cm.
   Grundfläche: 6 cm; 4 cm.
2. Vorderfläche: ______________
   Grundfläche: ______________
3. Vorderfläche: ______________
   Grundfläche: ______________

978-3-12-740457-9 Schnittpunkt Serviceblätter 5/6

Ernst Klett Verlag GmbH, Stuttgart 2007

Fitnesstest 7

Geometrische Grundkonstruktionen

1 Zeichne
a) das Schrägbild eines Würfels mit der Kantenlänge 1 cm.
b) eine Raute mit der Seitenlänge 2 cm.

Raumvorstellung

2 Welche Form hat die Schnittfläche, wenn man die Würfel entlang der Linien zersägt? Verbinde.

a) 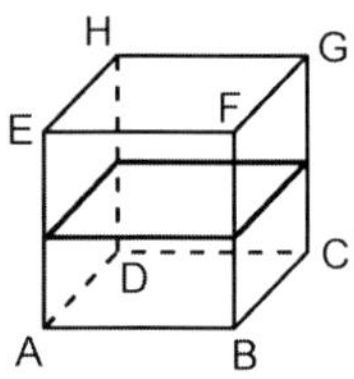

b) 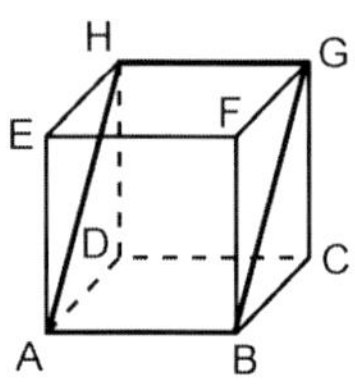

- Raute
- Rechteck
- Quadrat
- Dreieck
- Parallelogramm

c) 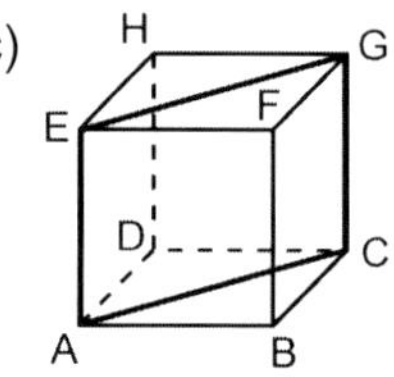

d) 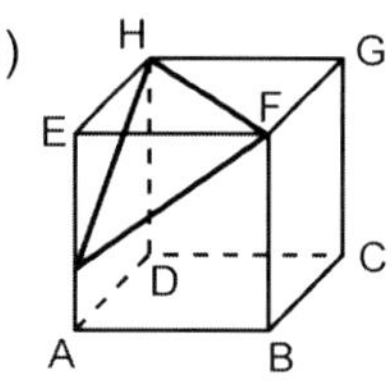

Wissen

3 Längeneinheiten und Flächeneinheiten. Vervollständige die Schemata.

mm —(:10)→ cm —( )→ ☐ —( )→ ☐ —( )→ km

mm² —( )→ ☐ —( )→ ☐ —( )→ ☐ —( )→ ☐ —( )→ ☐ —( )→ ha

Rechentechnik

4 Berechne schriftlich.

a) $\underline{340450 \cdot 610}$

b) $64376 : 26 =$

c)
```
   234890
 + 245900
 + ☐
 + 394607
 --------
   999999
```

Wissen

5 Berechne im Kopf. Welches Gesetz oder welche Regel wendest du dabei an? Notiere.

$23 \cdot 5 \cdot 2 =$ ________ Rechenregel: ________________

$5 \cdot (2 + 6) =$ ________ Rechenregel: ________________

$60 - 40 : 2 =$ ________ Rechenregel: ________________

$86 + 88 + 14 =$ ________ Rechenregel: ________________

978-3-12-740457-9 Schnittpunkt Serviceblätter 5/6

Ernst Klett Verlag GmbH, Stuttgart 2007

Fitnesstest 8

Raumvorstellung

1 Der Würfel wird mehrfach über eine der Kanten gekippt. Der Pfeil zeigt am Anfang nach hinten. Wohin zeigt der Pfeil nach dem letzten Kippen? Nach vorne, hinten, oben, unten, rechts oder nach links?

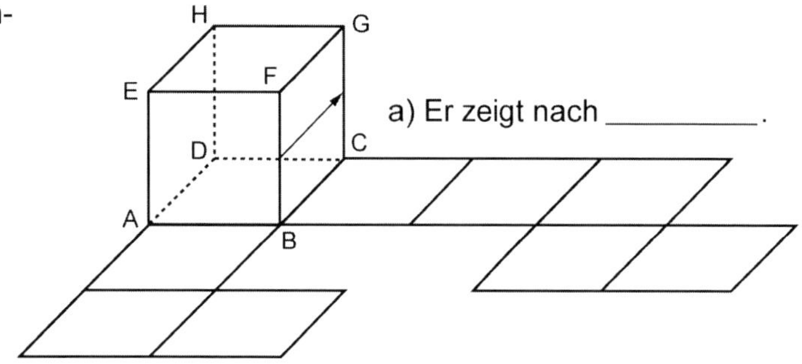

a) Er zeigt nach _________.

b) Er zeigt nach _________.

Wissen

2 Kennst du noch die Formeln für Umfang und Flächeninhalt eines Rechtecks?

Umfang = ______________. Fläche = ______________. Vervollständige die Tabelle.

	Rechteck 1	Rechteck 2	Rechteck 3	Rechteck 4
Länge a	4 cm		10 cm	
Breite b	2 cm	2 cm		
Umfang			30 cm	22 cm
Fläche		10 cm^2		30 cm^2

Rechentechnik

3 Berechne schriftlich auf der Rückseite des Blattes.

a) 74 009 · 93 b) 674 336 : 16 c) 780 – (125 + 15) : 7

Geometrische Grundkonstruktionen

4 Zeichne das Netz eines Quaders mit folgenden Maßen: Länge: 4,0 cm; Breite: 1,0 cm; Höhe: 1,0 cm

Knack-die-Nuss-Ecke

Wie ändert sich das Volumen eines Quaders, wenn

a) die Länge verdoppelt wird?

b) die Breite halbiert wird?

c) Länge und Breite verdoppelt werden?

d) die Höhe verdoppelt und die Länge halbiert wird?

978-3-12-740457-9 Schnittpunkt Serviceblätter 5/6

Ernst Klett Verlag GmbH, Stuttgart 2007

Fitnesstest 9

Rechentechnik

1 a) 2078 · 276 =

b) 83 005 : 12 =

Wissen

2 a) Setze die Reihe fort.

spitze Winkel: 0° < β < 90°

rechte Winkel: ______

______

______

______

b) Erläutere den Begriff Nebenwinkel mithilfe einer Zeichnung. Triff eine Aussage über die Größen der Winkel.

Begründen

3 a) Was ist mehr? $\frac{1}{5}$ Kuchen oder $\frac{1}{6}$ Kuchen? Begründe auf der Rückseite des Blattes.

b) Berechne den Winkel β. In welcher Zeichnung kannst du ihn nicht berechnen? Begründe.

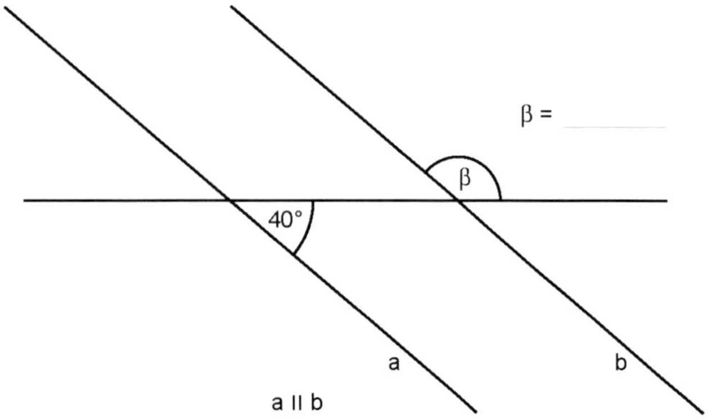

Kannst du α berechnen?

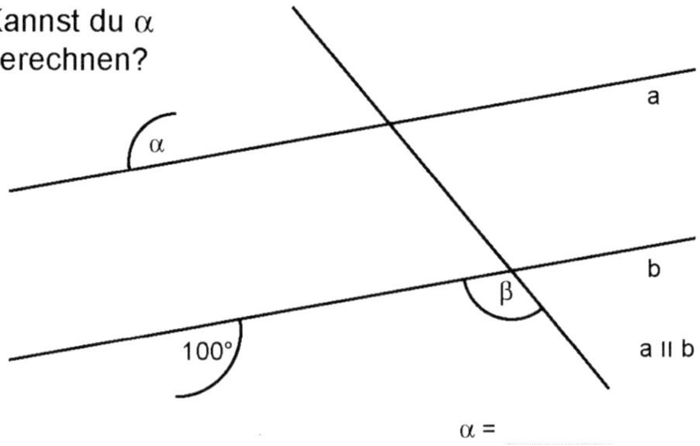

Knack-die-Nuss-Ecke

Bestimme die fehlende Zahl. Notiere die Rechenregel bzw. das Rechengesetz.

a) 60 − 20 : 2 = ☐ ______

b) 340 − (120 + ☐) = 150 ______

c) 390 − (48 − (8 + 9)) = ☐ ______

Fitnesstest 10

Wissen

1 **Beschreibe** den Lösungsweg für die Berechnung des folgenden Terms. 3409 – (342 – 42 : 6)

Rechentechnik

2 a) $4041 \cdot 570$

b) 504 170 : 32

c)
$$\begin{array}{r} 454\,899 \\ +\ 245\,980 \\ +\ 20\,141 \\ +\ 104\,607 \\ \hline \end{array}$$

3 a) $\frac{4}{5} - \frac{1}{2} =$ ____

b) $\frac{3}{8} + \frac{1}{4} =$ ____

c) $7\frac{1}{5} + 3\frac{1}{10} =$ ____

d) $9\frac{5}{8} - 4\frac{1}{4} =$ ____

e) $\frac{1}{10} + \frac{3}{5} =$ ____

f) $\frac{5}{6} - \frac{1}{8} =$ ____

g) $12\frac{3}{5} - 8 =$ ____

h) $\frac{2}{3} + \frac{3}{4} =$ ____

Grundwissen Geometrie

4 a) Wie heißt das Viereck? ____

b) Notiere die besonderen Eigenschaften.

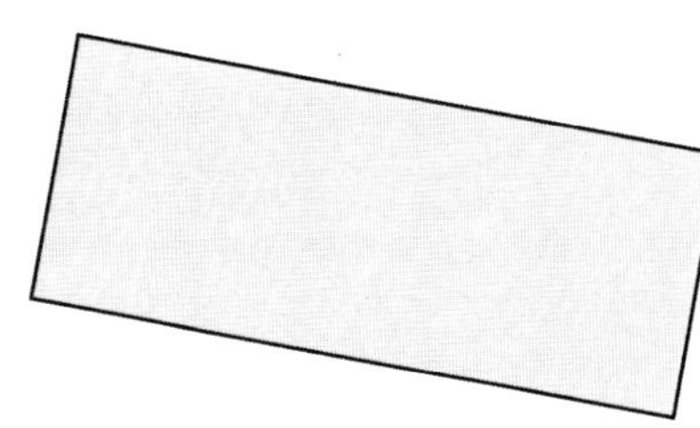

c) Zeichne die Diagonalen ein und miss die Schnittwinkel der Diagonalen. ____

d) Berechne den Flächeninhalt des Vierecks. ____

Knack-die-Nuss-Ecke

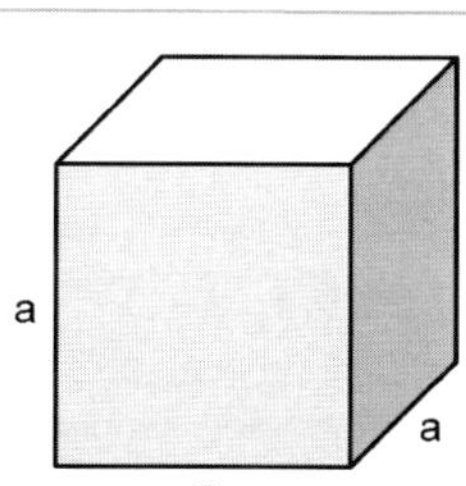

1 Ein Würfel hat die Kantenlänge a = 4,0 cm.

a) Wie viele cm^3-Würfelchen haben in einer Reihe Platz?

b) Wie viele cm^3-Würfelchen bilden die unterste Schicht?

c) Wie viele Schichten sind es?

d) So wird das Volumen berechnet:

2 Ein Quader ist 5 cm lang und 3 cm breit. Wie hoch muss er sein, damit sein Volumen 30 cm^3 beträgt?

3 Bei einem Quader wird die Höhe verdoppelt und die Länge halbiert. Die Breite bleibt gleich. Wie ändert sich sein Volumen?

Fitnesstest 11

Rechentechnik

1 Berechne im Kopf.

a) $\frac{1}{4} \cdot \frac{2}{3} =$ ____________

$\frac{3}{5} \cdot 3 =$ ____________

$16\frac{1}{6} + 7\frac{1}{4} =$ ____________

$\frac{2}{5} : 5 =$ ____________

b) $\frac{5}{6}$ von 30 € = ____________ ct

$\frac{1}{5}$ h = ____________ min

$\frac{3}{4}$ kg = ____________ g

$2\frac{3}{10}$ km = ____________ m

Grundwissen Geometrie

2 a) Zeichne ein Rechteck mit den Seiten $\overline{AB} = 4{,}0\,\text{cm}$ und $\overline{BC} = 3{,}0\,\text{cm}$. Berechne den Umfang und den Flächeninhalt.

b) Berechne die Winkelgrößen.

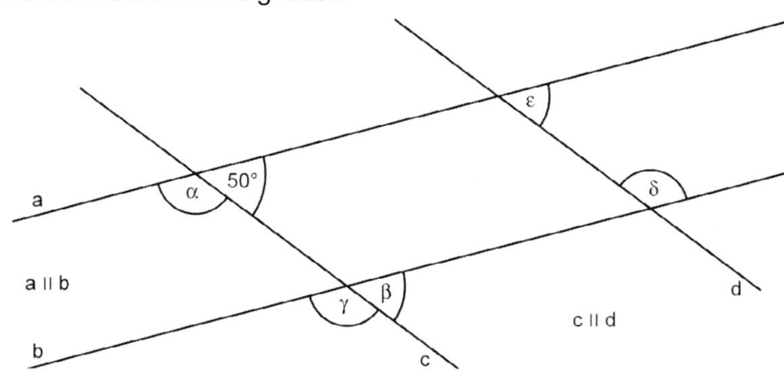

$\alpha =$ ________; $\beta =$ ________; $\gamma =$ ________; $\delta =$ ________; $\varepsilon =$ ________

Wissen

3 Was passiert mit einem Bruchteil, bei dem Zähler und Nenner mit derselben Zahl multipliziert werden?

____

____

Zeigen und Begründen

4 Zeige, dass $\frac{27}{42}$ nicht die Grunddarstellung des Bruches ist. Begründe mit einer passenden Regel.

____

____

Knack-die-Nuss-Ecke

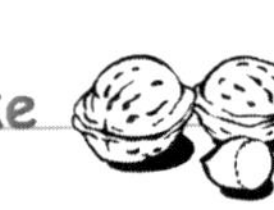

Berechne.

a) $12\frac{1}{3} - \left(4\frac{2}{5} + 5\frac{1}{2}\right)$

= ____________

= ____________

= ____________

b) $20 - \left(4\frac{1}{4} - 3\frac{1}{2}\right) : 1\frac{1}{4}$

= ____________

= ____________

= ____________

c) $58 - 7\frac{3}{5} \cdot 2\frac{1}{2} : \frac{1}{3}$

= ____________

= ____________

= ____________

Fitnesstest 12

Rechentechnik

1 Berechne.

a) $4\frac{2}{3} \cdot \frac{2}{7} =$ ______

b) $\frac{3}{5} : \frac{7}{15} =$ ______

c) $16\frac{1}{6} - 7\frac{3}{4} =$ ______

d) $\frac{2}{5} : \frac{1}{2} + \frac{3}{4} \cdot \frac{2}{3} =$ ______

Grundwissen Geometrie

2 Zeichne auf der Rückseite des Blattes das Netz eines Würfels mit der Kantenlänge 1,5 cm. Berechne die Oberfläche.

O = ______

Wissen

3 a) Welche drei Brüche haben den Hauptnenner 36? Kreuze an.

○ $\frac{2}{3}; \frac{3}{4}; \frac{1}{9}$

○ $\frac{1}{6}; \frac{3}{4}; \frac{7}{8}$

○ $\frac{5}{12}; \frac{1}{16}; \frac{5}{9}$

○ $\frac{7}{18}; \frac{1}{4}; \frac{5}{6}$

b) Verbinde.

$\frac{4}{5} \cdot \frac{3}{4}$ ◆	◆ in reine Brüche umwandeln
$2\frac{1}{4} : 1\frac{1}{2}$ ◆	◆ in der gemischten Schreibweise rechnen
$6\frac{5}{12} - 4\frac{3}{4}$ ◆	◆ vor dem Rechnen kürzen
$\frac{2}{3} \cdot \frac{5}{9}$ ◆	◆ Zähler · Zähler, Nenner · Nenner

Zeigen und Begründen

4 Klaus behauptet: Ich kann zwei Brüche auch vergleichen, indem ich sie auf denselben Zähler erweitere. Zeige dies am Beispiel von $\frac{2}{21}$ und $\frac{3}{25}$ und begründe, weshalb einer der beiden Brüche größer ist als der andere.

Knack-die-Nuss-Ecke

Richtig (r) oder falsch (f)?

a) $\frac{3}{5}$ von $\frac{1}{2}$ kg sind 300 g. ☐

b) Die Hälfte von $\frac{3}{5}$ kg ist gleich viel wie ein Viertel von $\frac{8}{10}$ kg. ☐

c) $\frac{3}{4}$ liegt genau in der Mitte zwischen $\frac{2}{3}$ und $\frac{4}{5}$. ☐

d) $\frac{103}{205}$ ist größer als $\frac{122}{245}$. ☐

Fitnesstest 13

Rechentechnik

1 Berechne im Kopf.

a) $1\frac{2}{3} \cdot \frac{1}{5} =$ ______

$\frac{3}{5} : \frac{1}{2} =$ ______

$16\frac{5}{6} - 7\frac{1}{4} =$ ______

b) $\frac{3}{4}$ kg = ______ g

$\frac{3}{5}$ h = ______ min

$\frac{3}{5}$ m² = ______ dm²

c) $\frac{4}{5}$ von 200 € = ______

$\frac{3}{4}$ von 1 km = ______

$\frac{7}{10}$ von 2 h = ______

Wissen

2 a) Ordne die Brüche der Größe nach.

$\frac{3}{4}; \frac{3}{8}; \frac{1}{4}; \frac{1}{6}; \frac{1}{10}; 1\frac{1}{12}$

______

$\frac{3}{4}; \frac{5}{6}; \frac{3}{7}; \frac{5}{12}; \frac{9}{14}; \frac{11}{12}$

______

b) Verbinde.

96° •	• spitzer Winkel
87° •	• gestreckter Winkel
180° •	• stumpfer Winkel
200° •	• überstumpfer Winkel

3 Notiere die Erweiterungsregel für Brüche.

______

______

Zeigen und Begründen

4 Zeige mithilfe von zwei Zeichnungen, dass $\frac{3}{4} = \frac{6}{8}$ gilt und begründe.

Knack-die-Nuss-Ecke

Berechne im Kopf.
Welches Gesetz bzw. welche Rechenregel verwendest du?

$2\frac{7}{24} + \frac{3}{4} + \frac{1}{4} =$ ☐ ______

$\frac{5}{8} + 2\frac{1}{2} + \frac{3}{8} =$ ☐ ______

$\frac{5}{8} \cdot 1\frac{1}{2} \cdot \frac{2}{3} =$ ☐ ______

$7\frac{5}{8} - 3\frac{1}{3} - 2\frac{2}{3} =$ ☐ ______

Fitnesstest 14

Zeigen und Begründen

1 Vergleiche an einem selbst gewählten Beispiel die Multiplikation mit 3 und das Erweitern mit 3. Vergleiche das Ergebnis und erläutere.

____

____

Rechentechnik

2 Berechne im Kopf.

a) $\frac{2}{3} + \frac{1}{2} =$ ______ $\frac{2}{7} \cdot 5 =$ ______ $\frac{2}{5} + 1\frac{1}{2} =$ ______ $\frac{1}{2} - \frac{2}{5} =$ ______

b) $\frac{3}{7} : 4 =$ ______ $2 - \frac{2}{3} =$ ______ $23\frac{2}{3} + 11\frac{3}{4} =$ ______ $1\frac{2}{3} \cdot \frac{2}{5} =$ ______

Grundwissen Geometrie

3 Miss die folgenden Winkel. Schätze zuerst.

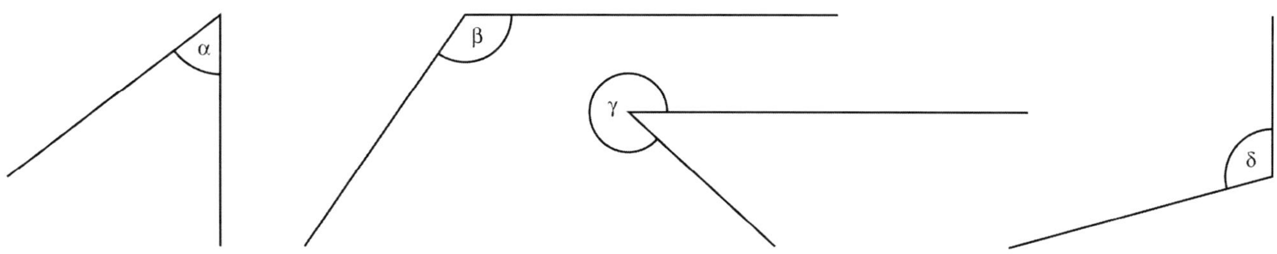

Winkel				
geschätzt				
gemessen				

Wissen

4 Mit welchem Verfahren würdest du die Brüche in Dezimalbrüche umwandeln? Verbinde.

durch Erweitern

$\frac{2}{3}$ $\frac{3}{5}$ $\frac{7}{500}$ $\frac{3}{8}$ $\frac{7}{16}$ $3\frac{3}{4}$ $12\frac{1}{9}$ $\frac{7}{25}$

durch Division

Knack-die-Nuss-Ecke

a) $\frac{2}{3} - \frac{\square}{\square} = \frac{1}{6}$ b) $\frac{2}{3} \cdot \frac{\square}{\square} = \frac{1}{3}$ c) $\frac{\square}{\square} : \frac{1}{2} = \frac{1}{2}$ d) $\frac{7}{8} \cdot \frac{\square}{\square} = \frac{1}{4}$

Fitnesstest 15

Zeigen und Begründen

1 Es gilt 3257 · 245 = 797965. Gib die Ergebnisse der folgenden Aufgaben an ohne zu rechnen. Begründe.

a) 325,7 · 24,5 = ______________ b) 0,245 · 32,57 = ______________

Rechentechnik

2 Berechne den Term schrittweise.

$0{,}6 \cdot \left(\frac{7}{8} - \frac{1}{3} \cdot \frac{3}{4}\right) + \frac{7}{8} : 0{,}7 =$ ______________

3 Im Supermarkt gibt es 4,5 kg Pakete zu 5,40 € und 6 kg Pakete zu 7,80 €. Unterstreiche das günstigere Angebot. Begründe rechnerisch.

Raumvorstellung

4 Für die fehlende Fläche des Prismanetzes sind fünf mögliche Lagen angegeben. Färbe die richtigen ein.

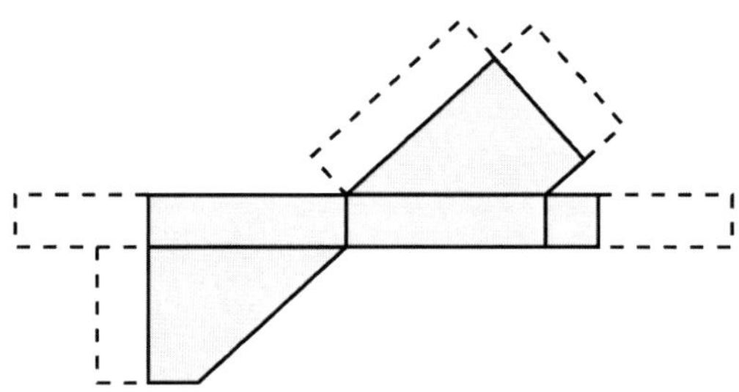

Wissen

5 a) Welcher Bruchteil ist gefärbt? Ergänze so, dass $\frac{13}{18}$ gefärbt sind.

b) Ordne die Zahlen nach der Größe.

0,76; 0,759; 0,7598; 0,81; $\frac{4}{5}$; $\frac{2}{3}$; $\frac{17}{20}$

c) Berechne die Terme für die angegebenen Werte.

x	y	3 · x + y	x · (5 · y – 9)
3	4		

Knack-die-Nuss-Ecke

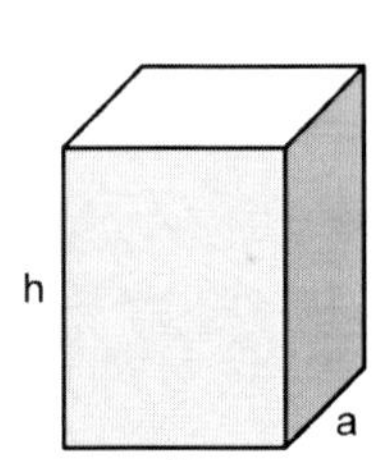

1 Stelle einen Term mit den Variablen a und b auf, der für a = 8 und b = 5 den Termwert 50 hat.

2 Gib die Oberfläche der abgebildeten quadratischen Säule mithilfe eines Terms an.

978-3-12-740457-9 Schnittpunkt Serviceblätter 5/6

Ernst Klett Verlag GmbH, Stuttgart 2007

Lösungen der Kopiervorlagen

Lösungen

Präsentieren wie ein Profi, Seite 3

Lösungswort: PRÄSENTATIONSPROFI

Erstellen eines Mind-Maps, Seite 8

Lösungsvorschlag:

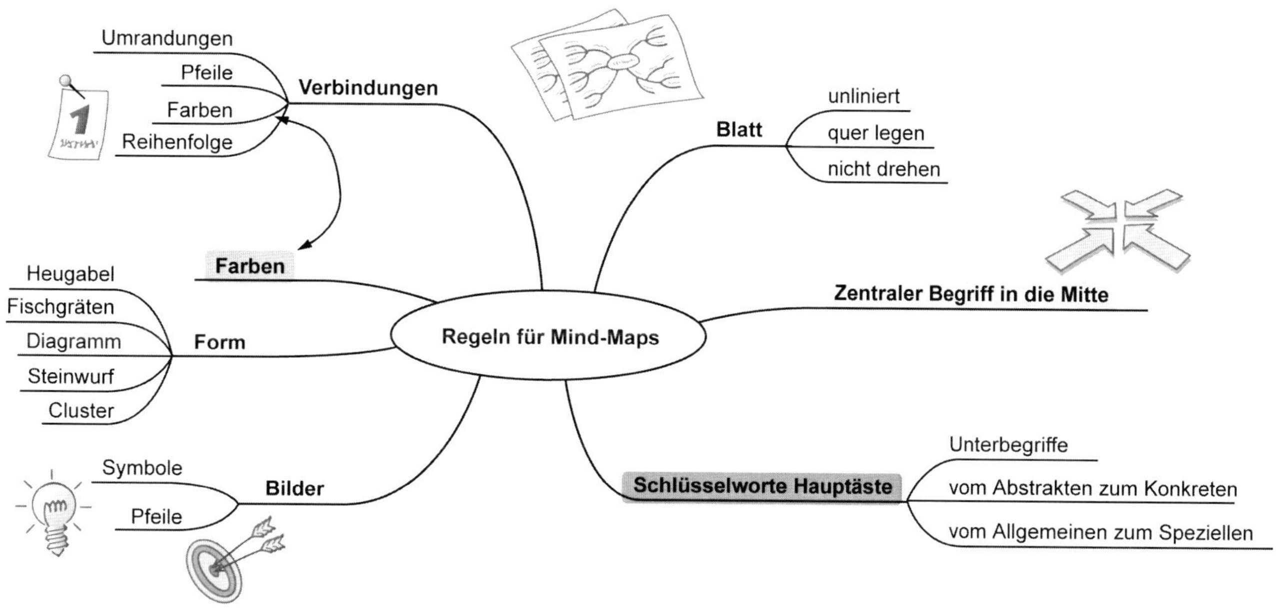

Ein Thema – zwei Mind-Maps, Seite 9

Jans Mind-Map:

☺ Gut:
- Papier im Querformat
- Thema in der Mitte und deutlich hervorgehoben
- sinnvolle Einteilung der Hauptäste
- Anordnung der Hauptäste im Uhrzeigersinn
- Überbegriffe in Druckbuchstaben

☹ Schlecht:
- Hauptäste nicht deutlich hervorgehoben
- Überbegriffe stehen nicht auf Ästen
- Zweige fehlen
- (fast) keine Zeichnungen und Symbole

Ulrichs Mind-Map:

☺ Gut:
- Papier im Querformat
- Ast und Zweige sind gezeichnet
- Zeichnungen und Symbole

☹ Schlecht:
- Thema nicht in der Mitte und nicht hervorgehoben
- unübersichtlich durch Überkreuzen von Ästen
- Blatt muss zum Lesen gedreht werden
- Äste und Zweige teilweise nicht verbunden
- Schreibschrift
- Hauptäste und Überbegriffe nicht deutlich hervorgehoben

Leitidee Zahl – natürliche Zahlen

Zahlen auf dem Zahlenstrahl, Seite 13

1 a) 128, 146, 157, 176 b) 2475, 2725, 2950, 3025

2

a) 3. Zahlenstrahl:

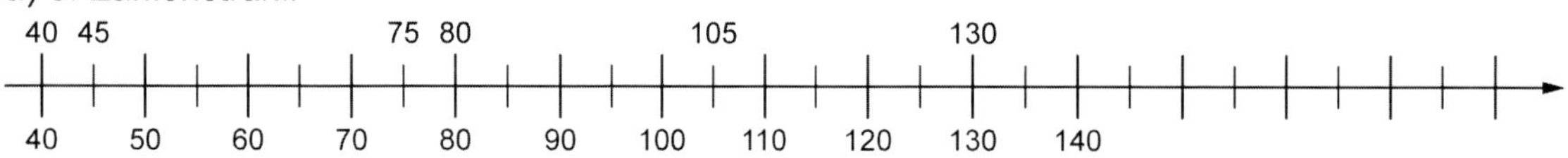

Auch ein Eintragen in den 4. Zahlenstrahl wäre möglich.

b) 1. Zahlenstrahl:

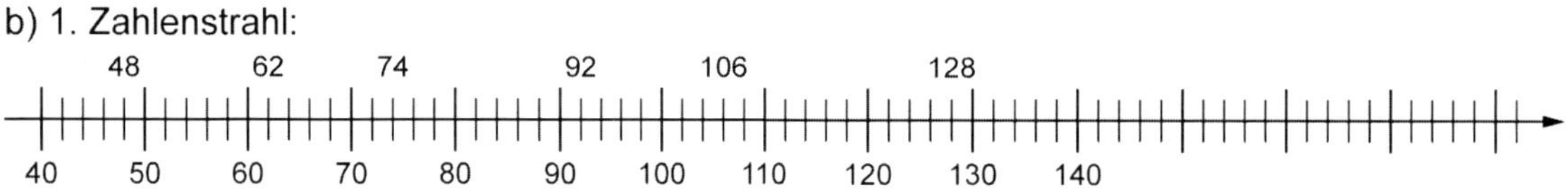

c) 2. Zahlenstrahl

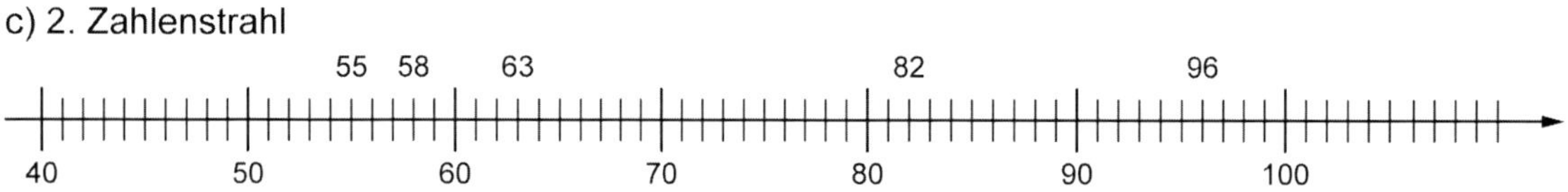

3 a)

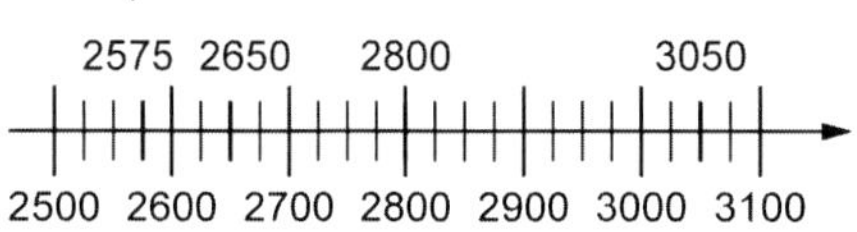

b)

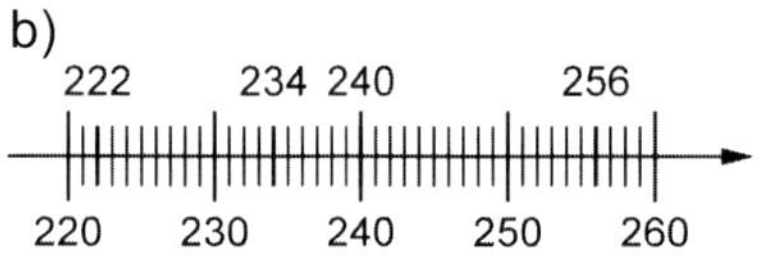

c)

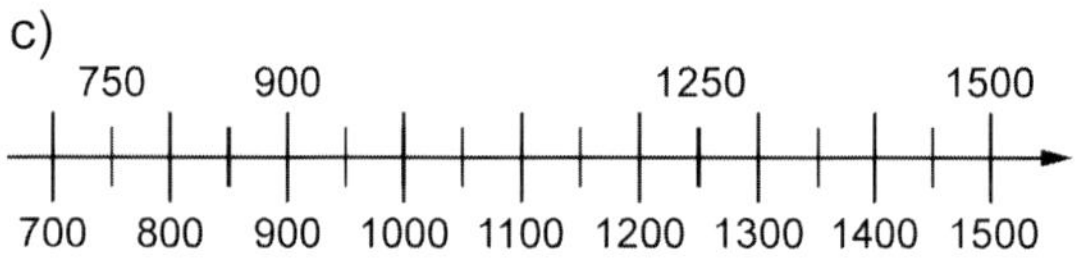

Zahlenbaukasten – Große Zahlen, Seite 15

a) 9 5 52 17 104 0; 9552171040
b) 0 104 17 52 5 9; 104175259
c) 9 5 52 104 0 17; 9552104017
d) 104 0 17 5; 1040175
e) 9 5 52 104 0; 95521040
f) 0 17 52 5 9; 175259
g) 104 0 17 52; 10401752

Zweier–Trimono, Seite 16

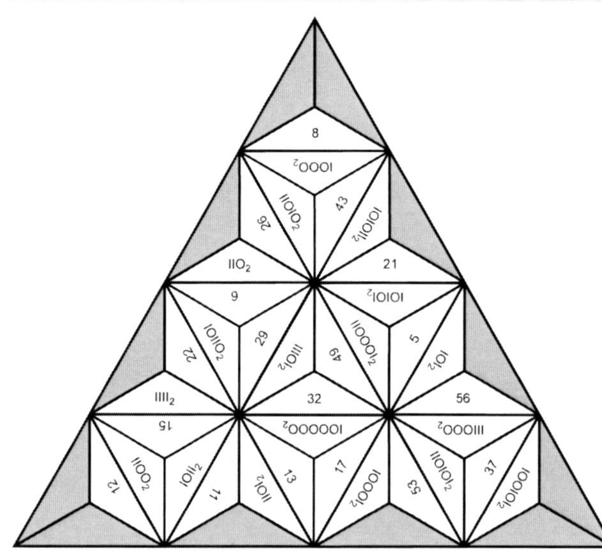

Rund um das Überschlagen – Partnerarbeitsblätter, Seiten 17 und 18

1

wie Klaus gerundet	wie Klara gerundet	genaues Ergebnis
500 + 200 = 700	500 + 300 = 800	708
4000 + 2000 = 6000	4000 + 3000 = 7000	6279
10 000 + 8000 = 18 000	10 000 + 9000 = 19 000	18 660
5000 + 2000 = 7000	5000 + 3000 = 8000	7892

2 Liegen beide Summanden weit über (oder unter) der „Mitte“, so ist kaufmännisches Runden, das heißt Runden nach den üblichen Rundungsregeln, besser.

3 individuelle Rechnungen
Ergebnis: Für die Subtraktion gilt das Gleiche.

Rechennetze I, Seite 19

75	+60 →	135	+65 →	200
↓ +39		↓ +25		↓ +7
114	+46 →	160	+47 →	207
↓ +86		↓ +52		↓ +193
200	+12 →	212	+188 →	400

56	+17 →	73	+83 →	156
↓ +47		↓ +54		↓ +28
103	+24 →	127	+57 →	184
↓ +65		↓ +87		↓ +116
168	+46 →	214	+86 →	300

mögliche Lösung:

1	+ 5 →	6	+ 10 →	16
↓ + 2		↓ + 8		↓ + 24
3	+ 11 →	14	+ 26 →	40
↓ + 7		↓ + 19		↓ + 60
10	+ 23 →	33	+ 67 →	100

1	+ 1 →	2	+ 7 →	9
↓ + 3		↓ + 4		↓ + 5
4	+ 2 →	6	+ 8 →	14
↓ + 10		↓ + 9		↓ + 6
14	+ 1 →	15	+ 5 →	20

Rechennetze II, Seite 20

312	– 86 →	226	– 37 →	189
↓ – 26		↓ – 53		↓ – 72
286	– 113 →	173	– 56 →	117
↓ – 97		↓ – 28		↓ – 18
189	– 44 →	145	– 46 →	99

222	– 33 →	189	– 67 →	122
↓ – 24		↓ – 87		↓ – 44
198	– 96 →	102	– 24 →	78
↓ – 76		↓ – 15		↓ – 56
122	– 35 →	87	– 65 →	22

111	+ 43 →	154	+ 27 →	181
↓ – 83		↓ – 77		↓ – 36
28	+ 49 →	77	+ 68 →	145
↓ + 58		↓ + 98		↓ – 34
86	+ 89 →	175	– 64 →	111

mögliche Lösung:

100	– 48 →	52	+ 13 →	65
↓ – 14		↓ – 38		↓ + 11
86	– 72 →	14	+ 62 →	76
↓ – 23		↓ – 14		↓ – 75
63	– 63 →	0	+ 1 →	1

Rund um das Addieren und Subtrahieren, Seite 21

1 900 Mrd. + 900 Mrd. + 1 + 900 Mrd. – 1
= 2 Billionen 700 Mrd.
zwei Billionen siebenhundert Milliarden
Der Vorgänger von 900 Mrd. ist um 1 kleiner, der Nachfolger ist um 1 größer als 900 Mrd. Addiert man Vorgänger und Nachfolger, so heben sich die Einsen auf und man addiert zweimal 900 Mrd.

2 6 Mrd. – 1 Mrd. – (1 Mrd + 1) – (1 Mrd – 1)
= 3 Mrd
drei Milliarden
Der Vorgänger von 1 Mrd. ist um 1 kleiner, der Nachfolger ist um 1 größer als 1 Mrd. Subtrahiert man Vorgänger und Nachfolger, so heben sich die Einsen auf und man subtrahiert neben der Mrd. noch zweimal 1 Mrd., also 6 Mrd. – 3 Mrd.

3 Die Regel „von links nach rechts" wurde nicht beachtet.
36 000 – 21 677 + 4712 = 14 323 + 4712 = 19 035

4 927 063 – (198 613 + 72 099)
≈ 900 000 – (200 000 + 70 000) = 660 000
927 063 – 198 613 + 72 099
≈ 930 000 – 200 000 + 70 000 = 800 000
468 036 + 572 094 ≈ 470 000 + 570 000 = 1 040 000
251 093 + 258 998 + 150 694 + 153 963
≈ 250 000 + 260 000 + 150 000 + 150 000 = 810 000
927 063 + 198 613 – 72 099
≈ 930 000 + 200 000 – 70 000 = 1 060 000

927 063 – (198 613 + 72 099)	800 549
927 063 – 198 613 + 72 099	656 351
468 036 + 572 094	1 053 577
251 093 + 258 998 + 150 694 + 153 963	814 748
927 063 + 198 613 – 72 099	1040130

5 a) 952 894 – (234 456 – 178 612) + 168 657
= 1 065 707
b) 952 894 – 234 456 – (178 612 + 168 657)
= 371 169

Zahlenbaukasten – Addition und Subtraktion, Seite 23

a) einige Beispiele:
36 – (12 + 9) + 25 = 40
36 – 25 + (12 – 9) = 14
12 – (36 – 25) + 9 = 10

b) Wenn alle Zahlenkarten verwendet werden müssen, ergibt sich folgende Lösung:
$36 + 25 + (12 - 9) = 64$
Werden nicht alle verwendet, erhält man
$36 + 25 + 12 = 73$.
c) alle Zahlenkarten: $36 + 9 - (12 + 25) = 8$
nicht alle: $36 - 25 - 9 = 36 - (25 + 9) = 2$

Ziffernbaukasten, Seite 24

a) mögliche Lösungen:
größte Summe: 987 654 321 + 0 = 987 654 321
kleinste Summe: 10 468 + 23 579 = 34 047
b) mögliche Lösungen:
größte Summe: 98 765 432 + 1 + 0 = 98 765 433
kleinste Summe: 1047 + 258 + 369 = 1674
c) mögliche Lösungen:
größter Summenwert:
98 765 432 + 1 – 0 = 98 765 433
kleinster Summenwert: 468 + 579 – 1032 = 15
d) individuelle Lösungen

Nepersche Rechenstäbe, Seite 25

abgebildetes Beispiel: $958 \cdot 5 = 4790$

Potenzen-Domino, Seite 26

$8 \cdot 8 \cdot 8 \cdot 8 = 8^4$; $5^2 = 5 \cdot 5$; $8 + 8 + 8 + 8 = 4 \cdot 8$; $3 \cdot 5 = 5 + 5 + 5$; $3^3 = 27$; $2^7 = 128$; $64 = 8^2$;
$2 \cdot 5 = 10$; $2^{\boxed{4}} = 16$; $2^{\boxed{3}} = 64$; $3^2 + 2^3 = 17$

Potenzen und Produkte, Seite 27

1 Ja. Einzige Ausnahme: $4^2 = 2^4$ und die Fälle, in denen Hochzahl und Grundzahl gleich sind.

2 Fehlerbeschreibung: Die Regel „Punkt vor Strich“ wurde nicht beachtet.
Richtige Lösung: $680 - 180 \cdot 2 = 680 - 360 = 320$
So wird die falsche Rechnung richtig:
$(680 - 180) \cdot 2$

3 16 468
19 453
332 442
290 069
218 751

4 a) Das Ergebnis verdoppelt sich.
b) Das Ergebnis vervierfacht sich.

Teilbarkeit durch 3 und 9, Seite 31

1 bis **3**

Zahl	Anzahl der Plättchen	Zahl ist teilbar durch	
		3	9
24	6	ja	nein
711	9	ja	ja
5304	12	ja	nein

und individuelle Lösungen

Mögliches Beispiel:

Zahl	Anzahl der Plättchen	Zahl ist teilbar durch	
		3	9
21	3	ja	nein
918	18	ja	ja
26	8	nein	nein

4 a) Jede Zahl besteht aus verschiedenen Ziffern (Einerziffern, Zehnerziffern, ...). Die Anzahl der Plättchen entspricht der Summe dieser Ziffern. Man nennt diese Summe Quersumme.
b) Wenn bei einer Zahl die Anzahl der Plättchen (Quersumme) durch 3 teilbar ist, dann ist auch die Zahl selbst durch 3 teilbar. Ist die Anzahl der Plättchen sogar durch 9 teilbar, dann teilt 9 auch die ursprüngliche Zahl.

Zusatzaufgabe
mögliche Lösungen:
a) 123; eine Zahl ist nur dann durch 3 und nicht durch 9 teilbar, wenn ihre Quersumme durch 3 und nicht durch 9 teilbar ist.
b) 1236

Leitidee Zahl – Brüche und Dezimalbrüche

Übungen zur Bruchschreibweise, Seite 32

1 $\frac{7}{15}$

2 $\frac{3}{24}$

3 $\frac{30}{8}$ sind mehr als ein ganzer Kuchen, weil man 30 Stücke eines in 8 Stücke geteilten Kuchens erhält. Acht dieser Stücke sind bereits ein ganzer Kuchen.

4 Er hat mehr Apfelkuchen gegessen, weil die Stücke größer sind.
Erika hat mehr Kuchen gegessen, weil sie zwei Stücke mehr vom gleichen Kuchen hatte.
Wenn du die Bruchteile der verspeisten Kuchenmenge von Erika angeben willst, musst du die 5 in den Zähler schreiben.

5 $\frac{17}{5}$ bezeichnet mehr als ein Ganzes, da der Zähler größer ist als der Nenner. Man hat 17 Teile, von denen jeweils fünf Teile ein Ganzes bezeichnen.

6 mögliche Lösungen

a) $\frac{3}{5}$, $\frac{5}{5}$, $\frac{7}{5}$, $\frac{11}{5}$, $\frac{12}{5} = 2\frac{2}{5}$

b) $\frac{6}{7}$, $\frac{6}{6}$, $\frac{6}{5} = 1\frac{1}{5}$, $\frac{6}{2}$, $\frac{6}{4} = 1\frac{2}{4}$

7

a) $\frac{1}{2}$ b) $\frac{3}{4}$ c) 8 (16)

Gemischte Zahlen, Seite 33

1 b) $2\frac{1}{6}$

2 a) $\frac{4}{3} = 1\frac{1}{3}$ b) $\frac{23}{10} = 2\frac{3}{10}$

c) $\frac{8}{5} = 1\frac{3}{5}$ d) $\frac{31}{8} = 3\frac{7}{8}$

3 a) $2\frac{2}{3}$ b) $1\frac{1}{4}$ c) $1\frac{1}{7}$

d) $2\frac{1}{5}$ e) $1\frac{4}{8}$ f) $2\frac{1}{9}$

4 a) $\frac{11}{4}$ b) $\frac{45}{8}$ c) $\frac{38}{11}$

d) $\frac{85}{11}$ e) $\frac{140}{15}$ f) $\frac{122}{7}$

g) $\frac{35}{3}$ h) $\frac{140}{9}$ i) $\frac{94}{11}$

5 a) 60 min + 20 min = 80 min
b) 120 min + 15 min = 135 min
c) 60 min + 15 min = 75 min

Bruchteile von Größen, Seite 34

1

a) 200 m, 600 m, 800 m, 1000 m, 1200 m, 2000 m

b) 100 g, 300 g, 10 g, 70 g, 1000 g, 4 g

2 $\frac{1}{3}$ vom Ganzen ist mehr als $\frac{1}{10}$. Wenn man das Ganze nur in drei Teile teilt, sind die Teile größer als wenn man das Ganze in 10 Teile teilt.

3 a) 5 dm; 50 dm^2, 500 dm^3
b) 75 cm; 45 min, 18 h
c) 15 ct, 9 min; 15 mm^2
d) 70 dm^3, 7 ct, 7 dm^2

4 a) $\frac{6}{10}$ € = 60 ct b) $\frac{1}{4}$ kg = 250 g

c) 1 h = 60 min d) $\frac{1}{10}$ kg = 100 g

e) $\frac{1}{10}$ m = 1 dm

Übungen zur gemischten Schreibweise bei Größen, Seite 36

1 a) 2 kg + $\frac{1}{2}$ kg = 2000 g + 500 g = 2500 g

b) 1 kg + $\frac{1}{4}$ kg = 1000 g + 250 g = 1250 g

c) 2 kg + $\frac{3}{4}$ kg = 2000 g + 750 g = 2750 g

d) 5 € + $\frac{1}{10}$ € = 500 ct + 10 ct = 510 ct

e) 4 € + $\frac{9}{10}$ € = 400 ct + 90 ct = 490 ct

f) 4 km + $\frac{9}{10}$ km = 4000 m + 900 m = 4900 m

2 a) 4 kg + 500 g = 4 kg + $\frac{1}{2}$ kg = $4\frac{1}{2}$ kg

b) 1000 m + 100 m = 1 km + $\frac{1}{10}$ km = $1\frac{1}{10}$ km

c) 100 ct + 30 ct = 1 € + $\frac{3}{10}$ € = $1\frac{3}{10}$ €

d) 2000 g + 70 g = 2 kg + $\frac{70}{1000}$ kg = $2\frac{70}{1000}$ kg

(oder $2\frac{7}{100}$ kg)

3 a) 15 dm; 150 dm^2; 1500 dm^3
b) 260 cm, 156 min; 42 h
c) 330 ct, 198 min, 330 mm^2

4 a) $\frac{7}{10}$ € = 70 ct b) $\frac{1}{4}$ kg = 250 g

c) $1\frac{4}{5}$ kg = 1800 g

Übungen zum Erweitern, Seite 37

1 a) $\frac{1}{2} = \frac{2}{4}$ = z. B. $\frac{4}{8}$ b) $\frac{2}{5} = \frac{4}{10}$ = z. B. $\frac{8}{20}$

c) individuelle Lösungen

2 doppelt; halb; das gleiche

3 a) $\frac{6}{12}$, denn die richtige Erweiterung von $\frac{3}{4}$ ist $\frac{9}{12}$.

b) $\frac{5}{20}$, denn die richtige Erweiterung von $\frac{1}{5}$ ist $\frac{4}{20}$.

4 f; f; w; w; f; w
Lösungssatz: Vertrauen ist gut, Kontrolle ist besser.

Zauberquadrate, Seite 39

$\frac{2}{13}$	$\frac{7}{13}$	$\frac{6}{13}$
$\frac{9}{13}$	$\frac{5}{13}$	$\frac{1}{13}$
$\frac{4}{13}$	$\frac{3}{13}$	$\frac{8}{13}$

$\frac{17}{25}$	$\frac{24}{25}$	$\frac{1}{25}$	$\frac{8}{25}$	$\frac{15}{25}$
$\frac{6}{25}$	$\frac{13}{25}$	$\frac{20}{25}$	$\frac{22}{25}$	$\frac{4}{25}$
$\frac{25}{25}$	$\frac{2}{25}$	$\frac{9}{25}$	$\frac{11}{25}$	$\frac{18}{25}$
$\frac{14}{25}$	$\frac{16}{25}$	$\frac{23}{25}$	$\frac{5}{25}$	$\frac{7}{25}$
$\frac{3}{25}$	$\frac{10}{25}$	$\frac{12}{25}$	$\frac{19}{25}$	$\frac{21}{25}$

Additions- und Subtraktionsdomino, Seite 40

$\frac{1}{2}+\frac{1}{4}=\frac{3}{4}$; $\frac{5}{6}-\frac{5}{12}=\frac{5}{12}$; $\frac{2}{3}-\frac{1}{2}=\frac{1}{6}$; $\frac{1}{10}=\frac{3}{5}-\frac{1}{2}$;

$\frac{2}{3}=\frac{1}{2}+\frac{1}{6}$; $\frac{5}{6}-\frac{\boxed{2}}{\boxed{6}}=\frac{1}{2}$; $\frac{3}{5}-\frac{\boxed{1}}{\boxed{10}}=\frac{1}{2}$; $\frac{\boxed{7}}{\boxed{10}}-\frac{1}{5}=\frac{1}{2}$;

$\frac{3}{8}+\frac{1}{6}=\frac{13}{24}$; $\frac{1}{12}+\frac{\boxed{11}}{\boxed{12}}=1$; $1-\frac{\boxed{3}}{\boxed{8}}=\frac{5}{8}$; $\frac{5}{8}-\frac{1}{8}-\frac{1}{4}=\frac{1}{4}$;

$\frac{4}{9}-\frac{1}{3}-\frac{1}{9}=0$; $\frac{5}{13}+\frac{1}{5}=\frac{38}{65}$

3 zusammen ergeben 2, Seite 41

Mögliche Beispiele:

$\frac{7}{10}+\frac{11}{20}+\frac{3}{4}=2$; $1\frac{5}{24}+\frac{5}{12}+\frac{3}{8}=2$; $\frac{2}{5}+1\frac{1}{15}+\frac{8}{15}=2$

Vervielfachen von Brüchen, Seite 42

1 a) $2 \cdot \frac{1}{3} = \frac{2}{3}$ b) $3 \cdot \frac{2}{9} = \frac{6}{9}$

2 mögliche Lösung:

Ergebnis: $\frac{4}{5}$

3 a) mögliche Lösung: b)

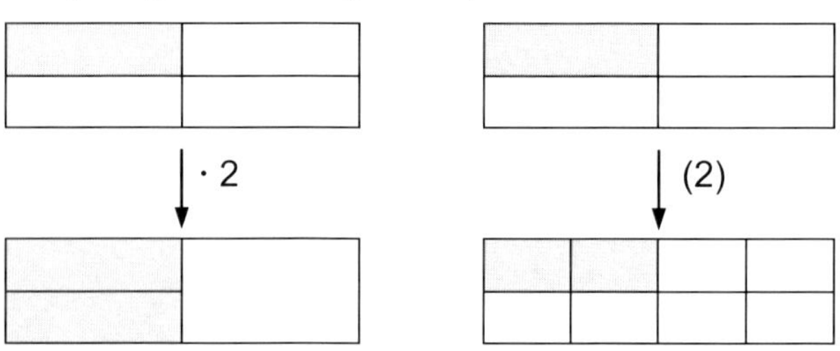

Durch das Vervielfachen wird das Ergebnis größer, durch das Erweitern verändert sich nur die Größe der Stücke. Das Ergebnis, d. h. der Bruchteil, bleibt gleich.

4 Ich erhalte zwei Viertelstücke. Bei der Multiplikation des Nenners mit 2, verdopple ich die Anzahl der Teile, in die das Ganze zerlegt ist (s. Zeichnung zu 3 b). Das heißt, ich würde ein Achtelstück erhalten.

5 a) $3 \cdot \frac{3}{5} = \frac{9}{5}$

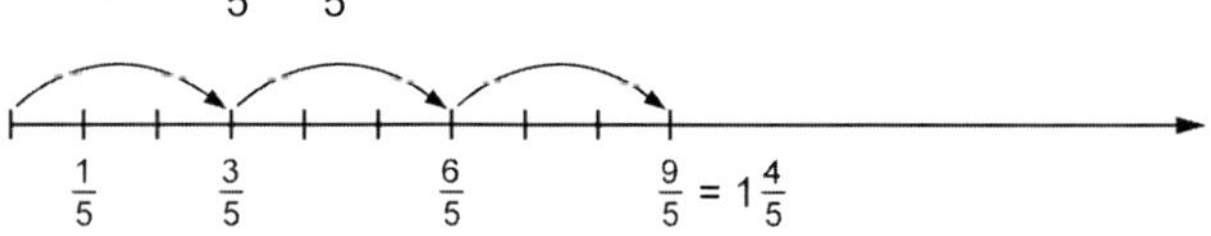

b) $6 \cdot \frac{1}{6} = 1$

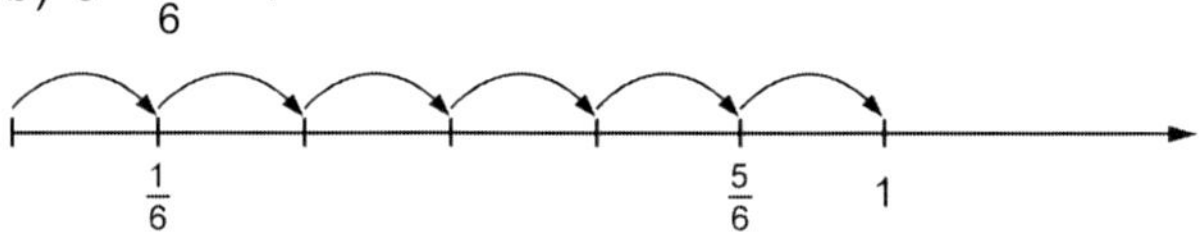

Teilen von Brüchen, Seite 43

1 $\frac{2}{3} : 2 = \frac{1}{3}$; $\frac{2}{3} : 3 = \frac{6}{9} : 3 = \frac{2}{9}$

2 mögliche Lösung: $\frac{4}{5} : 2 = \frac{2}{5}$

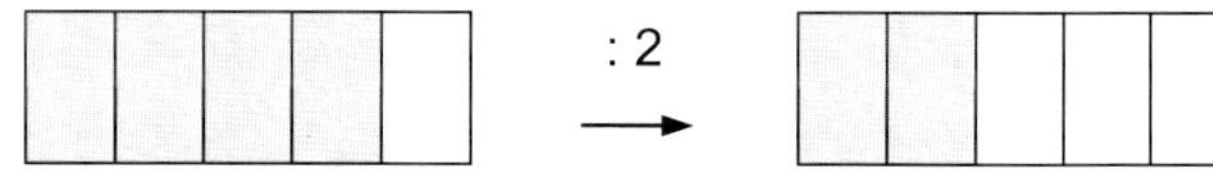

3 a) mögliche Lösung: b) mögliche Lösung:

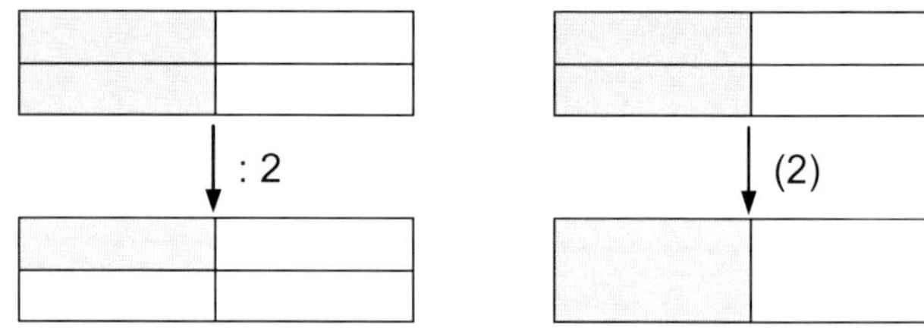

$\frac{2}{4} : 2 = \frac{1}{4}$ $\frac{2}{4} = \frac{1}{2}$

Der Wert ändert sich durch das Teilen, man bekommt nur halb so viel. Durch das Kürzen ändert sich das Ergebnis hingegen nicht.

4 In der Zeichnung zu Aufgabe 3 a sieht man das Ergebnis der Division $\frac{2}{4}:2=\frac{1}{4}$. Man erhält also eines von vier Teilen. Teilt man Zähler und Nenner durch 2, erhält man den gekürzten Bruch $\frac{1}{2}$ (siehe Zeichnung zu 3 b). Man erhält also die gleiche Menge wie vorher, nämlich zwei von vier bzw. eines von zwei Teilen.

5 a) $\frac{3}{4} : 3 = \frac{1}{4}$

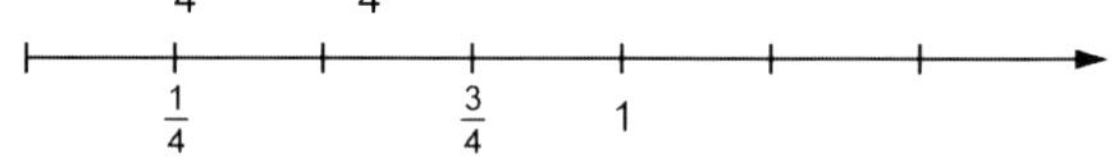

b) $\frac{1}{2} : 2 = \frac{1}{4}$

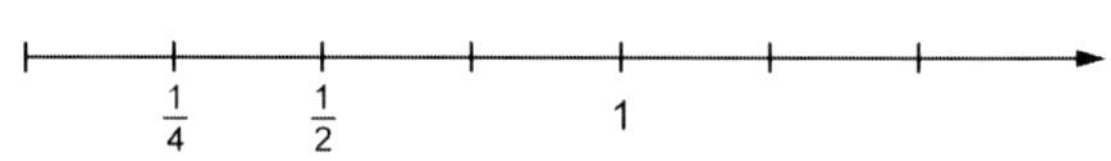

Multiplikationsreihen, Seite 45

1 a) 2; $\frac{1}{2}$; $\frac{1}{8}$; $\frac{1}{4} \cdot \frac{1}{8} = \frac{1}{32}$

b) 1; $\frac{1}{4}$; $\frac{1}{16}$; $\frac{1}{16} \cdot \frac{1}{4} = \frac{1}{64}$

c) $\frac{3}{10}$; $\frac{3}{20}$; $\frac{3}{40}$; $\frac{3}{5} \cdot \frac{1}{16} = \frac{3}{80}$

d) individuelle Lösungen

Vermutung: Halbiert oder viertelt man einen der Faktoren, so ist auch das Ergebnis nur noch die Hälfte oder ein Viertel des vorhergehenden Ergebnisses (siehe b) und c)). Halbiert man beide Faktoren, so erhält man nur noch ein Viertel des ursprünglichen Ergebnisses (siehe a)).

2 a) $\frac{1}{40}$; $\frac{2}{20}$; $\frac{4}{10}$; $1 \cdot \frac{8}{5} = \frac{8}{5}$

b) $\frac{24}{5}$; $\frac{12}{10}$; $\frac{6}{20}$; $\frac{3}{8} \cdot \frac{1}{5} = \frac{3}{40}$

c) $\frac{6}{28}$; $\frac{12}{56}$; $\frac{24}{112}$; $\frac{16}{7} \cdot \frac{3}{32} = \frac{48}{224}$

d) individuelle Lösungen
Vermutung: Verdoppelt man beide Faktoren, so vervierfacht sich das Ergebnis (a), halbiert man beide Faktoren, so beträgt das Ergebnis ein Viertel (b), halbiert man einen Faktor und verdoppelt den anderen, so bleibt das Ergebnis unverändert (c).

3 mögliche Lösungen:

	Ergebnis doppelt so groß	Ergebnis halb so groß	Ergebnis viermal so groß
$\frac{5}{8} \cdot \frac{12}{8}$	$\frac{10}{8} \cdot \frac{12}{8}$	$\frac{5}{8} \cdot \frac{6}{8}$	$\frac{20}{8} \cdot \frac{12}{8}$
$\frac{3}{4} \cdot \frac{1}{10}$	$\frac{6}{4} \cdot \frac{1}{10}$	$\frac{3}{4} \cdot \frac{1}{20}$	$\frac{3}{4} \cdot \frac{4}{10}$

Nein, das Ergebnis führt auf keine der geforderten Aufgaben, da der Wert des Bruches beim Erweitern erhalten bleibt.

Divisionsdomino, Seite 46

$4:2=2$; $4:1=4$; $4:\frac{1}{2}=8 \cdot 5:\frac{1}{4}=20$; $5:\frac{2}{4}=10$;
$3:\frac{2}{5}=7\frac{1}{2}$; $1:\frac{7}{9}=1\frac{2}{7}$; $\frac{2}{7}:\frac{1}{2}=\frac{4}{7}$; $\frac{5}{8}:\frac{1}{3}=1\frac{7}{8}$;
$\frac{2}{9}:\frac{2}{5}=\frac{10}{18}$; $\frac{2}{3}:\frac{3}{5}=1\frac{1}{9}$; $\frac{4}{5}:3=\frac{4}{15}$; $\frac{5}{8}:\frac{3}{4}=\frac{5}{6}$;
$\frac{7}{12}:\frac{2}{3}=\frac{7}{8}$; $1\frac{2}{3}:2=\frac{5}{6}$; $1\frac{1}{2}:\frac{1}{2}=3$; $16:24=\frac{2}{3}$.

Beim Sportfest – die Dezimalschreibweise, Seite 47

1 a) $23{,}1\,m = 23\,\frac{1}{10}\,m = 23\,m\ \ 10\,cm$
b), c), d) Zeichnung:

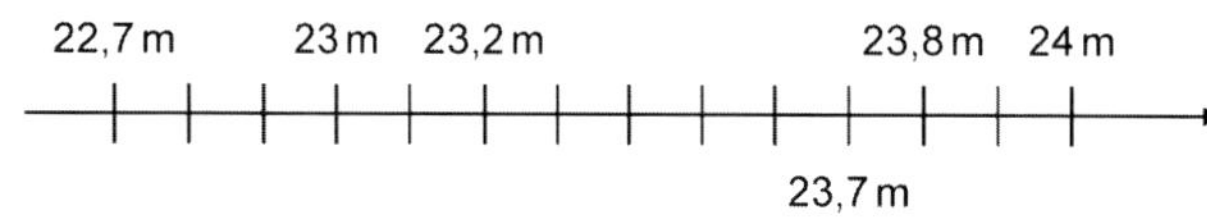

d) $23\,\frac{7}{10}\,m = 23{,}7\,m$ $\quad 23\,\frac{1}{5}\,m = 23{,}2\,m$
e) $23{,}8\,m - 23{,}7\,m = 0{,}1\,m = 10\,cm$

2 a) $1{,}95\,m = 1\,\frac{95}{100}\,m = 1\,m\ 95\,cm$
b) $1{,}92\,m = 1\,\frac{92}{100}\,m$
c) $2\,\frac{4}{100}\,m = 2{,}04\,m$

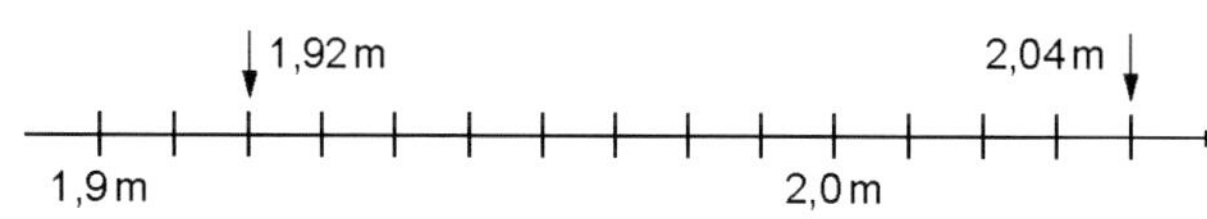

d)

Höhe als Dezimalbruch	Höhe als gewöhnlicher Bruch	Höhe in m und cm
1,74 m	$1\,\frac{74}{100}$ m	1 m 74 cm
2,11 m	$2\,\frac{11}{100}$ m	2 m 11 cm
3,08 m	$3\,\frac{8}{100}$ m	3 m 8 cm

Anteile in der Prozentschreibweise, Seite 51

1

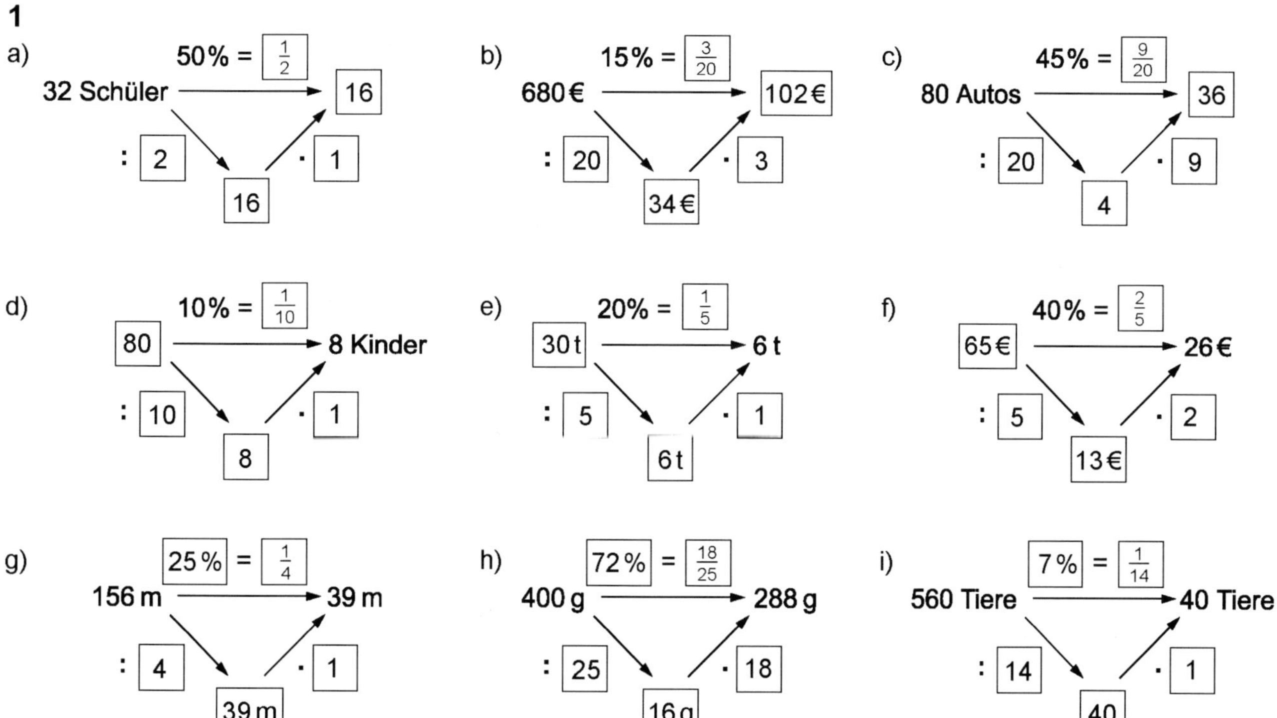

2 a) Es waren 25 Teile defekt.
b) Sie verdient 1400 € im Monat.
c) Das sind 12 %.

Additions- und Subtraktionsdomino, Seite 52

4,6 – 0,04 = 4,56; 2,7 + 3,11 = 5,81;
6 – 0,82 = 5,18; 3,4 – 0,01 = 3,39;
3,08 + 0,22 = 3,3; 6 – 1,1 = 4,9; 1,08 + 4,12 = 5,2;
4,82 – 0,8 = 4,02; 10 – (3,4 + 5,7) = 0,9;
5,6 – (3,95 + 0,05) = 1,6;
4,52 ist um 0,62 größer als 3,9; 0,01 ist um 0,09 kleiner als 0,1; 7 – 0,07 = 6,93.

Multiplikation mit Zehnerpotenzen, Seite 54

1 a) 8 b) 80 c) 63 d) 8,7 e) 280

2 Multiplikation mit 10: Multipliziert man einen Dezimalbruch mit 10, so versetzt man das Komma um eine Stelle nach rechts.
Multiplikation mit 100: Multipliziert man mit 100, so versetzt man das Komma um zwei Stellen nach rechts. Multiplikation mit 1000: Hier wird das Komma um drei Stellen nach rechts versetzt.

3 a) 7,6 b) 89 c) 8,9
d) 89 e) 0,89 f) 890

4 a) 10 b) 100 c) 100
d) 0,067 e) 0,000 9 f) 0,000 09
g) 709 h) 10 i) 5 089

Division durch Zehnerpotenzen, Seite 55

1 a) $\frac{72}{1000} = 0{,}072$ b) $\frac{7}{10000} = 0{,}0007$
c) $\frac{7}{100} = 0{,}07$

2 Division durch 10: Dividiert man einen Dezimalbruch durch 10, verschiebt sich das Komma um eine Stelle nach links.
Division durch 100: Das Komma wird um zwei Stellen nach links verschoben.
Division durch 1000: Dividiert man durch 1000, versetzt man das Komma um drei Stellen nach links.

3 a) 0,68 b) 0,083 c) 0,009
d) 0,073 e) 0,000 8 f) 0,009 8
g) 0,054 8 h) 0,548 i) 5,48

4 a) 119 b) 0,9 c) 100
d) 0,678 · 10 oder 67,8 : 10 e) 45,89 · 10
f) 0,78 · 100
Beim Multiplizieren mit 10, 100, 1000, … wird das Komma um eine, zwei, drei, … Stellen nach rechts verschoben, beim Dividieren nach links.

Vervielfachen von Dezimalbrüchen, Seite 56

1 4 · 1 = 4; 6 · 2 = 12; 3 · 6 = 18; 12 · 3 = 36

2 a) 3 · 1,3 = 3,9

Z	E	z	
	1	3	· 3
	3	9	

b) 7 · 2,2 = 15,4

Z	E	z	
	2	2	· 7
	14	14	
1	4 + 1	4	
1	5	4	

c) 8 · 4,32 = 34,56

Z	E	z	h	
	4	3	2	· 8
	32	24	16	
3	2 + 2	4 + 1	6	
3	4	5	6	

3 a) 3,6; Überschlag: 3 · 1 = 3
b) 0,52; Überschlag: 4 · 0,1 = 0,4
c) 2,4; Überschlag: 6 · 0,5 = 3
d) 36,9; Überschlag: 3 · 12 = 36

4 a) 48,6; Überschlag: 27 · 2 = 54
b) 29,76; Überschlag: 32 · 1 = 32
c) 38,10; Überschlag: 15 · 2,5 = 37,5
d) 29,64; Überschlag: 38 · 1 = 38

5 a) $4 \cdot 1\frac{2}{10} = 4 \cdot \frac{12}{10} = \frac{48}{10} = 4\frac{8}{10} = 4{,}8$
b) $3 \cdot \frac{72}{100} = \frac{216}{100} = 2\frac{16}{100} = 2{,}16$

Multiplikation von Dezimalbrüchen, Seite 57

1 1 · 2 = 2; 0,5 · 2 = 1; 1,5 · 6 = 9; 1,5 · 3 = 4,5

2 a) $1\frac{2}{10} \cdot \frac{3}{100} = \frac{12}{10} \cdot \frac{3}{100} = \frac{36}{1000} = 0{,}036$
b) $\frac{12}{100} \cdot \frac{3}{10} = \frac{36}{1000} = 0{,}036$
c) $12 \cdot \frac{3}{10} = \frac{36}{10} = 3{,}6$
d) $1\frac{6}{10} \cdot \frac{3}{100} = \frac{16}{10} \cdot \frac{3}{100} = \frac{48}{1000} = 0{,}048$
e) $12 \cdot \frac{4}{100} = \frac{48}{100} = 0{,}48$

3 23 · 1,8 ≈ 20 · 2 = 46; 2,3 · 1,8 ≈ 2 · 2 = 4;
0,23 · 1,8 ≈ 0,2 · 2 = 0,4; 2,3 · 0,18 ≈ 2 · 0,2 = 0,4;
0,23 · 0,18 ≈ 0,2 · 0,2 = 0,04.

		Anzahl der Dezimalstellen		
Aufgabe	Ergebnis	beim 1. Faktor	beim 2. Faktor	im Ergebnis
23 · 1,8	41,4	0	1	1
2,3 · 1,8	4,14	1	1	2
0,23 · 1,8	0,414	2	1	3
2,3 · 0,18	0,414	1	2	3
0,23 · 0,18	0,0414	2	2	4

Multipliziert man zwei Dezimalzahlen, kann man zuerst die beiden Zahlen multiplizieren, ohne darauf zu achten, wo das Komma ist. Dann bestimmt man, wie viele Nachkommastellen beide Zahlen zusammen haben. Genauso viele Nachkommastellen hat das Ergebnis. Nun muss man im Ergebnis die Anzahl der Nachkommastellen von rechts abzählen und das Komma ergänzen.

4 a) 0,12; Überschlag: $0{,}5 \cdot 0{,}2 = 0{,}1$
b) 0,012; Überschlag: $0{,}5 \cdot 0{,}02 = 0{,}01$
c) 1,2; Überschlag: $0{,}5 \cdot 2 = 1$
d) 6,3; Überschlag: $2 \cdot 3 = 6$
e) 6,3; Überschlag: $21 \cdot 0{,}5 = 10{,}5$
f) 0,063; Überschlag: $2 \cdot 0{,}05 = 0{,}1$

5 mögliche Lösungen:
a) $0{,}72 = 0{,}8 \cdot 0{,}9$ b) $0{,}08 = 0{,}5 \cdot 0{,}2 \cdot 0{,}8$

Leitidee Raum und Form

Gerade, Halbgerade und Strecke I, Seite 59

1 Geraden haben keinen Anfang und kein Ende, Halbgeraden haben zwar einen Anfang, aber kein Ende (oder umgekehrt).

2 unendlich viele

3 eine

4 Klaus hat keine Gerade, sondern die Strecke $\overline{AB}$ gezeichnet. Kathrin hat es richtig gemacht.

5

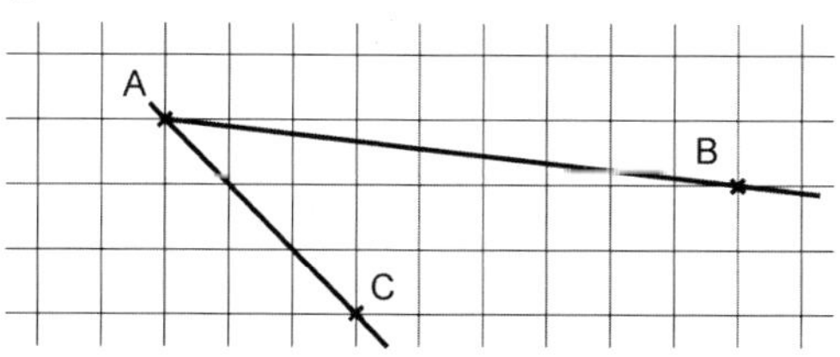

6 Es gibt drei Verbindungsgeraden.

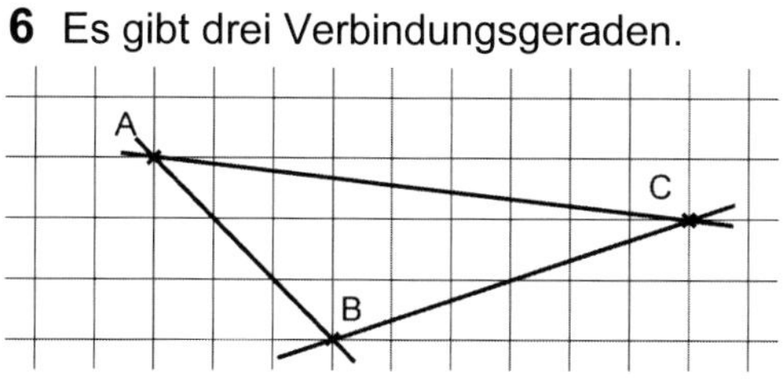

7

Anzahl der Punkte	1	2	3	4	5	6	7
Anzahl der Verbindungsgeraden	0	1	3	6	10	15	21

Man erhält die Anzahl der Verbindungsgeraden bei einem Punkt mehr, indem man zum vorherigen Ergebnis die vorherige Anzahl der Punkte addiert. Beispiel: Bei acht Punkten erhält man $21 + 7 = 28$ Verbindungsgeraden.

Gerade, Halbgerade und Strecke II, Seite 60

1

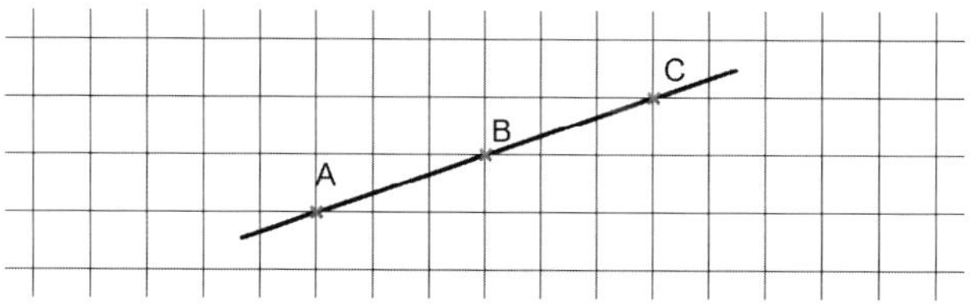

Es gibt eine weitere Strecke: $\overline{AC}$.

2 Bei Klaus kann man nicht erkennen, dass es sich um eine Strecke handelt. Kathrin macht es besser und markiert deutlich Anfangs- und Endpunkt der Strecke.

3

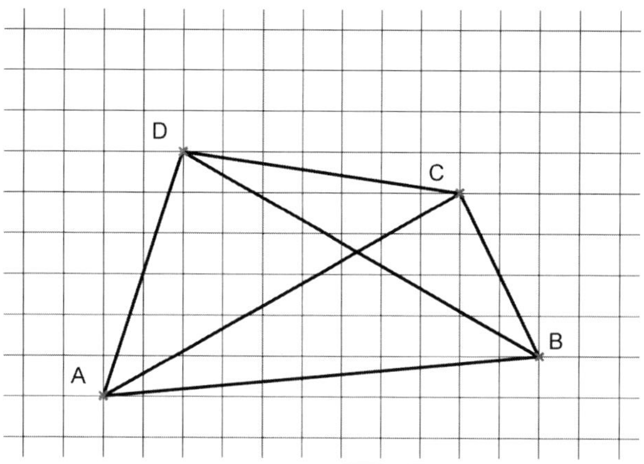

Es gibt folgende Strecken: $\overline{AD}$; $\overline{AC}$; $\overline{AB}$; $\overline{BC}$; $\overline{BD}$; $\overline{CD}$.

4

Anzahl der Punkte	1	2	3	4	5	6	7
Anzahl der Verbindungsgeraden	0	1	3	6	10	15	21

Es gilt die gleiche Gesetzmäßigkeit auch für Strecken.

Wie viele Strecken? Seite 61

1 a) 1 b) 3 c) 6
d) 10 e) 15 f) 21
Eine Möglichkeit: Zuerst alle Strecken zwischen benachbarten Punkten zählen, anschließend Strecken, die einen Punkt „überspringen“ usw. Zum Schluss Strecke addieren, die den ersten mit dem letzten Punkt verbindet.
Oder: Man zählt die Strecken vom ersten zum zweiten, zum dritten, zum vierten, … Punkt. Hinzu kommen die Strecken vom zweiten zum dritten, zum vierten, … Punkt. Dann werden die Strecken vom dritten zum vierten, zum fünften, … Punkt addiert, usw. Die letzte Strecke, die man betrachtet, ist die Strecke vom vorletzten zum letzten Punkt.

2 a) 3 b) 10 c) 65 d) 186
Zunächst zählt man die „äußeren“ Strecken, die die Figur begrenzen (bei c sind dies fünf Strecken). Dann betrachtet man die „inneren“ Strecken von den Randpunkten zu den gegenüberliegenden Randpunkten. Je nach Anzahl der Punkte auf diesen „inneren“ Strecken kann man die Ergebnisse aus Nr. 1 verwenden (bei c hat man zehn „innere“ Strecken mit je vier Punkten also $10 \cdot 6 = 60$ Strecken). Die Gesamtzahl der Strecken ergibt sich aus der Summe dieser beiden Zahlen (bei c also $5 + 60 = 65$ Strecken).

Senkrechte und Parallele: Übungen mit dem Nagelbrett, Seite 63

1 a)

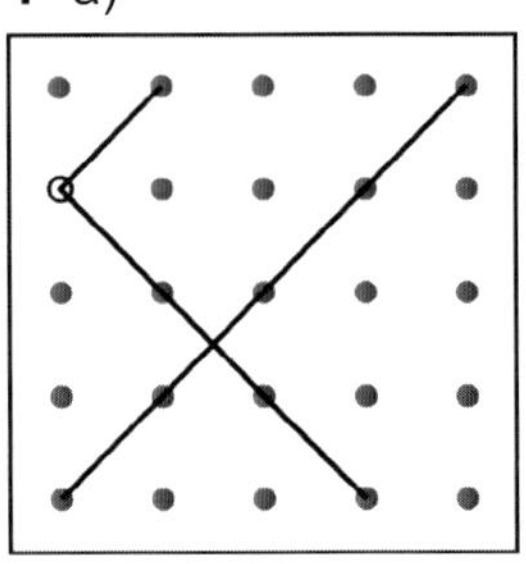

b)

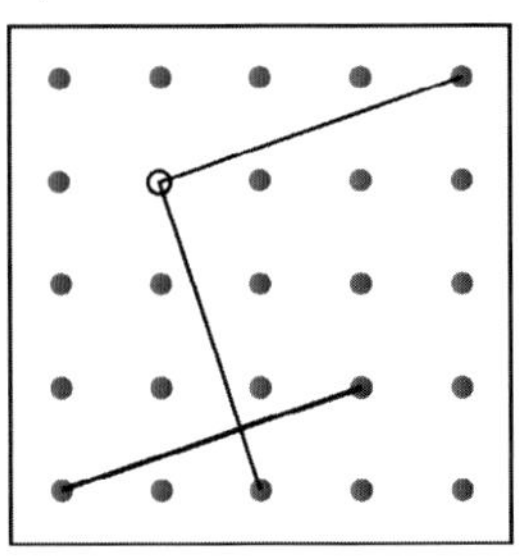

c)

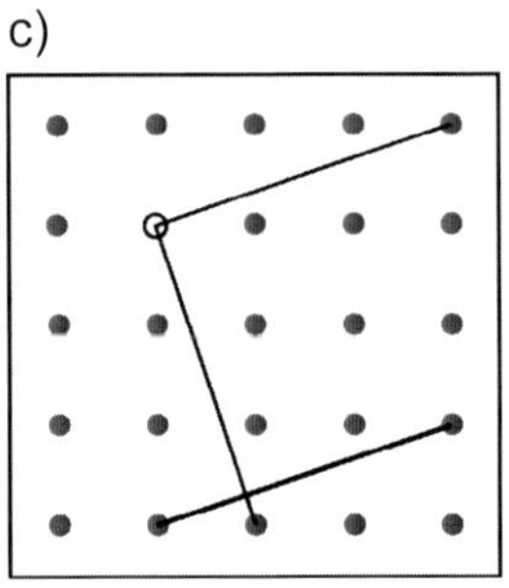

2 Die Gummis stehen nicht senkrecht zueinander:
– linker Gummiring: „2 nach rechts, 9 nach unten“
– unterer Gummiring: „2 nach oben, 8 nach rechts“
Würde man den unteren „9 nach rechts“ oder den linken „8 nach unten“ spannen, wären die beiden senkrecht zueinander.

3 a)
Alle benachbarten Seiten zueinander senkrecht:

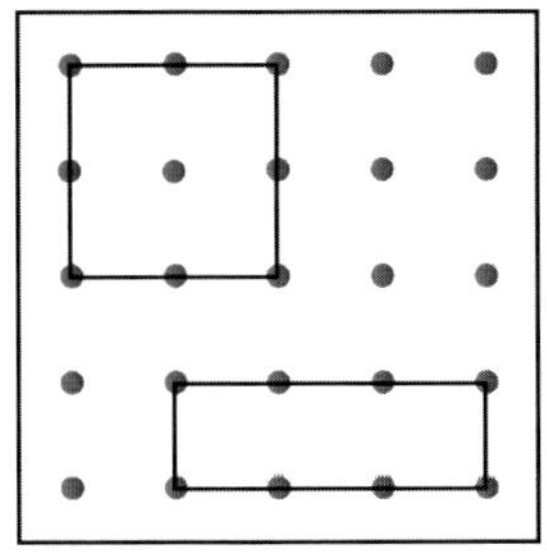

Nur zwei zueinander senkrechte Seiten:

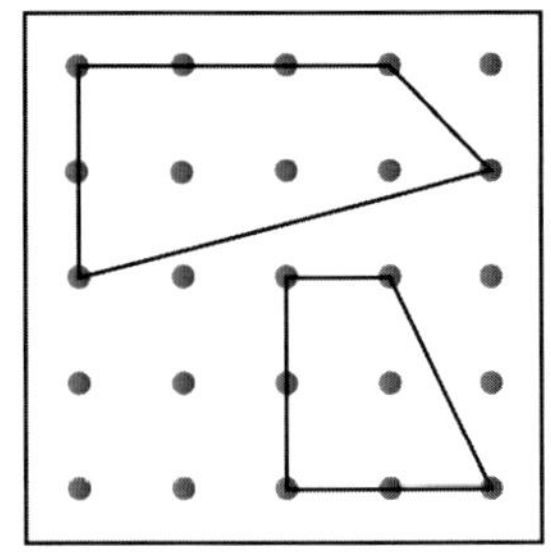

b)
Zwei Paare paralleler Seiten:

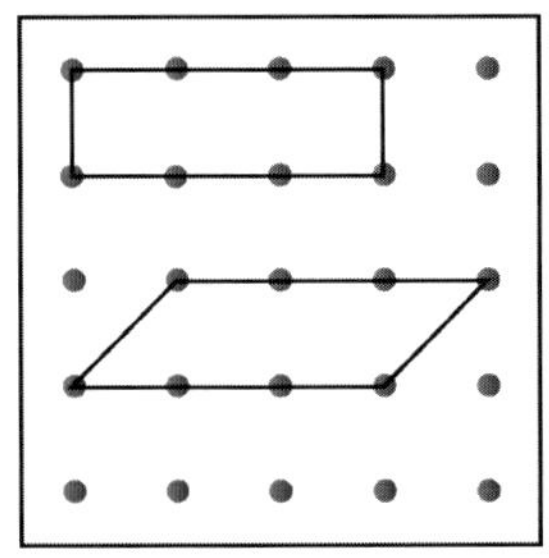

Nur ein Paar paralleler Seiten:

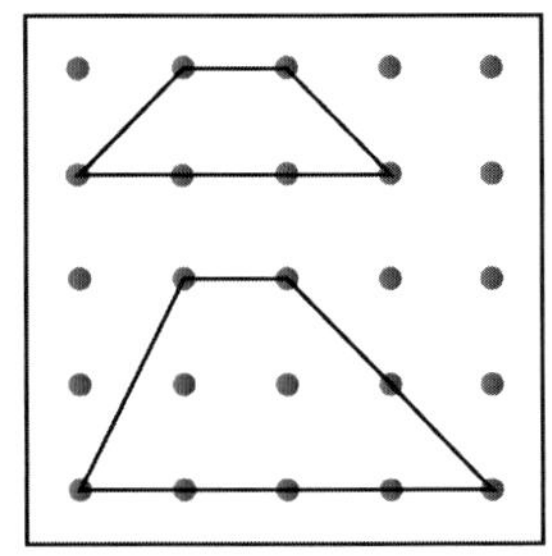

Viereck-Domino, Seite 68

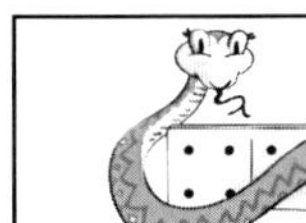	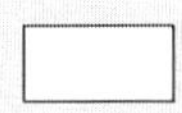	Rechteck	Quadrat
• vier gleich lange Seiten • benachbarte Seiten sind zueinander senkrecht	Raute	vier gleich lange Seiten	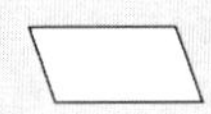
Parallelogramm	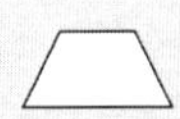	Trapez	• vier rechte Winkel • Diagonalen sind zueinander senkrecht
Quadrat	Drachen	• je zwei Seiten sind gleich lang • Diagonalen sind zueinander senkrecht	
Drachen	Parallelogramm mit vier gleich langen Seiten	Raute	Quadrat und Drachen haben gemeinsam:
Die Diagonalen sind zueinander senkrecht.	Das Viereck hat vier rechte Winkel.	Rechteck und Quadrat	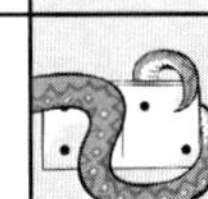

In der Pause, Seite 70

Die Schnittfläche der Mandarine ist ähnlich wie die der Orange, die der fünfzackigen Sternfrucht hat eine Symmetrieachse, ebenso die Schnittfläche der Zwiebel (wenn sie so geschnitten wird wie gezeigt).

Die abgebildeten Schnittflächen der Blutorange und des Apfels besitzen bei großzügiger Betrachtung eine Symmetrieachse, die Schnittfläche der Kiwi bei Vernachlässigung der Kernchen sogar unendlich viele.

Tipp: Vergleich dieser Schnittflächen mit frisch aufgeschnittenem Obst.

Beide Schneekristalle sind sternförmig und haben sechs Spitzen. Auf den ersten Blick sind beide achsensymmetrisch und haben sechs Symmetrieachsen. Bei genaueren Betrachtunge erscheint der linke Stern regelmäßiger als der rechte.

Baumfotos: Das zweite Foto entstand durch Spiegelung des gesamten ersten Fotos. Das dritte Foto besteht aus zwei linken Hälften des ersten Fotos, das vierte Foto aus zwei rechten Hälften; jeweils eine Hälfte ist gespiegelt.

Das Ulmenblatt ist nicht achsensymmetrisch, das Lindenblatt schon.

Das Lindenblatt ist ca. 25 cm^2 groß.
Der Flächeninhalt aller Blätter der Linde beträgt dann 150 m^2.

Wo steckt der Fehler? – Achsensymmetrische Figuren, Seite 71

1 Die fünf zu entdeckenden Fehler sind in der Abbildung gekennzeichnet.

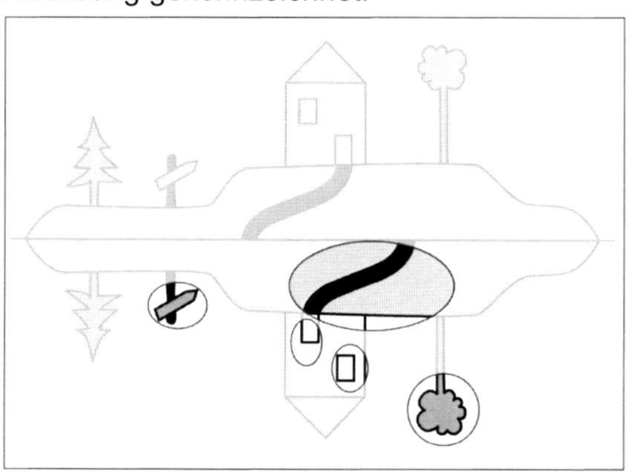

2 Die fünf entdeckenden Fehler sind in der Abbildung gekennzeichnet:

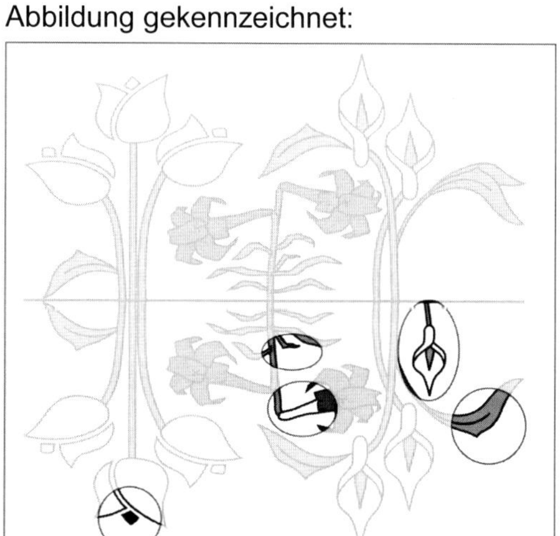

3 Drei Blütenhälften und die Grundfläche sind auf dem Foto schwarz und müssen im Negativ weiß sein. Deshalb ist das richtige Negativ das letzte in der Reihe.

4 Das rechte Bild. Die zu entdeckenden Fehler sind in der Abbildung gekennzeichnet:

Vierecke, Symmetrie und Koordinaten, Seite 72

1

Viereckstart	punkt-symm.	achsen-symm.	Bildpunkte zu Aufgabe 2
Raute ABCD	X	X	A' (4|9), B' (5|7), C' (4|5), D' (3|7)
Parallelogramm EFGH	X		E' (8|7), F' (7|4), G' (5|4), H' (6|7)
Drachen KLMN		X	K' (9|4), L' (8|1), M' (6|1), N' (6|3)
Rechteck PQRS	X	X	

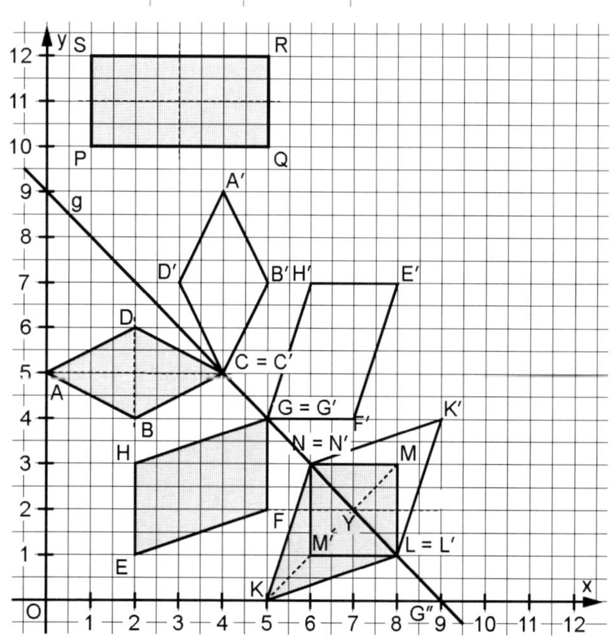

978-3-12-740457-9 Schnittpunkt Serviceblätter 5/6

Masken – Achsensymmetrische Figuren, Seite 73

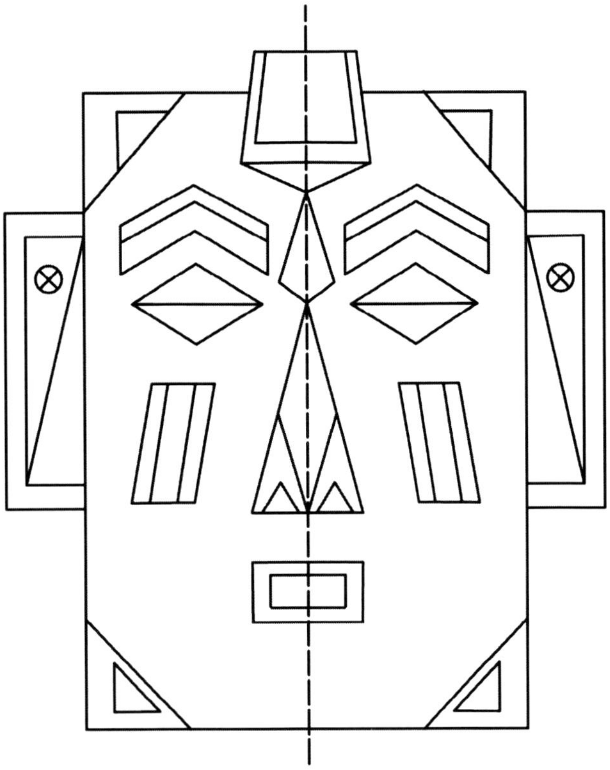

Würfel-Domino, Seite 77

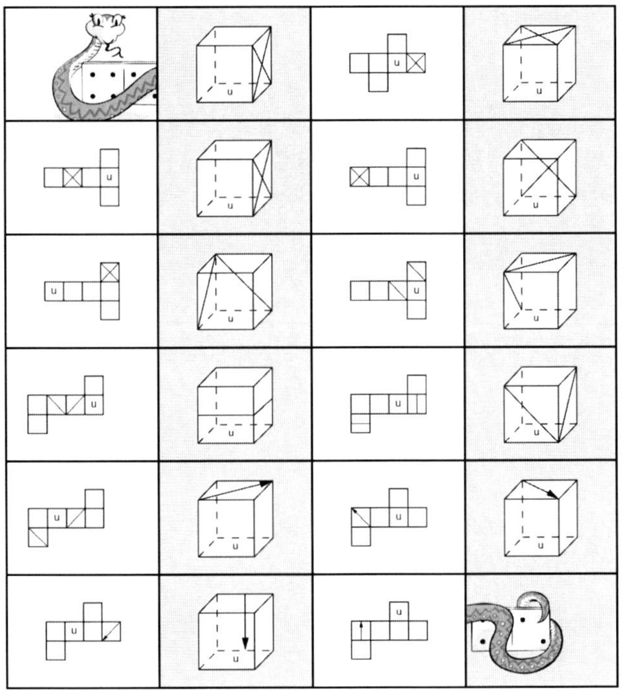

Fünf Freunde stellen sich vor, Seite 74

KITTI BECKER

MAX HOCKE

TIM BOCK

ANNA EICHE

HEIDI BODE

Weitere symmetrische Wörter der Seite sind:
KOCH, DEICH

Quadernetze, Seite 78

1

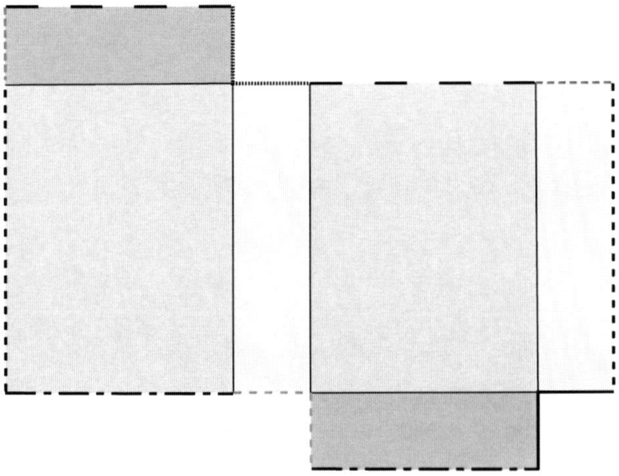

2

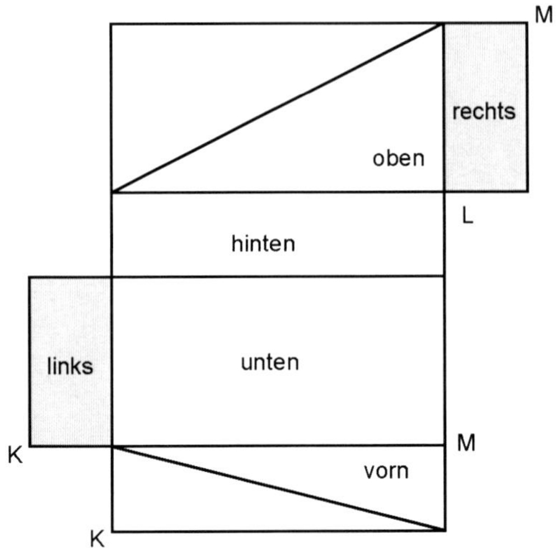

3

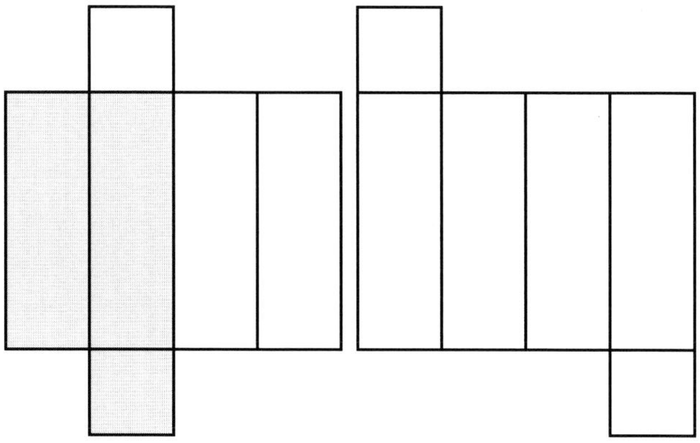

Das Quaderspiel, Seite 79

Lösungswort: LEONHARD EULER

Ein Prisma bauen und zeichnen I, Seite 80

Mögliche Lösungen:

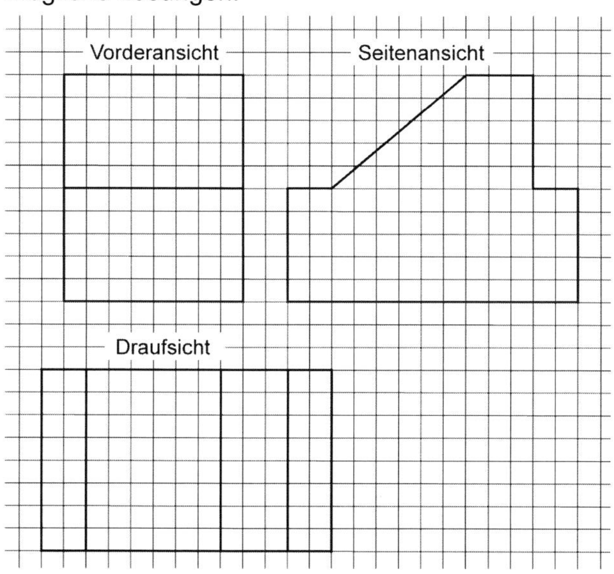

Ein Prisma bauen und zeichnen II, Seite 81

Mögliche Lösungen:

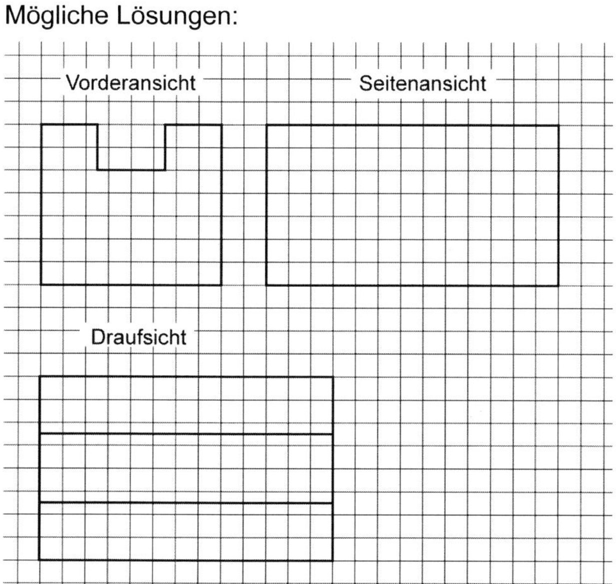

Die schnelle Pyramide, Seite 82

Man findet fünf verschiedene Pyramiden, die als Grundfläche ein Dreieck, ein Quadrat, ein Fünfeck, ein Sechseck oder ein Siebeneck haben.

Baupläne und Schrägbilder von Würfelkörpern, Seite 83

Schrägbild

a)

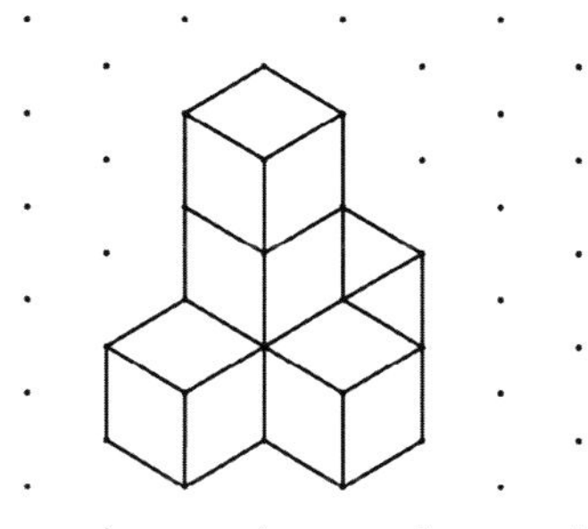

Bauplan

d)

3		
1	2	3

b)

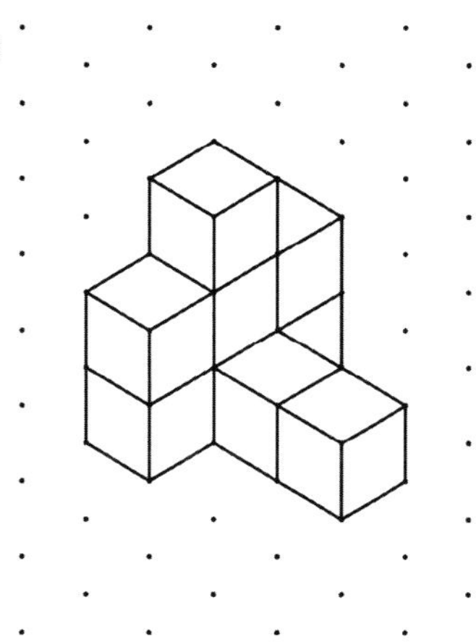

e)

1	1	2	4
			1

c)

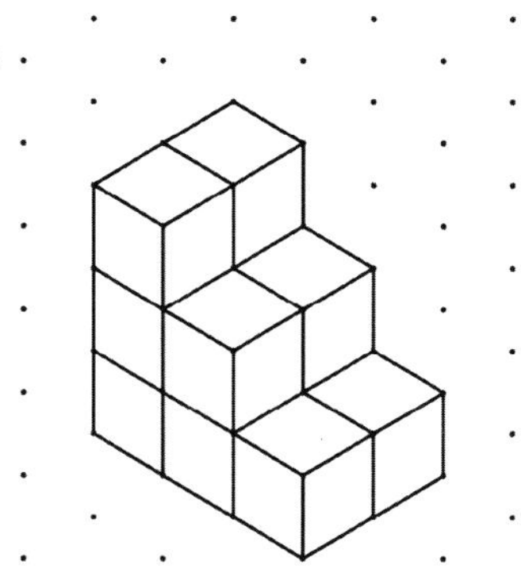

f)

1	1
2	2
1	1

Die geviertelte Pyramide, Seite 84

Zwei Teile lassen sich jeweils zu einer „halben“ Pyramide zusammensetzen. Diese beiden identischen Hälften werden dann wie folgt zu einer Pyramide zusammengelegt.

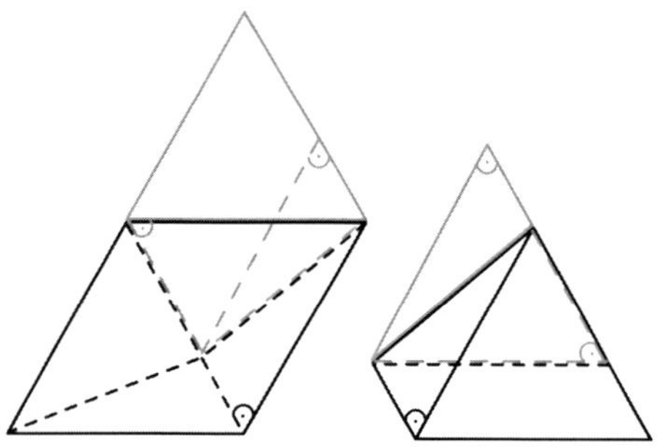

Aus Drei mach' Einen! Seite 85

Die drei Körper lassen sich zu einem Würfel zusammenlegen.

Leitidee Messen

Rechnen mit Geld, Seite 88

1 a) 2€ 57 ct; 83€ 61 ct
b) 33€ 90 ct; 765€ 49 ct

2 a) 87 903 ct b) 2840 ct

3 a) 6,79€; 27,48€ b) 84,18€; 968,03€

4 a) ≈ 25€ b) ≈ 6 € c) ≈ 19€

5 a) 40€ – 26,85 = 13,15€
b) 5 · 65 ct + 3,55 ct = 490 ct = 4,90€; 5,10€

6 a) 1,26€ : 3 = 42 ct
b) vier Dreierpackungen, also 12 Riegel. Restgeld: 40 ct.
c) 5€ – 1,74€ – 0,94€ = 2,76€

7 Die Summe beträgt 47,88 €, das Restgeld 2,12€, gerundet also 2€.

Zeitangaben, Seite 89

1 h = 60 min = 3600 s

1 a) 80 min b) 86 h
c) 290 min d) 303 s

2 a) 2 h 30 min b) 4 d 4 h
c) 1 h 40 min d) 4 min 10 s

3 a) 90 s > 1 min b) 20 min > $\frac{1}{4}$ h
c) 50 h > 2 d d) 240 h < 24 d
e) 2000 s > $\frac{1}{2}$ h

4 um 21.50 Uhr

5 a) um 8.40 Uhr b) um 10.30 Uhr
c) um 12.55 Uhr

Gewichtsangaben, Seite 90

1

Stier	10 g
Zwergkaninchen	1 t
Biene	1 g
Schwein	1 kg
Meise	100 kg

2 a) 40 300 kg b) 3046 g
c) 6750 mg d) 1050 g
e) 4002 kg f) 35 000 g

3 a) 3 g 400 mg b) 6 t 738 kg
c) 350 g 90 mg d) 4 t 600 g

4 a) 12 000 mg < 122 g b) 17 t > 2000 kg
c) 45 kg > 4700 g d) 9999 kg < 10 t

5 a) 2000 g + 100 g = 2100 g
b) 3000 mg + 50 mg = 3050 mg
c) 70 000 g + 20 g = 70 020 g

6 Das Gepäck darf höchstens noch 435 kg wiegen. (Rechnung: 2000 kg – (1340 kg + 80 kg + 65 kg + 45 kg + 35 kg) = 435 kg)

Längenangaben, Seite 91

1 kilo – „Tausend"
dezi – „ein Zehntel"
zenti – „ein Hundertstel"
milli – „ein Tausendstel"

2
a) 3000 m b) 70 mm c) 3500 cm
d) 67 dm e) 340 m

3
a) 785 cm b) 304 mm c) 304 mm
d) 7084 m

4 a) 700 cm < 8 m b) 73 dm > 80 cm
c) 4650 dm < 5 km d) 2 m 64 cm < 3000 mm

5 a) 40 mm + 3 mm = 43 mm
b) 12 000 m + 40 m = 12 040 m
c) 3000 mm + 50 mm = 3050 mm = 305 cm

6 a) 3 · 25 cm = 75 cm
b) 66 Armbänder; 66 · 75 cm = 4950 cm
c) 5000 cm – 4950 cm = 50 cm bleiben übrig

Warum gibt es verschiedene Maßeinheiten? Seite 92

1 5 d; 6 h; 1750 m; 12 kg; 3 km; 2 m; 3 h; 100 m; 2 h

2
a) 40 g b) 34 m c) 105 dm
d) 500 m e) 3 h

3
a) in kg b) in s c) in mm d) in m

4 a) etwa 380 000 km b) etwa 20 000 km

5 z. B. „Wasserfall 1 km“ oder Angabe zur benötigten Wanderzeit, wie etwa „Wasserfall 3 h“

Größenangaben mit Komma, Seite 93

Anzeigen: 15,6 km/h; 734,8 m; 39,4 kg

1

km			m			dm	cm	mm
100	10	1	100	10	1	1	1	1
		4	5	0	0			
					7	3	0	
				5	0	0	0	
							3	5
		1	2	5	0			
			2	0	0			
						4	5	0

5000 cm = 50,00 m
35 mm = 3,5 cm
1250 m = 1,250 km
200 m = 0,200 km
450 mm = 0,450 m

2

kg			g			mg		
100	10	1	100	10	1	100	10	1
	3	9	4	0	0			
						6	0	0
		2	5	0	0			
			1	2	5			
					1	6	0	0
							3	0

2500 g = 2,500 kg
125 g = 0,125 kg
1600 mg = 1,600 g
30 mg = 0,030 g

3 a) 1200 m   b) 450 cm
c) 1500 g   d) 400 mg

4 Das Pausenbrot ist 3,6 cm dick. (Rechnung: $2 \cdot 1{,}3\,\text{cm} + 2 \cdot 0{,}1\,\text{cm} + 2 \cdot 0{,}2\,\text{cm} + 0{,}4\,\text{cm} = 3{,}6\,\text{cm}$)

Schätzen und Messen, Seite 94

1 individuelle Lösungen möglich
Beispiele:
1 mm → Dicke einer 1-Cent-Münze
1 cm → Fingerdicke
1 dm → Päckchen Papiertaschentücher
1 m → großer Schritt
1 g → 1-Cent-Münze
10 g → 2-Euro-Münze
100 g → Tafel Schokolade
1 kg → eine Packung Zucker

2 individuelle Lösung

3 individuelle Lösung

4 104 g ≈ 100 g; 106 g bleibt; 8,99 € bleibt; 314 g ≈ 300 g

Der Euro, Seite 95

1

- 5 Euro → Klassik *(Antike)*
- 10 Euro → Romanik *(um 1000)*
- 20 Euro → Gotik *(1250–1500)*
- 50 Euro → Renaissance *(1420–1650)*
- 100 Euro → Barock *(1650–1770)*
- 200 Euro → Stahl und Glas *(um 1900)*
- 500 Euro → Moderne *(20. Jahrhundert)*

2 Griechenland, Irland, Finnland, Frankreich

3 Individuelle Lösung (Beispiel: Bei 40 kg Körpergewicht ergeben sich etwa 5333,33 €.)

4 a) 288 000 km
b) Es würde ungefähr 7-mal um die Erde reichen.

Winkelgrößen, Seite 96

1, 2

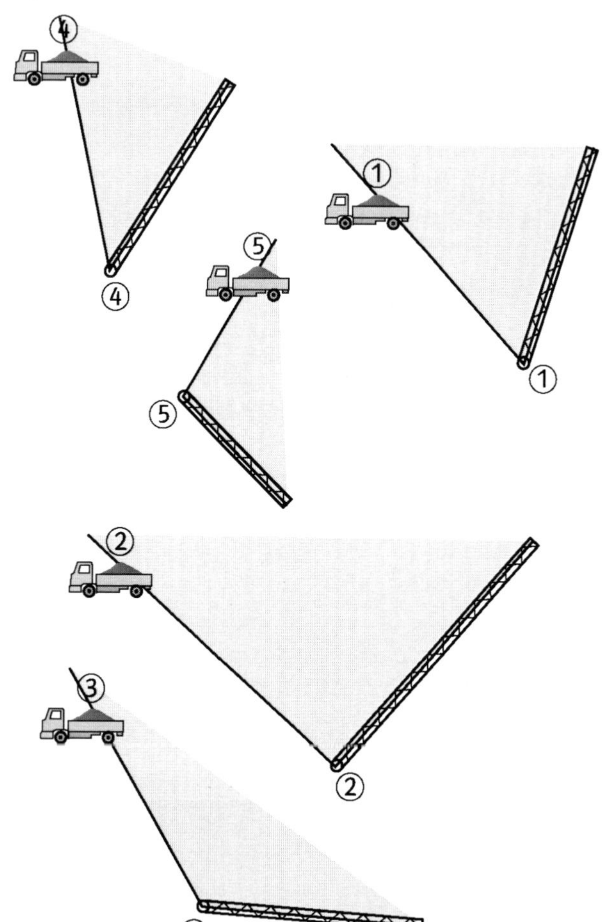

3 $W_1 < W_4 < W_3 < W_5 < W_2 < W_6$

Haus an der Sonne, Seite 98

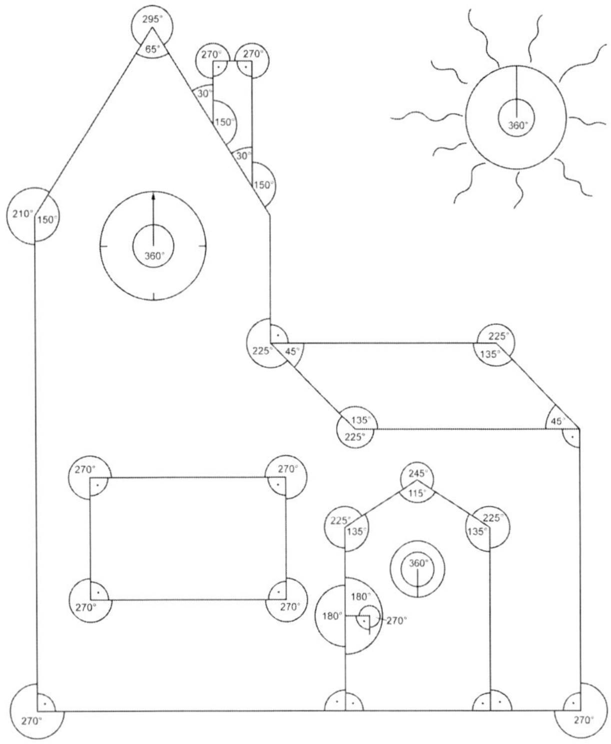

Winkel berechnen, Seite 100

1 $\alpha = 130°$ (Nebenwinkel zu 50°);
$\gamma = 50°$ (Wechselwinkel zu 50°);
$\varepsilon = 130°$ (Nebenwinkel zu γ);
δ kann nicht berechnet werden, weil d nicht parallel zu b.

2 Scheitelwinkel: α und φ; β und γ; ε und δ
Nebenwinkel zu β: φ und ε; δ und α
und individuelle Lösungen.

3 $\alpha = 58°$; $\beta = 32°$; $\gamma = 90°$

4 a)

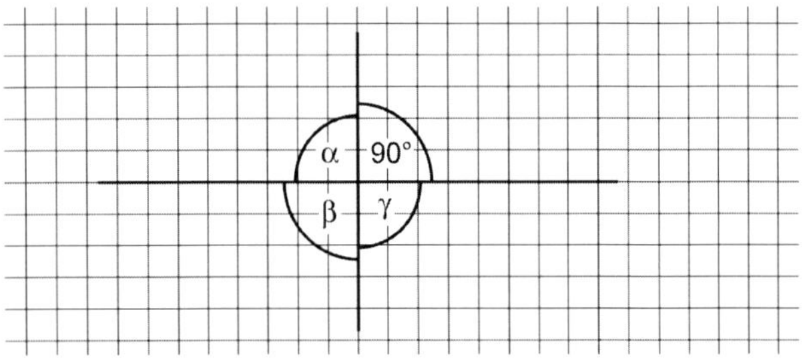

$\alpha = 180° - 90° = 90°$. $\alpha = \gamma$ (Scheitelwinkel); $\beta = 90°$ (Scheitelwinkel)

b)

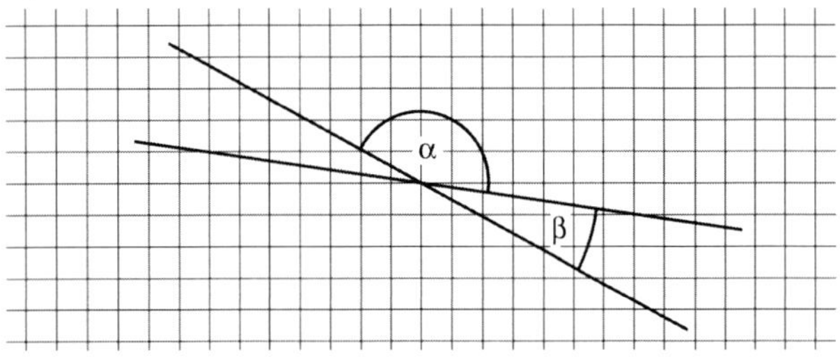

$\beta < 90°$; daraus folgt $\alpha > 90°$ weil $\alpha + \beta = 180°$.

5 $\alpha + \beta \neq 180°$

Der Kaninchenkäfig – Übungen zu Umfang und Flächeninhalt, Seite 105

a)

①

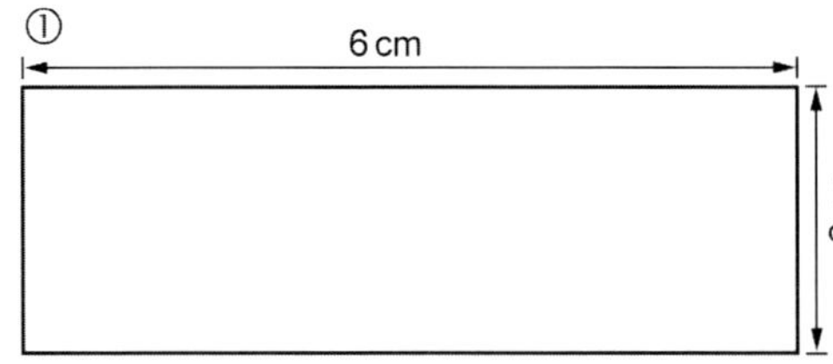

②

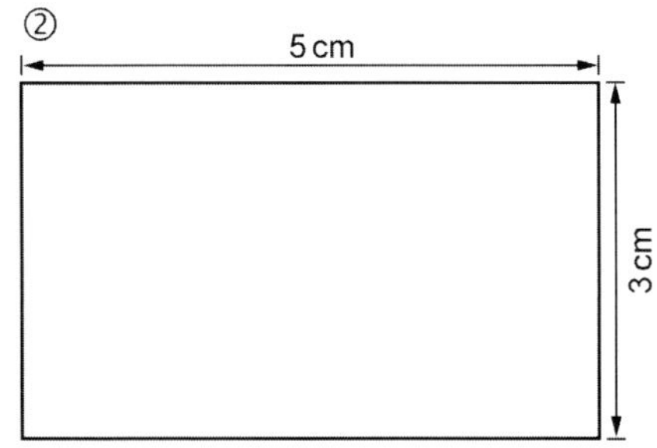

③

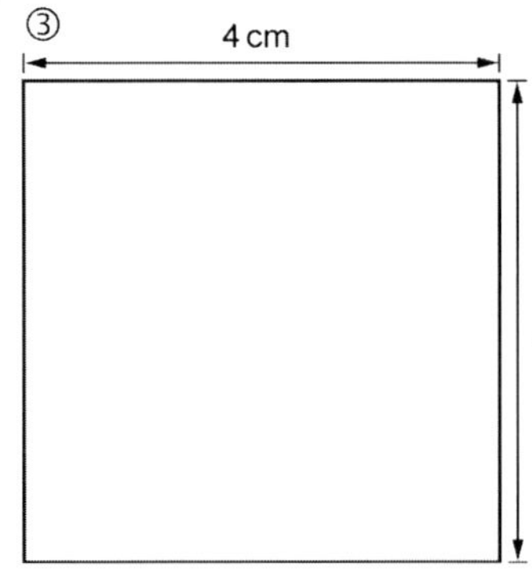

④

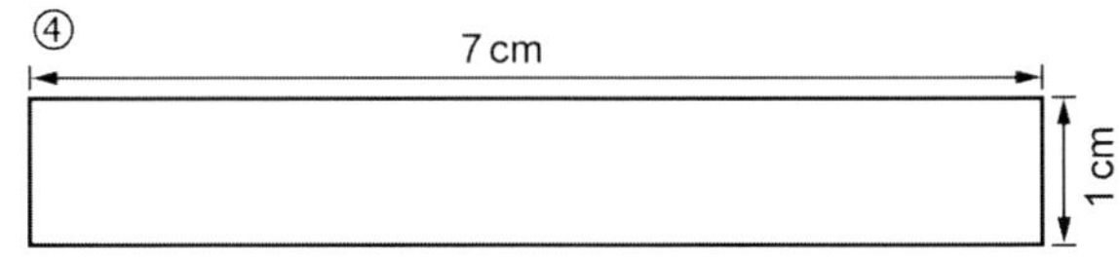

b) Flächeninhalte: ① $12\,cm^2$; ② $15\,cm^2$; ③ $16\,cm^2$; ④ $7\,cm^2$

c) Das Quadrat, denn der Flächeninhalt ist am Größten.

d) Beispiel: u = 12 cm

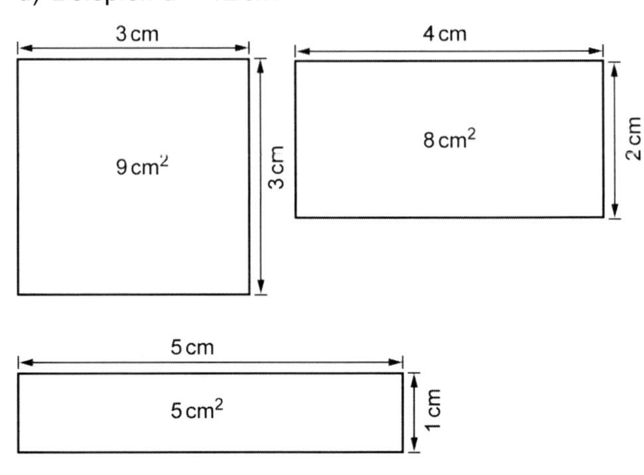

Kleine Bäume und große Menschen, Seite 106

Fig. 1: 19 Kästchen
Fig. 2: 62 Kästchen
Fig. 3: 42 Kästchen
Fig. 4: 40 Kästchen
Fig. 5: 60 Kästchen
Fig. 6: 61 Kästchen
Fig. 7: 48 Kästchen

Flächen-Trimono, Seite 107

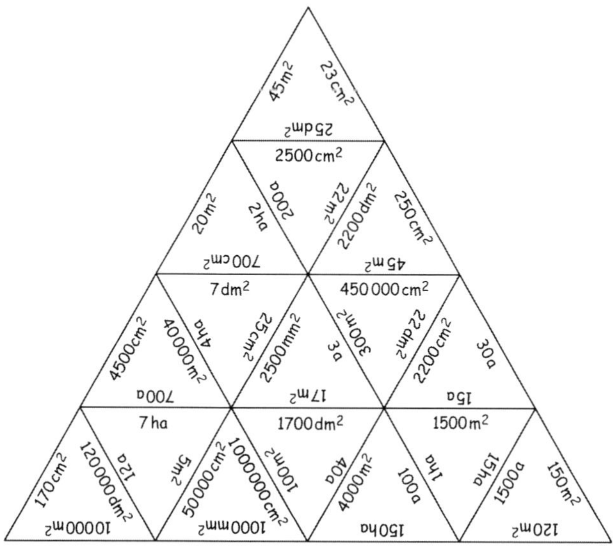

Einheiten-Domino, Seite 108

Umwandlungszahl bei Volumeneinheiten: 1000;
$4\,cm^3 = 4000\,mm^3$;
Umwandlungszahl bei Flächeneinheiten: 100;
$40\,cm^2 = 4000\,mm^2$; $0{,}4\,cm^3 = 400\,mm^3$;
$0{,}04\,cm^3 = 40\,mm^3$; $0{,}04\,cm^2 = 4\,mm^2$;
$3{,}09\,m^3 = 3090\,l$; $3{,}09\,m^2 = 3\,m^2\ 9\,dm^2$;
$3{,}9\,m^3 = 3\,m^3\ 900\,dm^3$; $3{,}9\,m^2 = 390\,dm^2$

Der Quader – Aufgaben zum Überlegen und Begründen, Seite 109

1 a) In einer Reihe haben vier Kubikzentimeterwürfel Platz. Zwei Reihen bilden die Grundfläche ($8\,cm^3$). Nach oben haben drei Schichten Platz. Insgesamt sind es also $3 \cdot 8\,cm^3 = 24\,cm^3$.

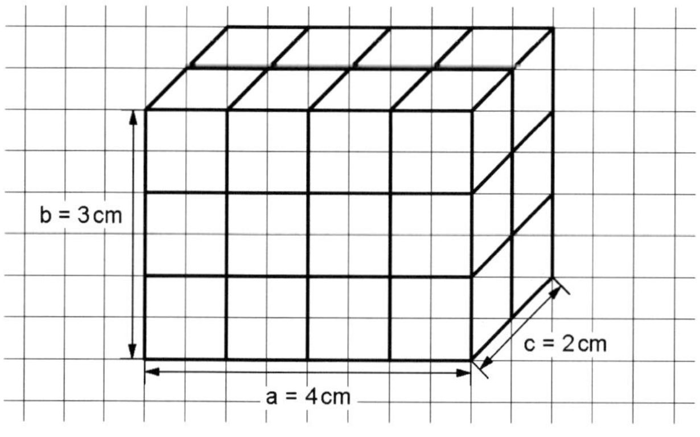

b) Nein. Der Körper wird nach oben hin schmaler.

2 a) Es verdoppelt sich.
b) Es verneunfacht sich.

3 a) Ja, weil Länge und Breite übereinstimmen.
b) $V = a \cdot a \cdot h = a^2 \cdot h$

4 So geht es nicht, da er für die Grundschicht schon 24 Würfel verbraucht.

Leitidee funktionaler Zusammenhang

Rechtecke aus Draht, Seite 110

1 a) $2 \cdot 7\,cm + 2 \cdot 5\,cm = 14\,cm + 10\,cm = 24\,cm$
b) $D = 2 \cdot x + 2 \cdot y = 2 \cdot (x + y)$
c)

Länge x	8,1 cm	13 cm	30 cm	0,6 cm
Breite y	2 cm	2 cm	120 cm	3,2 cm
Drahtlänge D	20,2 cm	30 cm	300 cm	7,6 cm

2 a) $2 \cdot 7\,cm + 3 \cdot 5\,cm = 29\,cm$
b) $D = 2 \cdot x + 3 \cdot y$
c)

Länge x	24 cm	4 cm	1,8 cm
Breite y	6 cm	3 cm	1,1 cm
Drahtlänge D	66 cm	17 cm	6,9 cm

3 a) $D = 3 \cdot x + 2 \cdot y$

Länge x	4 cm	7 cm	1,5 cm
Breite y	2 cm	3 cm	0,8 cm
Drahtlänge D	16 cm	27 cm	6,1 cm

b) $D = 3 \cdot x + 5 \cdot y$

Länge x	5 cm	7 cm	1,8 cm
Breite y	4 cm	4 cm	0,5 cm
Drahtlänge D	35 cm	41 cm	7,9 cm

Noch mehr Rechtecke, Seite 111

1 a) Die langen Seiten bestehen aus sechs Zentimeterquadraten, die kurzen Seiten aus drei Zentimeterquadraten. Wenn man die lange Seite dreimal berechnet, erhält man die gesamte Kästchenzahl:
$3 \cdot 6$ oder auch $6 \cdot 3$
b) $A = l \cdot b$
c)

Länge (l)	3,2 cm	12 cm	25 cm
Breite (b)	3 cm	4 cm	7 cm
Fläche (A)	9,6 cm^2	48 cm^2	175 cm^2

d) Eine Rechenvorschrift gilt immer. Bei jeder neuen Aufgabe müssen nur die für die Variablen entsprechenden Werte eingesetzt werden.

e) Mögliche Lösungen:

	Originalgröße	l verdoppelt	b verdoppelt	beide verdoppelt
Länge (l)	3,2 cm	6,4 cm	3,2 cm	6,4 cm
Breite (b)	3 cm	3 cm	6 cm	6 cm
Fläche (A)	9,6 cm^2	19,2 cm^2	19,2 cm^2	38,4 cm^2

Verdoppelt man eine Größe, verdoppelt sich auch der Flächeninhalt. Er vervierfacht sich, wenn beide Variablen verdoppelt werden.
f) $3{,}6\,m^2 : 2{,}4\,m = 1{,}5\,m$

2 Nein, man benötigt nur eine Variable, da beide Seiten gleich lang sind: $A = a \cdot a = a^2$.

Zahlenrätsel und Terme, Seite 112

1 Das Ergebnis ergibt immer 1.

	a)	b)
Denke dir eine Zahl.		x
Addiere 3.	 □□□	x + 3
Verdopple das Ergebnis.	 □□□□□□	2 (x + 3) = 2 x + 6
Subtrahiere 4.	 □□	2 x + 6 – 4 = 2 x + 2
Dividiere das Ergebnis durch 2 (halbiere das Ergebnis).	 □	(2 x + 2) : 2 = x + 1
Subtrahiere die gedachte Zahl.	□	x + 1 – x = 1

2 a) Das Ergebnis ergibt immer 3.

Denke dir eine Zahl.		x
Addiere 1.	 □	x + 1
Verdreifache das Ergebnis.	 □□□	3 (x + 1) = 3 x + 3
Subtrahiere das dreifache der gedachten Zahl.	□□□	3 x + 3 – 3 x = 3

b) Das Ergebnis ist immer eins größer als die gedachte Zahl.

Denke dir eine Zahl.		x
Vervierfache sie.	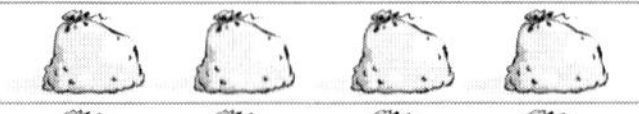	4 x
Addiere 4.	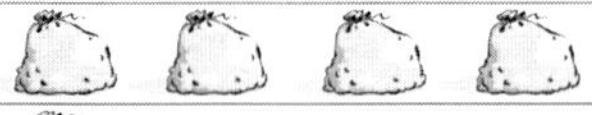 □□□□	4 x + 4
Dividiere das Ergebnis durch 4.	 □	(4 x + 4) : 4 = x + 1

3 Individuelle Lösungen

Rauten und mehr, Seite 113

1 a) Ja, weil alle Seiten gleich lang sind.
b) $U = 4 \cdot x$
c)

Seitenlänge	3 cm	1,2 cm	12 cm	4,8 cm
Umfang	12 cm	4,8 cm	48 cm	19,2 cm

d) Der Umfang vervierfacht sich.
e) $220\,cm : 4 = 55\,cm$

2 a) Es ist ein Quadrat.

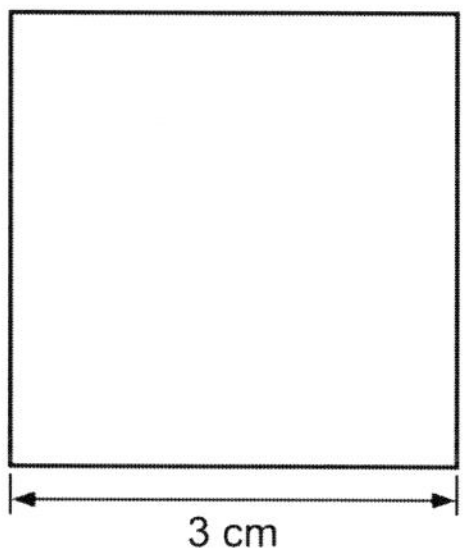

b)
- es hat vier gleichlange Seiten
- es hat vier rechte Winkel
- die gegenüberliegenden Seiten sind parallel
- die Diagonalen sind gleich lang

3 a) Nein, da nur die gegenüberliegenden Seiten gleich lang sind.
b) $U = 2 \cdot a + 2 \cdot b$
c) Breite $b = \frac{1}{2}(30\,cm - 2 \cdot 7\,cm) = 8\,cm$

Rund um den Würfel, Seite 114

1 a)

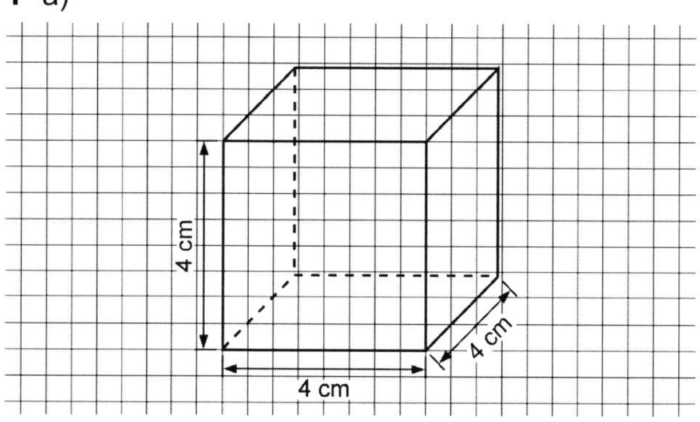

b)

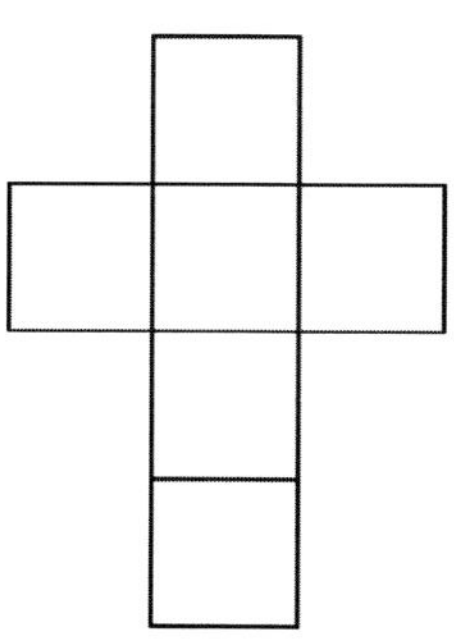

c) Die Oberfläche besteht aus sechs Quadraten mit der Seitenlänge 4 cm. $O = 6 \cdot (4\,cm)^2 = 96\,cm^2$

2 a) $O = 6 \cdot (4 \cdot cm)^2$
b) $O = 6 \cdot a^2$
Man benötigt nur eine Variable, da sowohl Höhe, Länge als auch Breite die gleiche Länge haben.

3 a) $V = 4\,cm \cdot 4\,cm \cdot 4\,cm = 4\,cm^3$
b) $V = a^3$
c) $V = (4\,cm)^3 = 64\,cm^3$

4 a)

Kantenlänge	2 cm	8 cm	3 cm	10 cm
Oberfläche	$24\,cm^2$	$384\,cm^2$	$54\,cm^2$	$600\,cm^2$
Volumen	$8\,cm^3$	$512\,cm^3$	$27\,cm^3$	$1\,000\,cm^3$

b) Oberfläche: Sie vervierfacht sich.
Volumen: Es verachtfacht sich.

Verschnürungen, Seite 115

1 a) $S = 4 \cdot 4\,cm + 4 \cdot 4\,cm = 8 \cdot 4\,cm$
$S = 4 \cdot 4\,cm + 4 \cdot 4\,cm + 5\,cm = 8 \cdot 4\,cm + 5\,cm$
b) $S = 8 \cdot a$; $S = 8 \cdot a + b$
c) $S = 8 \cdot 9\,cm = 72\,cm$
d) $K = 12a$
e) $72\,cm = 12 \cdot a$
$a = 72\,cm : 12 = 6\,cm$
Jede Kante ist 6 cm lang.
$S = 8 \cdot 6\,cm = 48\,cm$
Es werden 48 cm Schnur benötigt.

2 a) $S = 2 \cdot 5\,cm + 2 \cdot 2\,cm = 14\,cm$
$K = 4 \cdot 5\,cm + 4 \cdot 4\,cm + 4 \cdot 2\,cm = 44\,cm$
b) $S = 2 \cdot x + 2 \cdot c = 2 \cdot (x + c)$
$K = 4 \cdot x + 4 \cdot y + 4 \cdot c = 4 \cdot (x + y + c)$
c) Mögliche Lösungen:
$x = 10\,cm$; $c = 5\,cm$
d)

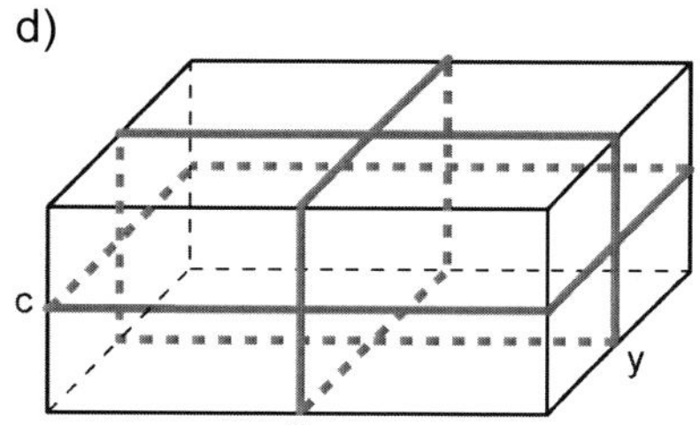

Temperaturunterschiede in Fantasiedorf, Seite 116

1

1. r	2. r	3. r	4. f	5. r
6. f	7. f	8. r	9. r	10. r

2 Uhrzeit: 24 Uhr, Temperatur: 10°

3 Auf der x-Achse bestimmt man die Uhrzeit 11.30 Uhr. Mit dem Geodreieck wird an dieser Stelle eine Senkrechte zur x-Achse eingezeichnet. Man zeichnet jetzt durch den Schnittpunkt der Senkrechten mit dem Graphen eine Parallele zur x-Achse. Am Schnittpunkt dieser Parallele mit der y-Achse kann man die Temperatur (25°) ablesen.

4

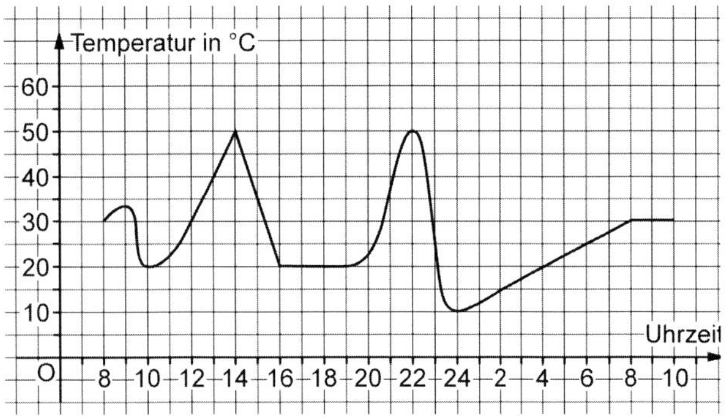

Schraubenpreise – Graphen interpretieren, Seite 117

1 Gewicht in g ⟶ Preis in €

2 400 g entsprechen 2 €; (400 | 2)

3 individuelle Lösungen, z.B. (800 | 3,50); (200 | 1).

4 a) 600 g Schrauben kosten 3 €.
b) 1 € entsprechen 200 g
4,50 € entsprechen 1200 g

5 Beispiele: 300 g kosten 1,50 €, 600 g kosten 3 €.
400 g kosten 2 €, 800 g kosten 3,50 €.
600 g kosten 3 €, 1200 g kosten 4,50 €.
Feststellung: Bis zu einer Menge von 300 g Schrauben verdoppelt sich der Kaufpreis bei doppelter Menge. Danach beträgt der Kaufpreis für die doppelte Menge weniger als das Doppelte.

Verständnisaufgaben, Seite 118

1 Ja, es handelt sich um eine proportionale Zuordnung.
50 g = 1 €; 100 g = 2 €; 400 g = 6 €
Zum n-fachen des Gewichts gehört der n-fache Preis. Außerdem ist der Quotient aus Preis und zugehörigem Gewicht immer gleich (konstant).

2

Größe x	$\frac{1}{6}$	$\frac{1}{3}$	$\frac{1}{2}$	$\frac{2}{3}$	2
Größe y	1	2	3	4	12

Lösungswort: WAL

3 r, f, r, r, f
Klaus überlegt sich richtig, dass 450 g das $2\frac{1}{2}$-Fache von 200 g ist. Also nimmt er zweimal den Preis für 200 g (2 · 4 €) und noch einmal den halben Preis von 200 g (1 €).
Marc macht einen Denkfehler. Er hat berechnet, dass 0,2 kg der Ware 1 € kostet und dann vom Preis für 1,6 kg den Preis für 0,2 kg subtrahiert. Er hätte jedoch zweimal den Preis für 0,2 kg subtrahieren müssen, da 1,6 kg – 0,4 kg = 1,2 kg ist.

4 a) näherungsweise proportional
b) nicht proportional
c) nicht proportional (antiproportional)
d) proportional

Das Schneckenrennen, Seiten 119 bis 124

Schnecke	Startnummer	Farbe
Marlies	1	braun
Gustav (Bruder von Carla)	5	blau
Else	3	gelb
Carla (Schwester von Gustav)	2	grün
Leo	4	schwarz
Egon	6	rot

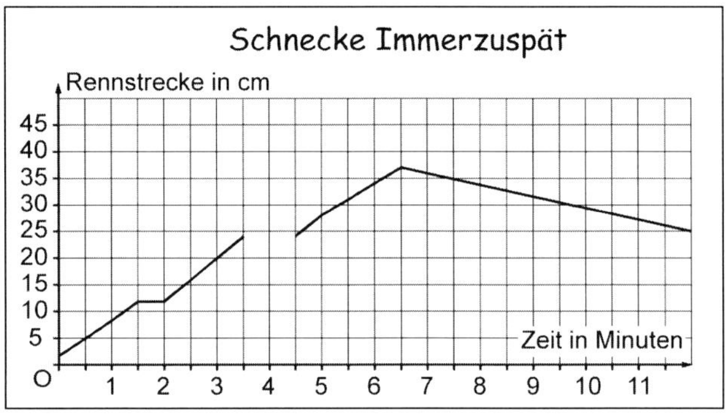

Leitidee Daten und Zufall

Vorlage für eine Schülerbefragung, Seite 125

Auswertung über Strichlisten, Urlisten und Ranglisten möglich

Zahlen in Bildern (1), Seite 127

1

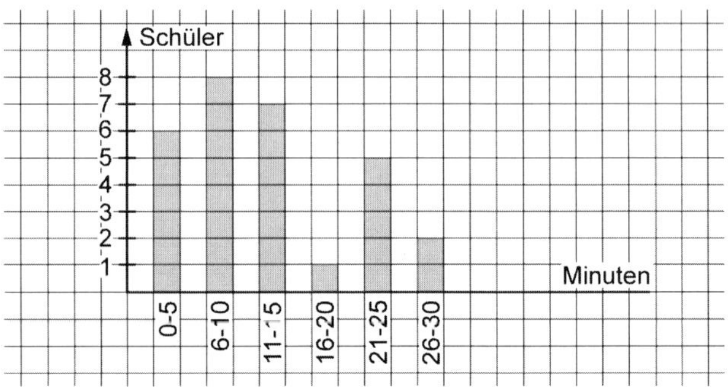

2

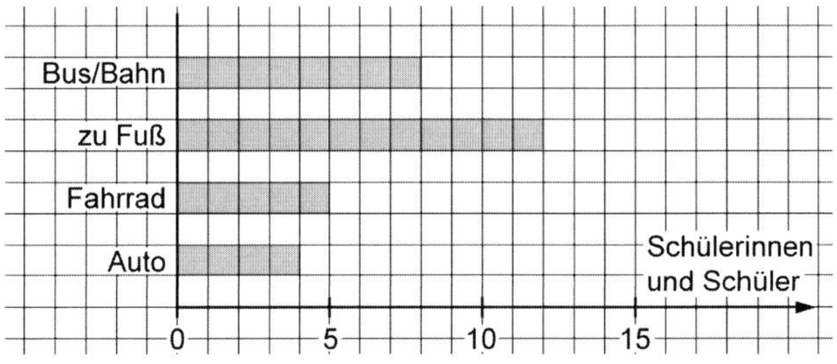

3 a) Hähnchen
b) Pizza = 14 Schülerinnen und Schüler
Hamburger = 7 Schülerinnen und Schüler
c) 7 Kinder sind enttäuscht.
d) mögliche Lösung:

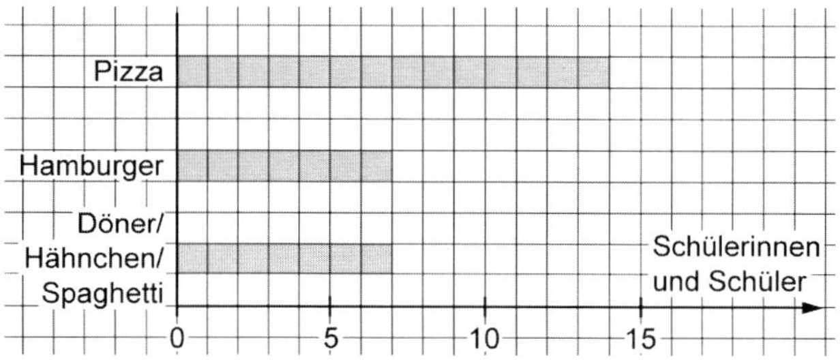

Zahlen in Bildern (2), Seite 128

4 a)
Diagramm 1
- die meisten Schülerinnen und Schüler (11) sind zwischen 1,51 m und 1,56 m groß
- acht Schülerinnen und Schüler sind zwischen 1,46 m und 1,50 m groß
- es gibt insgesamt 29 Schülerinnen und Schüler in der Klasse 6 c
- drei Schülerinnen und Schüler sind höchstens 1,40 m groß
- drei Schülerinnen und Schüler sind mindestens 1,56 m groß

Diagramm 2
- es gibt insgesamt 33 Schülerinnen und Schüler in der Klasse 6 b
- die meisten Jungen (8) sind zwischen 1,46 m und 1,50 m groß
- es sind gleich viele Jungen und Mädchen zwischen 1,41 m und 1,45 m groß
- die meisten Schülerinnen und Schüler (11) sind zwischen 1,46 m und 1,50 m groß
- eine Schülerin ist mindestens 1,56 m groß
- zwei Schüler sind höchstens 1,40 m groß

b) Nein, da es nur eine Säule von 146 – 150 cm gibt. Wie viele davon 1,47 m groß sind, kann man nicht ablesen.

5 a) Die Skala der y-Achse ist falsch.
b) Es fehlen die Beschriftungen beider Achsen und die Überschrift.
c) Die Säulen sind unterschiedlich breit und es fehlen die Beschriftungen der Achsen.
d) Die Uberschrift fehlt und die Beschriftungen der x-Achse sind falsch eingetragen.

Im Tierreich – Diagramme, Seite 129

1 a)

Igel	Fuchs	Biber	Reh	Wildschwein
30 cm	90 cm	100 cm	140 cm	180 cm

b)

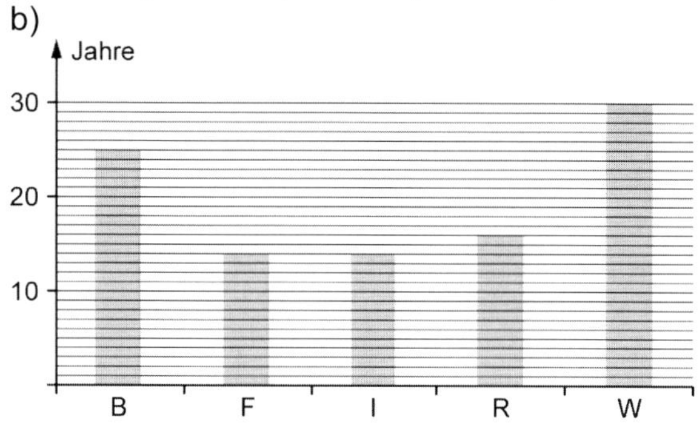

2 a)

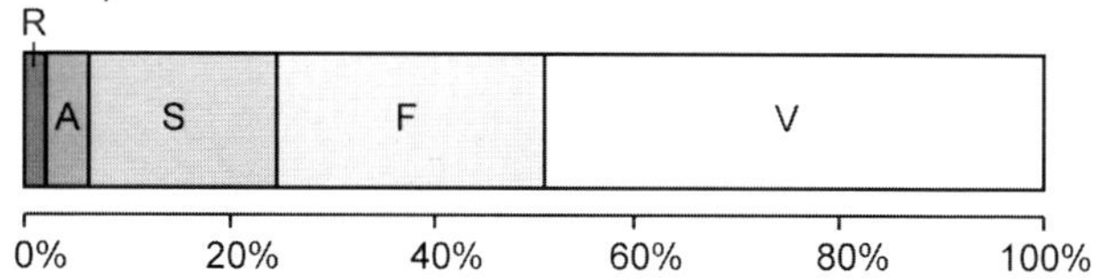

b) 41 700 entsprechen 360°
100 entsprechen 0,86°
20 600 entsprechen 177°
2500 entsprechen 22°
6300 entsprechen 54°
8600 entsprechen 74°
3700 entsprechen 32°

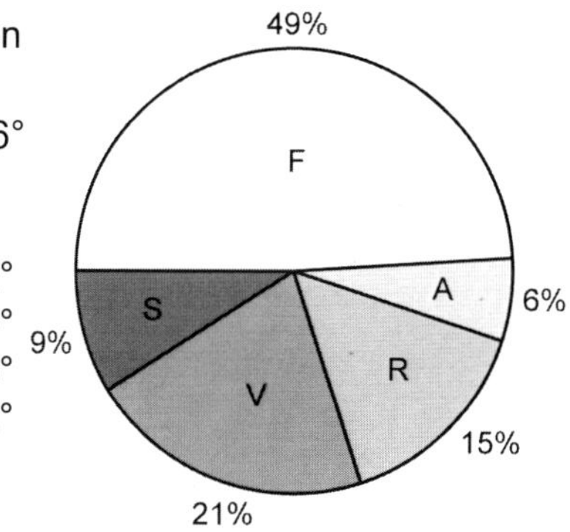

Das Glücksrad, Seite 130

a)

1	2	3	4	5	6	7	8	9	10	11	12
5	11	6	4	7	11	3	5	3	13	5	7

b)

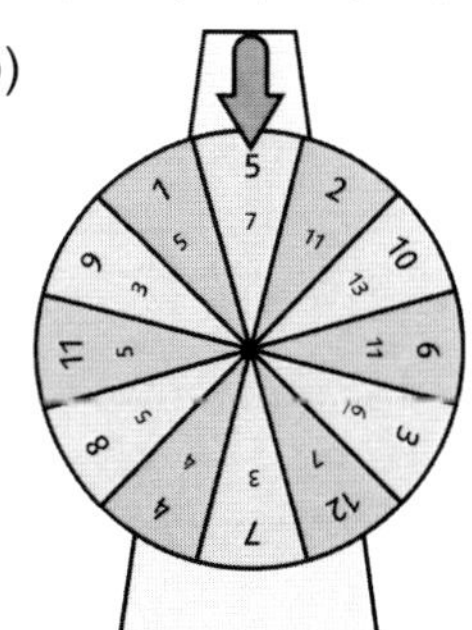

c) Die Felder 5, 2, 10, 6, 3 und 12 kamen besonders oft vor.
d)/e) individuelle Lösungen

Übergreifendes Übungsmaterial

Kopfrechenblatt 1, Seite 131

1

	:7
42	6
420	60
21	3
63	9
21	3
56	8

	·6
8	48
7	42
4	24
2	12
9	54
90	540

2

6	40	8	9
6	5	33	22
7	36	22	22
3	5	90	22

3 99 + 9 = 108

4 5€ – 5 · 0,30€ – 3,20€ = 0,30€ = 30 ct

5 4; 4; 4

Knack-die-Nuss-Ecke

a) 10 b) 34

Kopfrechenblatt 2, Seite 132

1

	:4
32	8
320	80
400	100
88	22
560	140

	–14
70	56
700	686
65	51
54	40
112	98

	·6
12	72
9	54
14	84
18	108
22	132

2

a) 138 467
1426 994
147 2910

b) CXXVI MCDXLII
MCDXXII DCCXCVIII
XLIV MMXC

3 4 000 020 000
300 000 000 070
5 000 000 006 000
700 000 000 010

4

$3^3 = 3 \cdot 3 \cdot 3 = 27$ $10 \cdot 10 \cdot 10 = 10^3 = 1000$
$2^4 = 2 \cdot 2 \cdot 2 \cdot 2 = 16$ $2 \cdot 2 \cdot 2 \cdot 2 \cdot 2 = 2^5 = 32$
$4^3 = 4 \cdot 4 \cdot 4 = 64$ $8 \cdot 8 = 8^2 = 64$
$5^3 = 5 \cdot 5 \cdot 5 = 125$ $3 \cdot 3 \cdot 3 \cdot 3 = 3^4 = 81$

5

104	96	300	98
109	3	165	61
30	192	221	80
117	192	70	277

Kopfrechenblatt 3, Seite 133

1

$89 \cdot 19 \approx 90 \cdot 20 = 1800$
$241 : 79 \approx 240 : 80 = 3$
$1246 : 32 \approx 1200 : 30 = 40$
$124 \cdot 12 \approx 120 \cdot 12 = 1440$
$109 \cdot 18 \approx 100 \cdot 20 = 2000$
$7187 \cdot 83 \approx 7200 \cdot 80 = 576\,000$
$219 \cdot 98 \approx 220 \cdot 100 = 22\,000$

2

31	48
23	34
14	490
56	48
242	

3 70 000 700
800 000 010 000
3 000 003 000 003

4 $2^2 \cdot 3^2 = 4 \cdot 9 = 36$ $5^2 - 4^2 = 25 - 16 = 9$
$2^4 + 3^2 = 16 + 9 = 25$ $4^2 : 2^3 = 16 : 8 = 2$

5

12	33	240
5	33	50
9	122	18 000
30	65	700

Kopfrechenblatt 4, Seite 134

1 Subtraktion:

96	90	398
92	396	93
93	98	198

2 Addition:

172	262	191
173	395	217
285	260	304

3 Multiplikation:

132	209	451
143	156	120
102	126	95

4 Rechenausdrücke:

6	51	3
12	60	6
4	40	36

Kopfrechenblatt 5, Seite 135

1

	·6
8	48
4	24
9	54
5	30

	:8
40	5
24	3
64	8
56	7

	·9
6	54
9	81
4	36
8	72

2

69	140
99	320
179	1045
118	120
387	106
1300	89
278	700

3 9999 + 100 = 10 099
999 – 9 = 990
Die Zahl ist die 15.

4

9	6	8	72
5	48	8	8
4	35	9	135
3	8	15	52
107	88	19	6

Kopfrechenblatt 6, Seite 136

Umrechnungen
1 km = 1000 m
1 m = 10 dm
1 dm = 10 cm
1 cm = 10 mm

1

8 dm	0,6 km
0,8 m	60 km
800 mm	6 km
90 m	0,045 km
9000 cm	0,005 km
900 m	5,004 km

2 5 000 000 600
90 000 000 000 010
700 000 700

3
26 cm = 2 dm 6 cm = 2,6 dm
84 mm = 8 cm 4 mm = 8,4 cm
43 dm = 4 m 3 dm = 4,3 m
2 dm = 0 m 2 dm = 0,2 m
4301 m = 4 km 301 m = 4,301 km

7,9 m = 7 m 9 dm = 79 dm
11,8 dm = 11 dm 8 cm = 118 cm
9,008 km = 9 km 8 m = 9008 m
9,08 km = 9 km 80 m = 9080 m
0,8 km = 0 km 800 m = 800 m

4

4,006 km = 4006 m	0,7 cm = 7 mm
4,6 km = 4600 m	9,8 dm = 980 mm
4,06 km = 4060 m	1,04 m = 104 cm
9,99 km = 9990 m	1,4 m = 140 cm
1,6 dm = 16 cm	0,14 m = 14 cm

140 m = 0,14 km
1400 m = 1,4 km

Kopfrechenblatt 7, Seite 137

1

80	88	4
94	48	40
176	46	61
97	7	258
153	2	300

2 Quadrat; Rechteck; Quadrat

3

Seitenlänge	6 cm	10 cm	16 cm	7 cm
Umfang	24 cm	40 cm	64 cm	28 cm
Flächeninhalt	36 cm²	100 cm²	256 cm²	49 cm²

4

Seite a	6 cm	10 cm	4 cm	8 cm
Seite b	2 cm	8 cm	6 cm	5 cm
Umfang	16 cm	36 cm	20 cm	26 cm
Flächeninhalt	12 cm²	80 cm²	24 cm²	40 cm²

5

18 mm	9 dm	200 m
11 dm	3,05 m	0,008 km
2,3 m	305 cm	7,09 km
7080 m	1000 cm	22 cm

6

	: 12
72	6
720	60
36	3
3600	300

	· 9
8	72
800	7200
60	540
13	117

	– 26
50	24
100	74
119	93
219	193

Kopfrechenblatt 8, Seite 138

Längeneinheiten
1 km = 1000 m
1 m = 10 dm
1 dm = 10 cm
1 cm = 10 mm
Flächeneinheiten
1 km² = 1 000 000 m²
1 m² = 100 dm²
1 dm² = 100 cm²
1 cm² = 100 mm²
Volumeneinheiten
1 km³ = 1 000 000 000 m³
1 m³ = 1000 dm³
1 dm³ = 1000 cm³
1 cm³ = 1000 mm³

1 a) parallel
b) senkrecht zueinander
c) 10 cm oder 2 cm

2

7000 mm	8 km
70 dm	508 cm
608 cm	900 m
6,08 m	0,09 km
30 dm	8,07 km
6,7 m	0,7 cm

3

20 000 m^2	1 dm^2
2 ha	0,05 m^2
20 ha	5 a
32 a	40 cm^2

4

8 dm^3	78 000 mm^3
80 m^3	70 000 dm^3
7800 cm^3	70 dm^3

Kopfrechenblatt 9, Seite 139

1 a) $\frac{1}{3}$ b) $\frac{3}{4}$ c) $\frac{2}{5}$

2 a) $\frac{3}{4}$; b) $\frac{1}{4}$; c) $\frac{2}{4} = \frac{1}{2}$

3 a) 708 cm; 78 dm; 8005 m
b) 6080 g; 125 min; 506 ct

4 a) 100 g; 700 g b) 400 g; 800 g
c) 1 200 g; 1 800 g d) 2 g; 34 g

5 a) 60; 80; 12 b) 5; 23; 18
c) 135; 125; 9

Knack-die-Nuss-Ecke

a) $\frac{2}{5}$ kg b) $\frac{3}{10}$ kg c) $\frac{13}{100}$
d) $\frac{9}{10}$ € e) $\frac{3}{8}$ kg f) $\frac{7}{10}$ km
g) $\frac{1}{2}$ m h) $\frac{1}{6}$ h i) $\frac{5}{6}$ h

Kopfrechenblatt 10, Seite 140

1 a) $\frac{10}{12}$; $\frac{21}{36}$; $\frac{5}{25}$; $\frac{10}{45}$ b) $\frac{2}{4}$; $\frac{4}{36}$; $\frac{25}{30}$; $\frac{1}{4}$
c) $\frac{24}{27}$; $\frac{2}{3}$; $\frac{12}{30}$; $\frac{1}{7}$

Memo

2: 2, 4, 6, 8 odcr 0
5: 0 oder 5
10: 0
3; 9: Quersumme; 3 bzw. 9

2 a) $\frac{1}{2}$; $\frac{3}{1} = 3$; $\frac{10}{6}$ b) $\frac{1}{2}$; $\frac{5}{6}$; $\frac{10}{1} = 10$
c) $\frac{4}{9}$; $\frac{4}{5}$; $\frac{1}{2}$; $\frac{3}{1} = 3$; $\frac{24}{25}$; $\frac{2}{3}$

3 a) 400 g; 125 g; 36 min; 700 m
b) 15 ct; 15 min; 90 m; 25 cm

4 a) $\frac{4}{10}$; $\frac{7}{10}$ b) $\frac{15}{20}$; $\frac{16}{20}$ c) $\frac{5}{16}$; $\frac{8}{16}$
d) $\frac{2}{6}$; $\frac{5}{6}$; $\frac{3}{6}$ e) $\frac{28}{36}$; $\frac{9}{36}$; $\frac{3}{36}$ f) $\frac{8}{60}$; $\frac{14}{60}$; $\frac{9}{60}$
g) $\frac{4}{12}$; $\frac{3}{12}$; $\frac{6}{12}$

Kopfrechenblatt 11, Seite 141

1 a) $\frac{5}{20} + \frac{4}{20} = \frac{9}{20}$ b) $\frac{10}{12} - \frac{3}{12} = \frac{7}{12}$
c) $\frac{3}{24} + \frac{4}{24} = \frac{7}{24}$ d) $\frac{5}{9} - \frac{3}{9} = \frac{2}{9}$
e) $\frac{4}{5} - \frac{1}{10} = \frac{8}{10} - \frac{1}{10} = \frac{7}{10}$ f) $\frac{3}{10} + \frac{1}{5} = \frac{3}{10} + \frac{2}{10} = \frac{5}{10} = \frac{1}{2}$
g) $\frac{1}{4} + \frac{1}{6} = \frac{3}{12} + \frac{2}{12} = \frac{5}{12}$ h) $\frac{5}{8} - \frac{1}{2} = \frac{5}{8} - \frac{4}{8} = \frac{1}{8}$
i) $\frac{5}{6} - \frac{3}{4} = \frac{10}{12} - \frac{9}{12} = \frac{1}{12}$

2 a) $\frac{3}{5} - \frac{1}{2} = \frac{1}{10}$ b) $\frac{1}{4} - \frac{1}{6} = \frac{1}{12}$
c) $\frac{3}{5} = \frac{12}{20}$; $\frac{12}{20} - \frac{7}{20} = \frac{5}{20} = \frac{1}{4}$.
$\frac{3}{5}$ ist um $\frac{1}{4}$ größer als $\frac{7}{20}$.

3 a) $\frac{1}{5}$ b) $\frac{1}{2}$ c) $\frac{3}{10}$
d) $\frac{7}{10}$ e) $\frac{4}{9}$ f) $\frac{1}{4}$

4 a) $\frac{1}{4} + \frac{2}{5} = \frac{13}{20}$ b) 125 € · 4 = 500 €
c) 500 € · $\frac{2}{5}$ = 200 € d) $1 - \frac{13}{20} = \frac{17}{20}$

Knack-die-Nuss-Ecke

a) $\frac{3}{5} - \frac{2}{5} = \frac{1}{5}$ b) $\frac{1}{2} + \frac{1}{3} = \frac{5}{6}$ c) $\frac{2}{4} + \frac{1}{3} = \frac{5}{6}$

Kopfrechenblatt 12, Seite 142

Multiplikationsregel: Zähler mal Zähler, Nenner mal Nenner.

1 a) $\frac{1}{10}$ b) $\frac{5}{18}$ c) $\frac{1}{5}$ d) $\frac{2}{3}$ e) $3\frac{3}{4}$

2 a) $23\frac{5}{6}$ b) $5\frac{1}{2}$ c) $47\frac{1}{10}$ d) $23\frac{1}{18}$ e) $10\frac{5}{12}$

3 a) 600 m; 28 cm b) 5 min; 16 min
c) 4 g; 34 ct d) 25 m^2; 600 ml

4 a) $\frac{1}{4}$ l = 250 ml b) $\frac{21}{100}$ kg = 210 g

5 a) $\frac{3}{4} > \frac{7}{10} > \frac{2}{5} > \frac{7}{20} > \frac{1}{4} > \frac{1}{5} > \frac{1}{10} > \frac{1}{20}$

b) $\frac{60}{8} > \frac{19}{4} > 4 > 3\frac{1}{8} > 2\frac{1}{4} > 1\frac{9}{10}$; $\frac{7}{10}$

Knack-die-Nuss-Ecke

a) 16; 8; 4; 2; 1　　b) $\frac{9}{4}$; $\frac{9}{8}$; $\frac{9}{16}$; $\frac{9}{32}$; $\frac{9}{64}$

c) 6; 2; $\frac{2}{3}$; $\frac{2}{9}$; $\frac{2}{27}$

Halbiert bzw. viertelt man einen Faktor, so wird das Produkt halbiert bzw. geviertelt.

Kopfrechenblatt 13, Seite 143

1 a) $10\frac{1}{4}$; $9\frac{5}{6}$; $3\frac{1}{10}$　　b) $54\frac{17}{24}$; $17\frac{7}{12}$; $1\frac{3}{4}$

c) $14\frac{1}{9}$; $7\frac{11}{24}$; $2\frac{1}{2}$

2 a) 5,9 km = $5\frac{9}{10}$ km = 5900 m

b) 8,20 € = $8\frac{2}{10}$ € = 820 ct

c) 1,1 h = $1\frac{1}{10}$ h = 66 min

d) 4,98 kg = $4\frac{98}{100}$ kg = 4980 g

d) 0,009 km = $\frac{9}{1000}$ km = 9 m

f) $2\frac{3}{10}$ € = 230 ct = 2,30 €

g) $4\frac{7}{1000}$ kg = 4007 g = 4,007 kg

3 a) 0,47 l – 0,4 l = 0,07 l = 70 ml oder $\frac{7}{100}$ l

0,5 l – 0,47 l = 0,03 l = 30 ml oder $\frac{30}{100}$ ml

b) 0,73 kg – 0,5 kg = 0,23 kg = $\frac{23}{100}$ kg = 0,23 kg

1 kg – 0,73 kg = 0,27 kg = $\frac{27}{100}$ kg

c) 1,7 km – 1,57 km = 0,13 km = 130 m;
1900 m – 1700 m = 200 m = 0,2 km

4 a) $\frac{1}{5}$　b) $\frac{1}{3}$　c) $1\frac{1}{2}$　d) $\frac{1}{6}$

e) $1\frac{7}{8}$　f) $2\frac{2}{3}$　g) $\frac{1}{12}$　h) $\frac{1}{2}$

i) $2\frac{2}{5}$　j) $\frac{1}{3}$　k) 1　l) $2\frac{6}{7}$

Kopfrechenblatt 14, Seite 144

1 a) 900 m　b) 1600 g　c) 70 cm^3
d) 4 mm^2　e) 225 m^2　f) 34 m
g) 3 min　h) 58 mm　i) 25 ct

2 0,28; 0,18; 0,018; 0,15; 0,015; 0,09

3 2; 4; 5; 8; 10; 16; 20; 25; 32; 40; 50

4 a) 12 min　b) 1800 m　c) 1080 m　d) 1008 m

5 a) $\frac{1}{2}$; $\frac{1}{2}$; $\frac{8}{7}$; keine Lösung; $\frac{1}{6}$; $1\frac{1}{3}$

b) $16\frac{1}{10}$; $15\frac{5}{8}$; $20\frac{7}{9}$; $14\frac{7}{8}$

c) $\frac{2}{5}$; $1\frac{2}{3}$; $1\frac{7}{8}$; $6\frac{3}{4}$

Knack-die-Nuss-Ecke

a) Herr Müller erhält $\frac{3}{10}$ mehr.

b) Er erhält $\frac{3}{10}$.

c) 100 000 €

Kopfrechenblatt 15, Seite 145

1

	· 10	· 100	· 1000
0,09	0,9	9	90
0,019	0,19	1,9	19
0,1007	1,007	10,07	100,7

2 a) 0,12; 0,12　b) 0,16; 0,16　c) 2,02; 0,0202
d) 7,7; 0,77　e) 4,8; 0,48　f) 0,66; 6,6

3 a) 40,6　b) 3,4　c) 1,008

4 a) mögliche Lösungen:
0,3 · 0,4; 3 · 0,04; 30 · 0,004
b) mögliche Lösungen:
0,4 · 3; 40 · 0,03; 4 · 0,3

Knack-die-Nuss-Ecke

a) 24; 2,4; 0,24; 0,024; 0,0024
b) 42; 14; 2,8; 0,42; 0,28
c) 1; 0,25; 0,125; 0,025; 0,005
Wird der zweite Faktor um den Faktor 10, 100, 1000, ... verkleinert, so verkleinert sich das Produkt um den Faktor 10, 100, 1000, ..., d. h. das Komma verschiebt sich immer weiter nach links.

Fitnesstest 1, Seite 146

1 a) 4 953 200　b) 15 891

2

$2^5 = 32$; $5^2 = 25$

3 a) 6300 – (500 – 450) = 6300 – 50 = 6250
b) 6300 – 200 + 150 = 6250

4
a) 8 · 30 + 8 · 7 = 240 + 56 = 296
b) 10 · 9 + 4 · 9 = 90 + 36 = 126
c) 12 · 10 + 12 · 6 = 120 + 72 = 192

Knack-die-Nuss-Ecke

Die Aufgaben a) und c) haben dasselbe Ergebnis, da die Klammer nach dem Pluszeichen überflüssig ist. Die Aufgaben b) und e) liefern dasselbe Ergebnis, da ein Minuszeichen vor der Klammer die Rechenzeichen in der Klammer umkehrt.

Fitnesstest 2, Seite 147

1

V = 5	XIX = 19	X = 10
XLII = 42	L = 50	CMXL = 940
C = 100	M = 1000	D = 500
46 = XLVI	24 = XXIV	909 = CMIX

2
a) 4 255 950 b) 8802 c) 132 854

3 Gerundete Höhen: Zugspitze 3000 m; Feldberg 1500 m; Montblanc 4800 m; Watzmann 2700 m

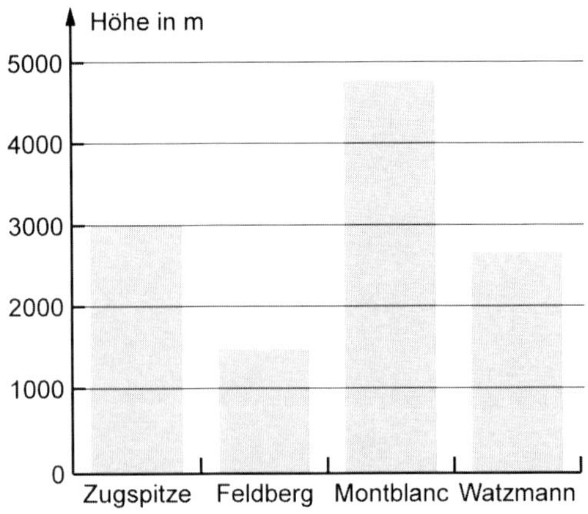

4 a) 3400 – 1050 – 350 = 2350 – 350 = 2000
b) 7245 – (3165 – 2099) = 6179
32345 – 6789 – (4055 + 3009) = 18 492

Knack-die-Nuss-Ecke
a) 250 b) 40 c) 60 d) 600

Fitnesstest 3, Seite 148

1 parallel: b, r
senkrecht: b, u; r, u
Abstand: 1,8 cm

2 Gerade: Eine Gerade hat keinen Anfang und kein Ende.
Strecke: Eine Strecke ist begrenzt, hat also einen Anfangs- und einen Endpunkt.

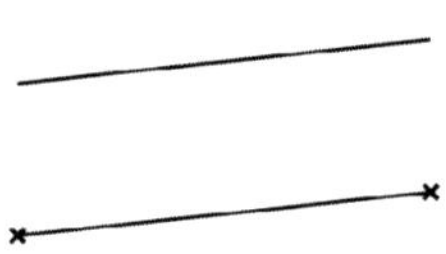

3 a)

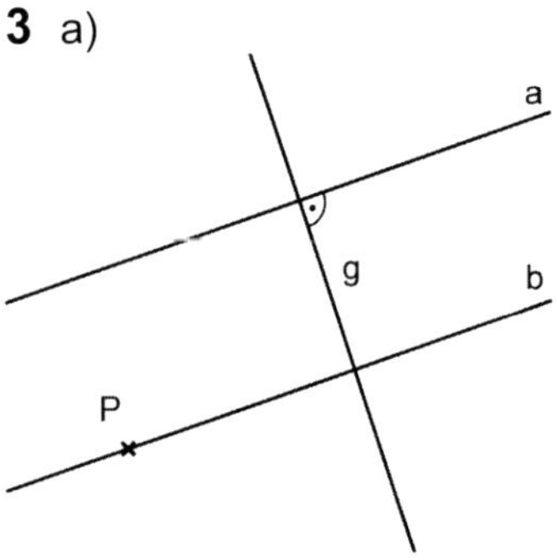

b)

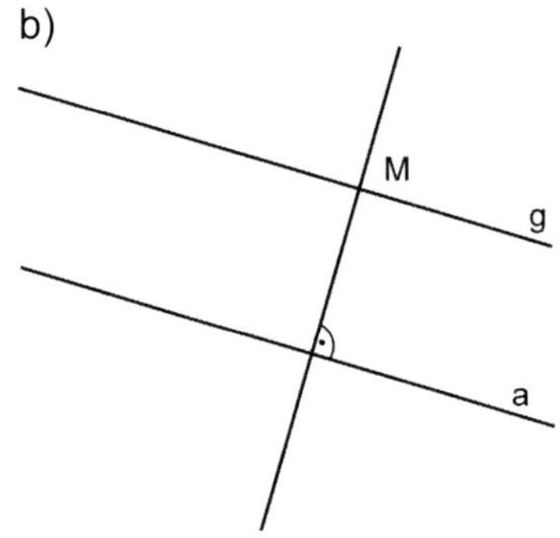

4
a) 2 752 580 b) 936 c) 104 556

Fitnesstest 4, Seite 149

1

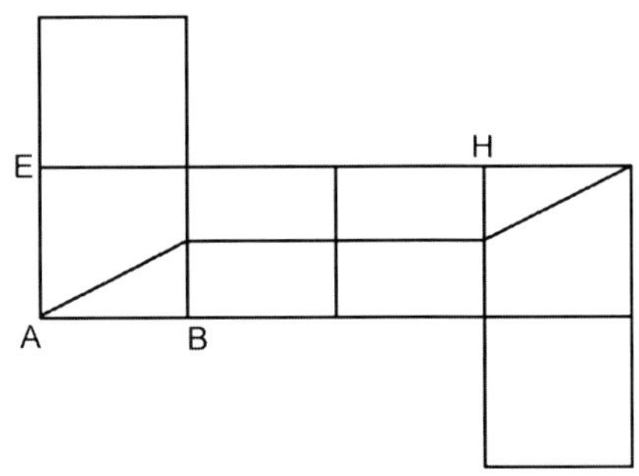

2
a) 5 395 550 b) 20 700 c) 1 855 152

3 Sekunde $\xrightarrow{:60}$ Minute $\xrightarrow{:60}$ Stunde $\xrightarrow{:24}$ Tag $\xrightarrow{:365}$ Jahr
Milligramm $\xrightarrow{:1000}$ Gramm $\xrightarrow{:1000}$ Kilogramm $\xrightarrow{:1000}$ Tonne

4 a)

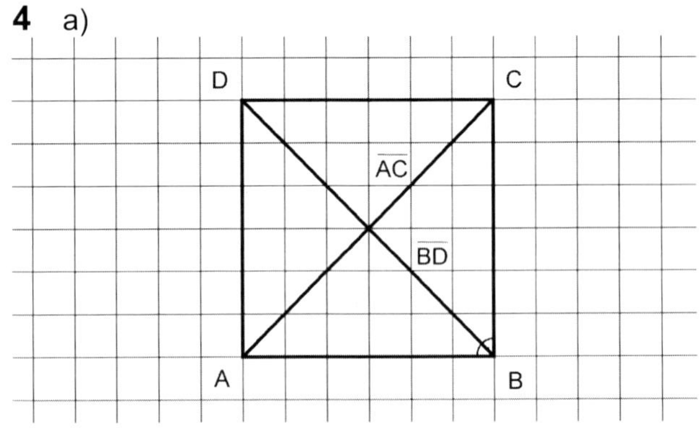

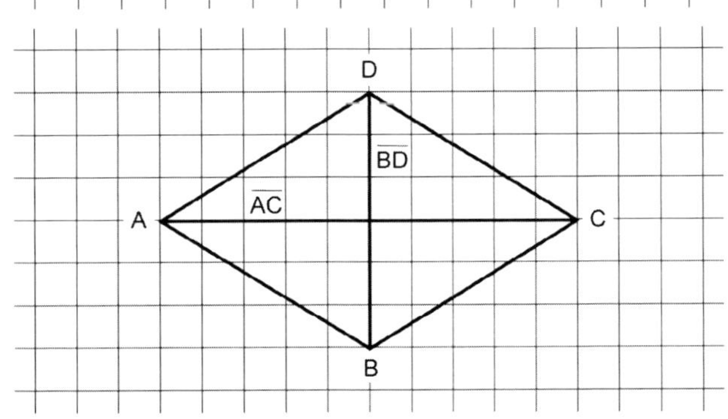

b) Die Diagonalen sind senkrecht zueinander.

Knack-die-Nuss-Ecke
Es gilt: Jedes Quadrat ist ein Rechteck und jedes Rechteck ist ein Parallelogramm. Ines hat also nicht Recht, da ein Rechteck ein spezielles Parallelogramm mit vier rechten Winkeln ist. Die Bedingungen für ein Quadrat (vier rechte Winkel, vier gleich lange Seiten) sind spezieller als die für ein Rechteck (vier rechte Winkel, jeweils zwei gleich lange Seiten) und diese sind wiederum spezieller als die Bedingungen für ein Parallelogramm (gegenüberliegende Seiten sind parallel).

Fitnesstest 5, Seite 150

1

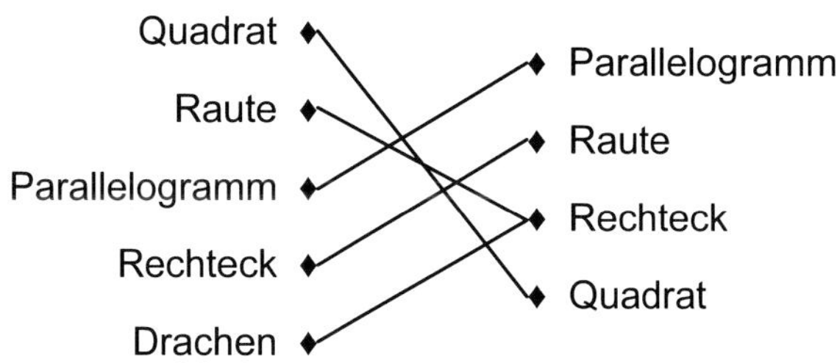

2 Raute
Quadrat
Parallelogramm
Drachen

3 9 000 012 010
70 000 000 000 305
500 000 000

4
a) 4 250 120 b) 2799 c) 360

5

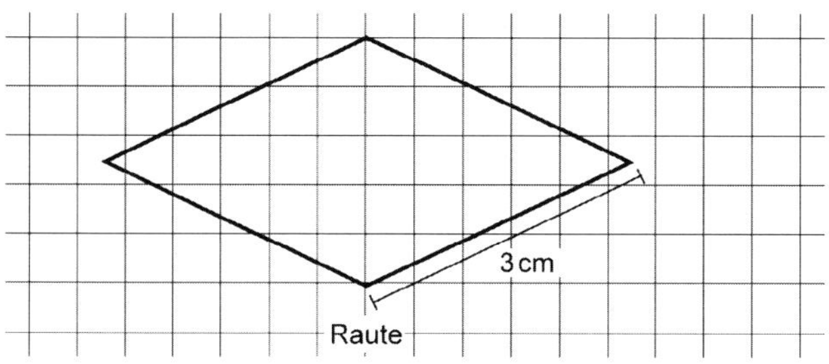

Knack-die-Nuss-Ecke
a) Jede Zahl, die an letzter Stelle eine Null hat, ist durch 10 teilbar.
b) Ergibt 8 Billionen, weil der Vorgänger und Nachfolger von 2 Billionen zusammen 4 Billionen ergeben.

Fitnesstest 6, Seite 151

1 a) unten b) unten

2 a) 30; Klammer zuerst
b) 140; Punkt vor Strich
c) 120; Klammer zuerst
d) 10; Klammer zuerst, Punkt vor Strich

3
a) 6 753 240 b) 8260 c) 659 946

4

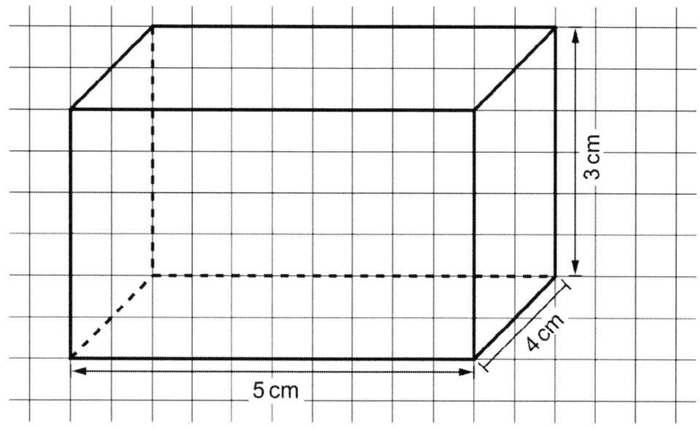

Knack-die-Nuss-Ecke
2. Vorderfläche 4 cm, 3 cm; Grundfläche 4 cm, 6 cm
3. Vorderfläche 6 cm, 4 cm; Grundfläche 3 cm, 6 cm

Fitnesstest 7, Seite 152

1

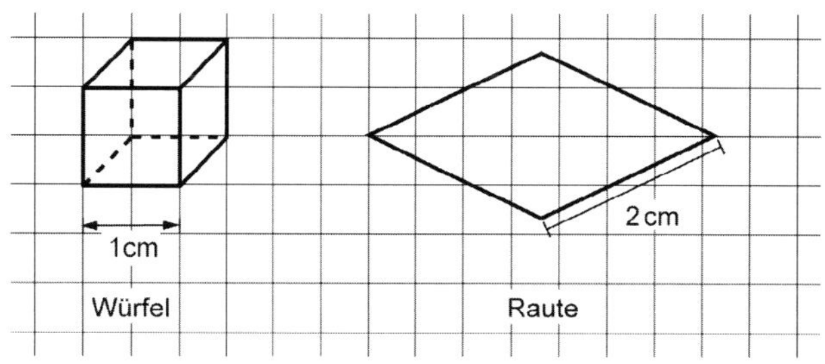

2 a) Quadrat c) Rechteck
b) Rechteck d) Dreieck

3 mm $\xrightarrow{:10}$ cm $\xrightarrow{:10}$ dm $\xrightarrow{:10}$ m $\xrightarrow{:1000}$ km

mm² $\xrightarrow{:100}$ cm² $\xrightarrow{:100}$ dm² $\xrightarrow{:100}$ m² $\xrightarrow{:100}$ a $\xrightarrow{:100}$ ha

4
a) 207 674 500 b) 2 476 c) 124 602

5 230; Verbindungsgesetz
40; Verteilungsgesetz/Klammer zuerst
40; Punkt vor Strich
188; Vertauschungsgesetz

Fitnesstest 8, Seite 153

1 a) nach rechts b) nach vorne

2 $u = 2 \cdot (a + b)$ $A = a \cdot b$

	Rechteck 1	Rechteck 2	Rechteck 3	Rechteck 4
Länge a	4 cm	5 cm	10 cm	5 cm (oder 6 cm)
Breite b	2 cm	2 cm	5 cm	6 cm (oder 5 cm)
Umfang U	12 cm	14 cm	30 cm	22 cm
Fläche A	8 cm²	10 cm²	50 cm²	30 cm²

3
a) 6 882 837 b) 42 146 c) 760

4

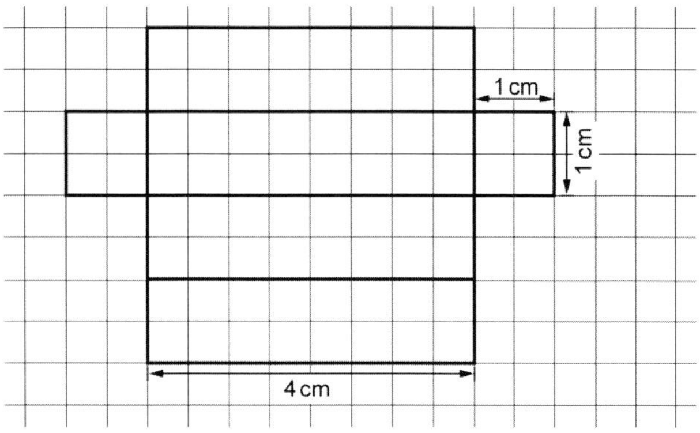

Knack-die-Nuss-Ecke

a) Das Volumen verdoppelt sich ebenfalls.
b) Das Volumen halbiert sich ebenfalls.
c) Das Volumen vervierfacht sich.
d) Das Volumen bleibt gleich.

Fitnesstest 9, Seite 154

1 a) 573 528 b) 6 917 R 1

2 a) rechte Winkel $\beta = 90°$
stumpfe Winkel $90° < \beta < 180°$
gestreckter Winkel $\beta = 180°$
überstreckter Winkel $180° < \beta < 360°$
b)

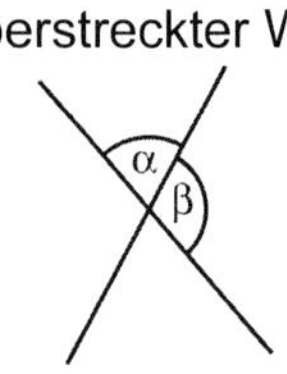

$\alpha + \beta = 180°$

Nebenwinkel ergänzen sich zu 180°.

3 a) $\frac{1}{5}$ ist mehr, weil das Ganze nur in fünf Stücke geteilt wurde. Dadurch ist jedes Stück größer.
b) $\beta = 140°$;
$\alpha = 100°$
β kann in der rechten Zeichnung nicht berechnet werden, da die Geraden nicht parallel sind.

Knack-die-Nuss-Ecke

a) 50; „Punkt vor Strich“
b) 70; „Klammer zuerst“
c) 359; „Innere Klammer zuerst“

Fitnesstest 10, Seite 155

1 „Punktrechnung in der Klammer“; „Klammer“; „Strichrechnung“; 3 409 – Klammerwert

2 a) 2 303 370
b) 15 755 R 10
c) 825 627

3 a) $\frac{3}{10}$ b) $\frac{5}{8}$ c) $10\frac{3}{10}$ d) $5\frac{3}{8}$
e) $\frac{7}{10}$ f) $\frac{17}{24}$ g) $4\frac{3}{5}$ h) $1\frac{5}{12}$

4 a) Rechteck
b)
- vier rechte Winkel
- gegenüberliegende Seiten sind parallel und gleich lang
- Diagonalen sind gleich lang

c) $\alpha = 44°$; $\beta = 134°$

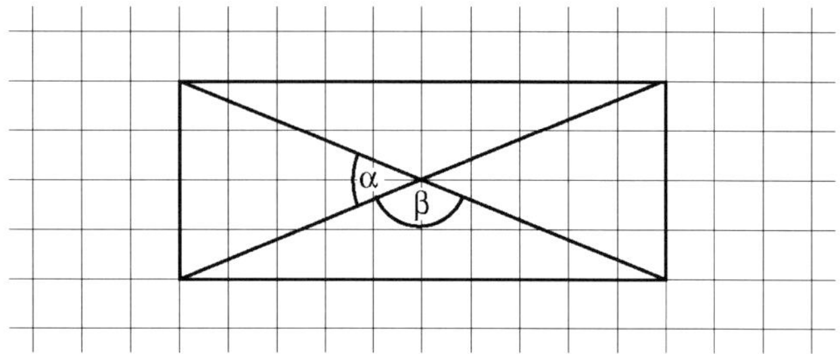

d) $A = a \cdot b = 2\,\text{cm} \cdot 5\,\text{cm} = 10\,\text{cm}^2$

Knack-die-Nuss-Ecke

1 a) 4 b) $4 \cdot 4 = 16$
c) 4 d) $4 \cdot 4 \cdot 4 = 64\,\text{cm}^3$

2 2 cm

3 Es bleibt gleich.

Fitnesstest 11, Seite 156

1 a) $\frac{1}{6}$; $\frac{9}{5}$; $23\frac{5}{12}$; $\frac{2}{25}$
b) 25 € = 2 500 ct; 12 min; 750 g; 2 300 m

2 a) $A = 3\,\text{cm} \cdot 4\,\text{cm} = 12\,\text{cm}^2$
$U = 2 \cdot 3\,\text{cm} + 2 \cdot 4\,\text{cm} = 14\,\text{cm}$

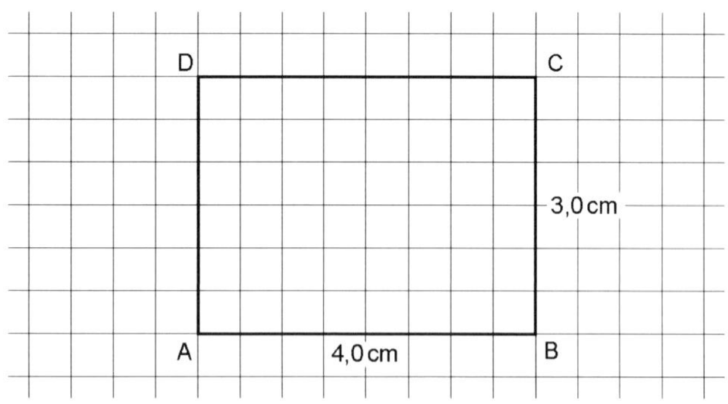

b) $\alpha = 130°$; $\beta = 50°$; $\gamma = 130°$; $\delta = 130°$; $\varepsilon = 50°$

3 Der Bruch wird erweitert. Er verändert seine Größe nicht. Ich erhalte fünfmal so viele Teile, die jedoch fünfmal kleiner sind.

4 $\frac{27}{42} = \frac{9}{14}$
Quersummenregeln oder „Kürzungsregeln".

Knack-die-Nuss-Ecke

a) $= 12\frac{1}{3} - 9\frac{9}{10}$
$= 11\frac{40}{30} - 9\frac{27}{30}$
$= 2\frac{13}{30}$

b) $= 20 - \frac{3}{4} : \frac{5}{4}$
$= 20 - \frac{3}{5}$
$= 19\frac{2}{5}$

c) $= 58 - \frac{38}{5} \cdot \frac{5}{2} \cdot \frac{3}{1}$

$= 58 - 57$

$= 1$

Fitnesstest 12, Seite 157

1 a) $1\frac{1}{3}$ b) $1\frac{2}{7}$ c) $8\frac{5}{12}$ d) $1\frac{3}{10}$

2 Das Netz besteht aus 6 Quadraten mit Seitenlänge 1,5 cm. $O = 6 \cdot (1{,}5\,\text{cm})^2 = 13{,}5\,\text{cm}^2$

3 a) $\frac{2}{3}$; $\frac{3}{4}$; $\frac{1}{9}$ und $\frac{7}{18}$; $\frac{1}{4}$; $\frac{5}{6}$

b)

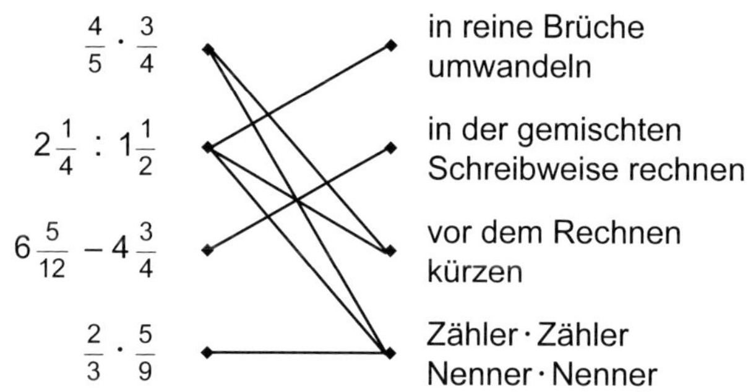

4 $\frac{2}{21} = \frac{6}{63}$; $\frac{3}{25} = \frac{6}{50}$

$\frac{6}{50}$ ist größer, weil das Ganze nur in 50 Teile geteilt wird.

$\frac{2}{21} = \frac{6}{63}$ und $\frac{3}{25} = \frac{6}{50}$.

Beim zweiten Bruch wird das Ganze nur in 50 Teile geteilt, beim ersten Bruch in 63 Teile. Somit sind dort die Teile kleiner. Hat man jeweils sechs Teile, so hat man beim zweiten Bruch mehr vom Ganzen.

Knack-die-Nuss-Ecke

a) r b) f c) f d) r

Fitnesstest 13, Seite 158

1 a) $\frac{1}{3}$ b) 750 g c) 160 €

$1\frac{1}{5}$ 36 min 750 m

$9\frac{7}{12}$ 60 dm² 84 min

2 a) $1\frac{1}{12} > \frac{3}{4} > \frac{3}{8} > \frac{1}{4} > \frac{1}{6} > \frac{1}{10}$

$\frac{11}{12} > \frac{5}{6} > \frac{3}{4} > \frac{9}{14} > \frac{3}{7} > \frac{5}{12}$

b)

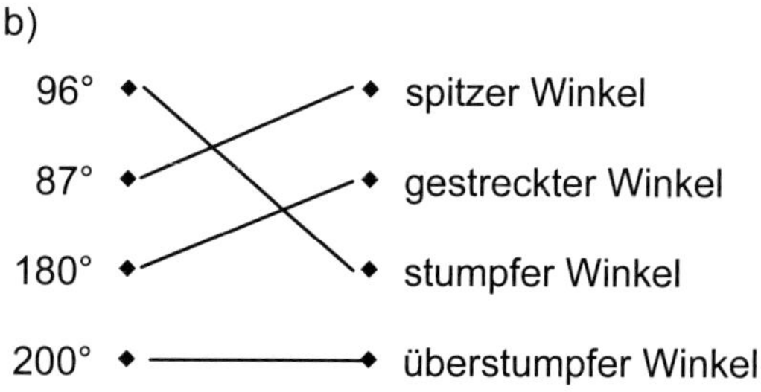

3 Brüche werden erweitert, indem man Zähler und Nenner mit derselben Zahl multipliziert.

4

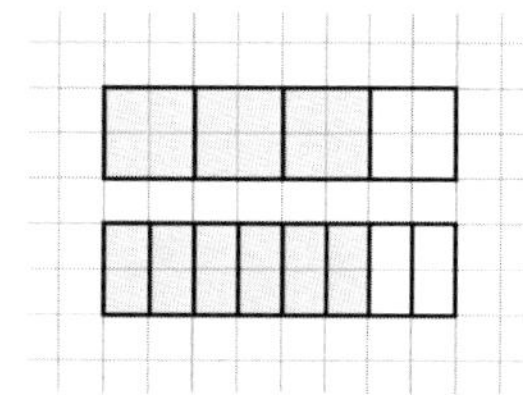

Bei $\frac{6}{8}$ sind es zwar doppelt so viele Stücke, diese sind jedoch nur halb so groß.

Knack-die-Nuss-Ecke

$3\frac{7}{24}$; Verbindungsgesetz

$3\frac{1}{2}$; Vertauschungsgesetz

$\frac{5}{8}$; Verbindungsgesetz

$1\frac{5}{8}$; „Subtraktionsregel"

Fitnesstest 14, Seite 159

1 Mögliches Beispiel: $\frac{2}{5} \cdot 3 = \frac{6}{5}$.

Man erhält dreimal so viele Teile vom Ganzen. Erweitert man $\frac{2}{5} = \frac{6}{15}$, wird das Ganze in dreimal mehr Teile, nämlich 15 Teile geteilt. Man erhält jedoch auch dreimal soviel Teile. Insgesamt hat man also gleich viel vom Ganzen.

2 a) $1\frac{1}{6}$; $1\frac{3}{7}$; $1\frac{9}{10}$; $\frac{1}{10}$ b) $\frac{3}{28}$; $1\frac{1}{3}$; $35\frac{5}{12}$; $\frac{2}{3}$

3 $\alpha = 53°$; $\beta = 125°$; $\gamma = 318°$; $\delta = 106°$

4 Durch Erweitern: $\frac{3}{5}$; $\frac{7}{500}$; $\frac{3}{8}$; $3\frac{3}{4}$; $\frac{7}{25}$

Durch Division: $\frac{2}{3}$; $\frac{7}{16}$; $12\frac{1}{9}$

Knack-die-Nuss-Ecke

a) $\frac{1}{2}$ b) $\frac{1}{2}$ c) $\frac{1}{4}$ d) $\frac{2}{7}$

Fitnesstest 15, Seite 160

1 a) 7 979,65

1 Dezimale + 1 Dezimale = Das Ergebnis hat zwei Dezimalen.

b) 7,97965

3 Dezimalen + 2 Dezimalen = 5 Dezimalen im Ergebnis.

2 $0{,}6 \cdot \left(\frac{7}{8} - \frac{1}{4}\right) + \frac{7}{8} : \frac{7}{10} = \frac{6}{10} \cdot \frac{5}{8} + \frac{10}{8}$

$= \frac{3}{8} + \frac{10}{8} = \frac{13}{8} = 1\frac{5}{8}$

3 Die 4,5-kg-Pakete zu 5,40 € sind günstiger (1 kg = 1,20 €) als die 6-kg-Pakete (1 kg = 1,30 €).

4

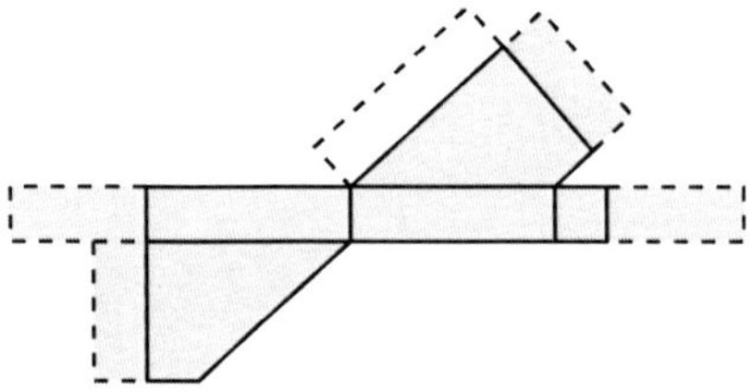

5 a) Es sind $\frac{3}{9} = \frac{6}{18}$ gefärbt. Es müssen weitere 7 Teile gefärbt werden, um $\frac{13}{18}$ des Ganzen zu färben.

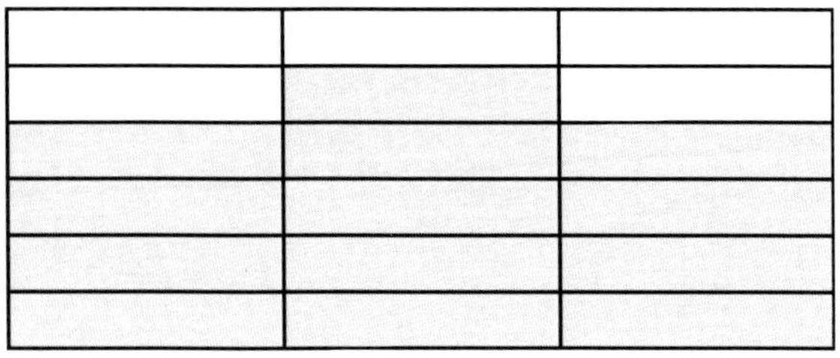

b) $\frac{17}{20} > 0{,}81 > \frac{4}{5} > 0{,}76 > 0{,}7598 > 0{,}759 > \frac{2}{3}$

c)

x	y	$3 \cdot x + y$	$x \cdot (5 \cdot y - 9)$
3	4	13	33

Knack-die-Nuss-Ecke

1 mögliche Lösung: $5a + 2b$

2 $O = 2 \cdot a \cdot a + 4 \cdot a \cdot h$